美国著名奥数教练蒂图·安德雷斯库系列丛书(第二辑)

117个多项式问题：
来自AwesomeMath夏季课程

117 Polynomial Problems：from the AwesomeMath Summer Program

[美] 蒂图·安德雷斯库(Titu Andreescu)
[伊朗] 纳维德·萨法伊(Navid Safaei) 著
[意] 亚历山德罗·文图洛(Alessandro Ventullo)

隋振林 译

哈尔滨工业大学出版社
HARBIN INSTITUTE OF TECHNOLOGY PRESS

黑版贸审字 08－2021－073 号

内 容 简 介

本书介绍了多项式的表示方法及相关的符号用法,详细介绍了因式分解恒等式,GCD 的概念,复合、根的类型以及中值定理等基础知识.同时还精心筛选了 117 个问题,且每一题都给出了详细的解答,有些问题还给出了多种解法,供读者参考.

本书适合各种数学竞赛选手,包括大学生、中学生及多项式研究人员参考阅读.

图书在版编目(CIP)数据

117 个多项式问题:来自 AwesomeMath 夏季课程/(美)蒂图·安德雷斯库(Titu Andreescu),(伊朗)纳维德·萨法伊(Navid Safaei),(意)亚历山德罗·文图洛(Alessandro Ventullo)著;隋振林译. —哈尔滨:哈尔滨工业大学出版社,2021.9(2024.11 重印)

书名原文:117 Polynomial Problems:from the AwesomeMath Summer Program

ISBN 978－7－5603－9648－4

Ⅰ.①1… Ⅱ.①蒂…②纳…③亚…④隋… Ⅲ.①多项式－数学理论 Ⅳ.①O174.14

中国版本图书馆 CIP 数据核字(2021)第 180245 号

策划编辑	刘培杰 张永芹
责任编辑	刘春雷
封面设计	孙茵艾
出版发行	哈尔滨工业大学出版社
社 址	哈尔滨市南岗区复华四道街 10 号 邮编 150006
传 真	0451－86414749
网 址	http://hitpress. hit. edu. cn
印 刷	哈尔滨圣铂印刷有限公司
开 本	787 mm×1 092 mm 1/16 印张 14.25 字数 271 千字
版 次	2021 年 9 月第 1 版 2024 年 11 月第 2 次印刷
书 号	ISBN 978－7－5603－9648－4
定 价	58.00 元

(如因印装质量问题影响阅读,我社负责调换)

美国著名奥数教练蒂图·安德雷斯库

作者们把这本书献给:

蒂图·安德雷斯库:献给我可爱的妻子 Alina.
纳维德·萨法伊:献给我的母亲 Shirin 和我的兄弟 Mehregan.
亚历山德罗·文图洛:献给我亲爱的 Raffaella.

多项式是现代数学和其他一些领域的基石,除了与代数和微积分有直接联系外,它们也经常出现在许多其他的科学分支中.多项式的普遍性和它刻画复杂模式的能力,让我们能够更好地理解它所提供的通向解决一般化问题、定理的优美途径.我们努力并精心收集了一些数学竞赛以及讲座中与多项式相关的主题和直观易懂的问题来展示多项式真实的美.因此,我们提出了多项式这一课题,它包含了出现在数学竞赛中你最喜欢的相关主题的各种技术.

首先,我们用两章的篇幅详细地介绍了多项式的表示方法及相关的符号,介绍了因式分解、恒等式、GCD 的概念、复合、根的类型以及中值定理等基础知识,为读者学习后续章节的内容奠定基础.其次,为了使读者对实际问题有一个直观的或联系现实的感觉,我们对多项式及其性质我们将根据变量的幂次进行讨论,先从二次和四次多项式的表示开始.接下来的两章,我们将讨论重要的定理和多项式在数论中的一些应用.本书的结尾部分是入门问题和高级问题及其解答.经过精心地思考,我们筛选出了 117 个问题,其中前七章所占的比重较大,实际上在理论部分也有 180 多个问题,大多数较难的经典问题都有不止一种解法.为使读者熟悉各种解题方法,我们还增加了近期出现在期刊和竞赛中的一些问题,便于学生更好地掌握和巩固这些解题技巧.

由于数学竞赛几乎总是包含代数问题,所以多项式是你走向成功应该掌握的必要知识.作者认为多项式是一门珍贵而经典的艺术,我们将尽最大努力通过问题、讲座和理论的形式向读者传授大部分知识、解题策略和解题技巧.本书是系列书中的第一卷,最适合AMC10/12、AIME 和 USAMO/JMO 等竞赛选手参考阅读.

非常感谢 Richard Stong 和 Adrian Andreescu 对本书的重大改进.我们还要感谢 Alexandr Khrabrov,Peter Boyvalenkov,Gregor Dolinar 和 Bayasagalan Banzarach 对本书所做的贡献.

请大家尽情享受这些问题吧!

作者

◎ 目录

1   多项式的基本性质(一)

一个多项式可以表示成如下形式

$$P(x) = a_n x^n + a_{n-1} x^{n-1} + \cdots + a_1 x + a_0 = \sum_{i=0}^{n} a_i x^i$$

其中数 a_i 叫作多项式 $P(x)$ 的系数. 通常, 我们考虑 a_i 属于 $\mathbf{Z}, \mathbf{Q}, \mathbf{R}, \mathbf{C}$, 而多项式分别称为具有整系数、有理系数、实系数或复系数的多项式, 分别用记号 $\mathbf{Z}[x], \mathbf{Q}[x], \mathbf{R}[x], \mathbf{C}[x]$ 表示相应多项式的集合.

系数 a_0 称为常数项.

由多项式的定义可知, 两个多项式 $P(x) = \sum_{i=0}^{n} a_i x^i$ 和 $Q(x) = \sum_{j=0}^{m} b_j x^j$ 相等的充分必要条件是: 对于所有的 $i, a_i = b_i$(如果 $m > n$, 那么 $b_{n+1} = \cdots = b_m = 0$).

我们把满足 $a_i \neq 0$ 的最大整数 i 称为多项式 $P(x) = \sum_{i=0}^{n} a_i x^i$ 的次数, 记为 $\deg P(x)$. 如果 i 是满足 $a_i \neq 0$ 的最大整数, 我们称 a_i 是多项式 $P(x)$ 的首项系数. 如果首项系数等于 1, 我们称多项式是首一的. 注意常数多项式 $P(x) = a_0 \neq 0$ 的次数是 0. 如果多项式 $P(x) \equiv 0$(也就是, 多项式的所有系数全是 0. 按照惯例, 我们也可以给零多项式的次数赋值为 $-\infty$), 我们不定义它的次数. 通常, 多项式中缺少的项, 其系数为 0. 例如, 多项式 $0 \cdot x^3 + 1 \cdot x^2 + 2 \cdot x + 0$ 可以写成 $x^2 + 2x$, 这显然是一个次数为 2 的首一多项式.

对于多项式来说, 我们可以对其定义一些操作运算.

例如, 如果 $P(x) = \sum_{i=0}^{n} a_i x^i$ 和 $Q(x) = \sum_{j=0}^{m} b_j x^j$ 是两个多项式, 并且 $m \geqslant n$, 那么 $P(x)$ 和 $Q(x)$ 的和定义为

$$P(x) + Q(x) = \sum_{h=0}^{m} (a_h + b_h) x^h$$

$P(x)$ 和 $Q(x)$ 的乘积定义为

$$P(x)Q(x) = \sum_{h=0}^{n+m} \left(\sum_{i+j=h} a_i b_j \right) x^h$$

我们有下列结论.

定理   设 $P(x)$ 和 $Q(x)$ 是两个多项式, k 是正整数, 则

$$\deg(P(x)Q(x)) = \deg P(x) + \deg Q(x)$$

$$\deg(P(x) + Q(x)) \leqslant \max\{\deg P(x), \deg Q(x)\}$$

$$\deg\bigl[(P(x))^k\bigr]=k\cdot\deg P(x)$$

1.1　恒　等　式

　　术语"恒等式"指定为一个等式，它对于未知量容许的所有取值都是成立的（通常是实数或者复数）. 依据上下文，我们常常不明显地指定未知值的取值范围. 例如，下列式子都是恒等式

$$a^2-b^2=(a-b)(a+b)$$

$$a^3-b^3=(a-b)(a^2+ab+b^2)$$

$$(a+b+c)^2=a^2+b^2+c^2+2(ab+ac+bc)$$

$$\frac{a^2}{a+b}+\frac{b^2}{b+c}+\frac{c^2}{c+a}=\frac{b^2}{a+b}+\frac{c^2}{b+c}+\frac{a^2}{c+a}$$

前三个式子中 a,b,c 取任何实数（或者复数）都是成立的，最后一个式子仅当 $a+b,b+c$ 和 $c+a$ 都不为零时成立. 然而，下列等式就不是这样，因为它们不是普遍成立的

$$2x+1=5$$

$$\frac{1}{x-2}+\frac{1}{x}=3$$

$$a^3+b^3+c^3=3abc$$

　　恒等式是数学计算的基础. 它经常出现在数学竞赛中，当然，在数学竞赛中许多问题也都需要这方面的知识.

　　下面我们给出一些重要的恒等式. 理解和记忆这些恒等式，对于提高读者处理代数式的能力是大有益处的.

　　实用的恒等式：

　　共轭恒等式

$$a^2-b^2=(a-b)(a+b)$$

　　平方恒等式 Ⅰ

$$(a+b)^2=a^2+2ab+b^2$$

　　平方恒等式 Ⅱ

$$(a+b+c)^2=a^2+b^2+c^2+2(ab+bc+ca)$$

　　幂差恒等式

$$a^n-b^n=(a-b)(a^{n-1}+a^{n-2}b+\cdots+b^{n-1})$$

　　幂和恒等式

$$a^n+b^n=(a+b)(a^{n-1}-a^{n-2}b+\cdots+b^{n-1})，如果 n 是奇数$$

　　Euler（欧拉）恒等式

$$a^3 + b^3 + c^3 - 3abc = (a + b + c)(a^2 + b^2 + c^2 - ab - bc - ca)$$

二项恒等式

$$(a + b)^n = a^n + \binom{n}{1} a^{n-1} b + \cdots + \binom{n}{k} a^{n-k} b^k + \cdots + b^n$$

备注 I   如果 $a + b + c = 0$,那么 Euler 恒等式就变成

$$a^3 + b^3 + c^3 = 3abc$$

备注 II   平方恒等式的一般情形是很有趣的.

设 $x_1, x_2, \cdots, x_n$ 是 n 个数,则

$$(x_1 + x_2 + \cdots + x_n)^2 = x_1^2 + x_2^2 + \cdots + x_n^2 + 2 \sum_{1 \leqslant i < j \leqslant n} x_i x_j$$

例如,当 $n = 4$ 时,我们有

$$(a + b + c + d)^2 = a^2 + b^2 + c^2 + d^2 + 2(ab + ac + ad + bc + bd + cd)$$

备注 III   二项恒等式的一般形式是很有趣的.

设 $x_1, x_2, \cdots, x_n$ 是 n 个数,m 是一个正整数,则

$$(x_1 + \cdots + x_n)^m = \sum_{\substack{0 \leqslant i_1, i_2, \cdots, i_n \leqslant m \\ i_1 + i_2 + \cdots + i_n = m}} \binom{m}{i_1, i_2, \cdots, i_n} x_1^{i_1} x_2^{i_2} \cdots x_n^{i_n}$$

上述恒等式称为多重恒等式.例如,当 $n = m = 3$ 时,我们有

$$(a + b + c)^3 = a^3 + b^3 + c^3 + 3(a^2 b + b^2 c + c^2 a + b^2 a + c^2 b + a^2 c) + 6abc$$

使用上面的公式可以大大简化许多初等代数问题. 不过,我们也将看到它们在更复杂的问题中的一些创造性应用.

例 1.1(Saint-Petersburg Mathematical Olympiad 1999)   设 $n \geqslant 3$ 是一个正整数,证明 n^{12} 可以表示为三个自然数的立方和.

证明   注意到

$$(a - 3b)^3 = a^3 - 9a^2 b + 27ab^2 - 27b^3$$

两边同乘以 a,我们有

$$a(a - 3b)^3 = a^4 - 9b(a - b)^3 - 9b^4$$

设 $a = n^3, b = 3m^3$,则

$$n^{12} = n^3 (n^3 - 9m^3)^3 + 27m^3 (n^3 - 3m^3)^3 + 27m^3 (3m^3)^3$$

这等价于

$$n^{12} = (n^4 - 9nm^3)^3 + (3mn^3 - 9m^4)^3 + (9m^4)^3$$

例 1.2(Serbian Mathematical Olympiad 2012)   如果 $x + y + z = 0$,且 $x^2 + y^2 + z^2 = 6$,求表达式 $|(x - y)(y - z)(z - x)|$ 的最大值.

解   由题设 $x + y + z = 0$ 得到 $z = -x - y$,带入 $x^2 + y^2 + z^2 = 6$ 得到 $2x^2 + 2xy + 2y^2 = 6$,即 $x^2 + xy + y^2 = 3$.类似可得 $y^2 + yz + z^2 = z^2 + zx + x^2 = 3$,从而 $xy +$

$yz + zx = -3$. 于是

$$(x-y)^2 = x^2 + xy + y^2 - 3xy = 3 - 3xy$$

这样一来

$$((x-y)(y-z)(z-x))^2 = (3-3xy)(3-3yz)(3-3zx)$$

上式的右边等于

$$27(1 - xy - yz - zx + xyz(x+y+z) - x^2y^2z^2) = 27(4 - x^2y^2z^2)$$
$$\leqslant 27 \times 4$$

所以，$|(x-y)(y-z)(z-x)| \leqslant 6\sqrt{3}$. 因为当 $\{x,y,z\} = \{0,\sqrt{3},-\sqrt{3}\}$ 时，$6\sqrt{3}$ 是可取到的，即为其最大值.

例 1.3(Mathematics and Youth Journal 2003)　求解方程组

$$x^2(y+z)^2 = (3x^2 + x + 1)y^2z^2$$
$$y^2(z+x)^2 = (4y^2 + y + 1)z^2x^2$$
$$z^2(x+y)^2 = (5z^2 + z + 1)x^2y^2$$

解　如果 $x=0$，那么由三个方程推出 $y^2z^2 = 0$，由此我们得到方程组的解 $(x,y,z) = (0,t,0)$ 或者 $(0,0,t)$，其中 t 是任意实数. 类似地，在 $y=0$ 或者 $z=0$ 的情况下，又得到一组解 $(x,y,z) = (t,0,0)$.

现在假设 $xyz \neq 0$. 设 $x = \frac{1}{a}, y = \frac{1}{b}, z = \frac{1}{c}$，我们得到下列方程组

$$(b+c)^2 = 3 + a + a^2$$
$$(c+a)^2 = 4 + b + b^2$$
$$(a+b)^2 = 5 + c + c^2$$

将这三个方程相加，可得 $(a+b+c)^2 - (a+b+c) - 12 = 0$. 做替换 $t = a+b+c$，方程简化为 $t^2 - t - 12 = 0$，由此解出 $t=4$ 或 $t=-3$. 如果 $t=4$，那么 $a+b+c=4$，替换到最上面的方程，得到 $(4-a)^2 = 3 + a + a^2$，即 $9a = 13$，所以，$x = \frac{9}{13}$. 同理可得 $y = \frac{3}{4}, z = \frac{9}{11}$. 如果 $t=-3$，那么 $a+b+c = -3$，利用同样的方法，我们得到解 $(x,y,z) = \left(-\frac{5}{6}, -1, -\frac{5}{4}\right)$.

例 1.4(Ivan Tonov-Bulgarian Mathematical Olympiad 2008)　如果方程 $(x+y)^{2n+1} - x^{2n+1} - y^{2n+1} = (2n+1)xy(x+y)(x^2 + xy + y^2)^{n-1}$ 是一个恒等式，求 n 的值.

解　令 $x = y = 1$，则有 $2^{2n+1} - 2 = 2(2n+1)3^{n-1}$. 于是

$$2^{2n} - 1 = (2n+1)3^{n-1}$$

我们来证明当 $n > 3$ 时，上述等式不能成立. 把等式改写成如下形式

$$\left(\frac{4}{3}\right)^n = \frac{2n+1}{3} + \frac{1}{3^n}$$

则当 $n > 3$ 时,我们有

$$\frac{2n+1}{3} + \frac{1}{3^n} = \left(\frac{4}{3}\right)^n$$

$$= \left(1 + \frac{1}{3}\right)^n$$

$$= 1 + \frac{n}{3} + \frac{n(n-1)}{2 \cdot 3^2} + \cdots + \frac{1}{3^n}$$

$$> 1 + \frac{n}{3} + \frac{n(n-1)}{2 \cdot 3^2} + \frac{1}{3^n}$$

即

$$\frac{2n+1}{3} > 1 + \frac{n}{3} + \frac{n(n-1)}{2 \cdot 3^2}$$

整理即得 $n^2 - 7n + 12 = (n-3)(n-4) < 0$,这当 $n \geqslant 4$ 时是不成立的. 如果 $n \in \{1, 2, 3\}$,那么方程必定是恒等式.

注意 我们也可以使用数论的观点来论证等式 $2^{2n} - 1 = (2n+1)3^{n-1}$ 成立的情况.

设 $v_3(n)$ 表示 3 整除 n 的次数,由于 $v_3(2^{2n} - 1) = v_3(4^n - 1) \geqslant n - 1$,所以 $3^{n-2} \mid n$,这当 $n > 3$ 时是不成立的.

1.2 乘积多项式中 x^d 的系数

假定我们想计算下列多项式乘积中 x^{50} 的系数

$$(1 + 2x + 3x^2 + \cdots + 101x^{100})(1 + x + x^2 + \cdots + x^{25})$$

为此,我们需要研究第一个因式中的单项式和第二个因式中的单项式如何产生项 x^{50}. 那就是

$$x^{50} = x^{50} \cdot 1 = x^{49} \cdot x = \cdots = x^{25} \cdot x^{25}$$

因此,x^{50} 的系数就是组成它的这些单项式的系数之和,即

$$51 + 50 + \cdots + 26 = 1\,001$$

例 1.5(Navid Safaei) 设 k 是一个正整数,满足

$$1 + x^k + x^{2k} = (1 + a_1 x + x^2)(1 + a_2 x + x^2) \cdots (1 + a_k x + x^2)$$

求 $a_1^2 + \cdots + a_k^2$ 的值.

解 如果 $k = 1$,那么 $a_1 = 1$,因此所要求的表达式的值就是 1. 如果 $k = 2$,那么

$$1 + x^2 + x^4 = (1 + a_1 x + x^2)(1 + a_2 x + x^2)$$

比较等式两边 x^2 和 x 的系数,我们得到

$$a_1 + a_2 = 0, \quad a_1 a_2 = -1$$

于是 $a_1^2 + a_2^2 = (a_1 + a_2)^2 - 2a_1 a_2 = 2$.

而且,我们发现 $\{a_1, a_2\} = \{1, -1\}$. 因此

$$1 + x^2 + x^4 = (1 - x + x^2)(1 + x + x^2)$$

现在假设 $k \geqslant 3$,则多项式乘积 $(1 + a_1 x + x^2)(1 + a_2 x + x^2) \cdots (1 + a_k x + x^2)$ 中 x 和 x^2 的系数必定是 0. 检查上述多项式的系数,我们发现

$$a_1 + \cdots + a_k = 0$$

以及

$$k + \sum_{1 \leqslant i < j \leqslant k} a_i a_j = 0$$

即 $\sum_{1 \leqslant i < j \leqslant k} a_i a_j = -k$. 所以,由平方恒等式的一般形式,我们有

$$a_1^2 + \cdots + a_k^2 = (a_1 + \cdots + a_k)^2 - 2 \sum_{1 \leqslant i < j \leqslant k} a_i a_j = 2k$$

因此,如果 $k = 1, 2$,答案是 k;如果 $k \geqslant 3$,答案是 $2k$.

例 1.6 求多项式 $(1 + x + x^2 + \cdots + x^{100})^3$ 中 x^{100} 的系数.

解 注意到

$$(1 + x + x^2 + \cdots + x^{100})^3$$
$$= (1 + x + x^2 + \cdots + x^{100})(1 + x + x^2 + \cdots + x^{100})(1 + x + x^2 + \cdots + x^{100})$$

这样一来,项 x^{100} 可由各个因式的单项式的乘积产生形如 $x^a x^b x^c$ 的形式,其中 $a + b + c = 100, a, b, c \geqslant 0$. 令 $a = 0$,则 $b + c = 100$,此时有 101 种情况. 如果 $a = 1$,那么 $b + c = 99$,此时有 100 种情况. 类似地,当 $a = 100$,则 $b + c = 0$,此时只有 1 种情况. 各种情况综合起来总数是

$$1 + 2 + \cdots + 101 = 5\ 151$$

例 1.7(Federico Poloni-Italian Mathematical Olympiad 2013,Local Round) 设 $P(x)$ 和 $Q(x)$ 是两个三项式. 问:它们的乘积 $P(x)Q(x)$ 中至少有多少个非零单项式?

解 由题设,假设

$$P(x) = Ax^R + Bx^S + Cx^T, \quad Q(x) = ax^r + bx^s + cx^t$$

其中 $A, B, C, a, b, c \neq 0$,且 $R, S, T, r, s, t \geqslant 0$ 是整数,$R \neq S \neq T, r \neq s \neq t$. 不失一般性,假设 $R > S > T, r > s > t$. 则

$$P(x)Q(x) = Aax^{R+r} + \cdots + Ccx^{T+t}$$

乘积中有 9 项. 很明显单项式 x^{R+r} 和 x^{T+t} 不可能消掉,因为它们分别具有最大次数和最小次数. 这样一来,乘积至少有两项. 现在我们提供一个例子,它正好有两个项,这就是多项式 $x^4 + 4$. 如果将其分解的话,那么有 $x^4 + 4 = (x^2 - 2x + 2)(x^2 + 2x + 2)$. 所以答案是 2.

例 1.8 多项式序列由下列递推关系定义

$$P_0(x) = x - 2$$

$$P_k(x) = P_{k-1}^2(x) - 2 \quad (k \geqslant 1)$$

求多项式 $P_k(x)$ 中 x^2 的系数(以 k 的表达式表示).

解 注意到,对于所有 $k \geqslant 1$,我们有 $P_k(0) = 2$,因此

$$P_k(x) = 2 + a_k x + b_k x^2 + \cdots$$

则 $P_{k+1}(x) = 2 + a_{k+1}x + b_{k+1}x^2 + \cdots = (2 + a_k x + b_k x^2 + \cdots)^2 - 2$.

经简单的计算可得 $a_{k+1} = 4a_k, b_{k+1} = a_k^2 + 4b_k$. 因为 $a_1 = -4$,所以 $a_k = -4^k$,从而

$$b_k = 4^{2k-2} + \cdots + 4^{k-1} = 4^{k-1}(1 + 4 + \cdots + 4^{k-1}) = \frac{4^{2k-1} - 4^{k-1}}{3}$$

例 1.9(AIME 2016) 设 $P(x) = 1 - \dfrac{x}{3} + \dfrac{x^2}{6}$,定义

$$Q(x) = P(x)P(x^3)P(x^5)P(x^7)P(x^9) = \sum_{i=0}^{50} a_i x^i$$

求 $\displaystyle\sum_{i=0}^{50} |a_i|$.

解 注意到多项式 $P(-x)$ 的所有系数都是非负的. 实际上,它的系数是多项式 $P(x)$ 的系数的绝对值. 这样多项式

$$Q(-x) = P(-x)P(-x^3)P(-x^5)P(-x^7)P(-x^9)$$

的所有系数都是非负的,也就是多项式 $Q(x)$ 的系数的绝对值. 所以

$$\sum_{i=0}^{50} |a_i| = Q(-1) = P(-1)^5 = \left(\frac{3}{2}\right)^5$$

例 1.10(V. A. Senderov-Russian Mathematical Olympiad 2008) 求所有的正整数 n,使得存在非零的实数 a, b, c, d,满足多项式 $(ax + b)^{1\,000} - (cx + d)^{1\,000}$ 恰有 n 个非零系数.

解 答案是 $n \in \{500, 1\,000, 1\,001\}$. 实际上,对于 $n = 1\,001$,考虑表达式 $(2x + 2)^{1\,000} - (x + 1)^{1\,000}$. 对于 $n = 1\,000$,考虑表达式 $(2x + 1)^{1\,000} - (x + 1)^{1\,000}$. 如果我们有一个以上的零系数项,那么就存在两个零系数项. 不妨设这两个零系数项是 x^r 和 x^t,满足

$$a^r b^{1\,000-r} = c^r d^{1\,000-r}, \quad a^t b^{1\,000-t} = c^t d^{1\,000-t}$$

则

$$\left(\frac{ad}{bc}\right)^r = \left(\frac{d}{b}\right)^{1\,000} = \left(\frac{ad}{bc}\right)^t$$

从而 $\left|\dfrac{ad}{bc}\right| = \left|\dfrac{d}{b}\right| = 1$,由此得到 $\left|\dfrac{a}{c}\right| = 1$. 很明显,如果我们用多项式 $-ax - b$ 来替换 $ax + b$,那么条件并没有发生改变. 所以,不失一般性,假定 $\dfrac{a}{c} = 1$,这样就有两种情况. 如果 $\dfrac{d}{b} =$

1，那么我们有 $(ax+b)^{1\,000}-(ax+b)^{1\,000}$ 只有零系数，矛盾. 如果 $\dfrac{d}{b}=-1$，那么我们有 $(ax+b)^{1\,000}-(ax-b)^{1\,000}$ 具有 500 个非零系数.

例 1.11(Tournament of Towns 2012)　设 $P(0)=1$，并且 $P(x)^2=1+x+x^{100}Q(x)$，求 $(1+P(x))^{100}$ 展开式中 x^{99} 的系数.

解　注意到 $(1+P(x))^{100}+(1-P(x))^{100}$ 的展开式中只有 $P(x)$ 的偶次幂项. 事实上，上述表达式是关于 $P(x)^2=1+x+x^{100}Q(x)$ 的 50 次的多项式. 方程取模 x^{100}，则表达式的最大系数是 $2(1+x)^{50}$，这样一来，展开式中就没有 x^{99} 项. 另外，因为 $P(0)=1$，所以多项式 $P(x)-1$ 能被 x 整除. 因此，存在多项式 $R(x)$ 使得 $(1-P(x))^{100}=x^{100}R(x)$，这表明其展开式中没有 x^{99} 项. 所以 $(1+P(x))^{100}$ 的展开式中当然就没有 x^{99} 项.

例 1.12(Moscow Mathematical Olympiad 1997)　设
$$1+x+x^2+\cdots+x^{n-1}=F(x)G(x)$$
其中 $n>1$，$F(x)$ 和 $G(x)$ 都是多项式，其系数是 0 和 1. 证明多项式 $F(x)$ 和 $G(x)$ 之一可以表示成形式 $(1+x+x^2+\cdots+x^{k-1})T(x)$，其中 $k>1$，$T(x)$ 也是系数为 0 和 1 的多项式.

证明　设 $F(x)=a_0+a_1x+\cdots$，$G(x)=b_0+b_1x+\cdots$. 由常数项我们得到 $a_0b_0=1$，从而 $a_0=b_0=1$. 由 x 的系数得到 $a_1+b_1=1$. 不失一般性，假设 $a_1=1,b_1=0$. 如果 $G(x)=1$，证明完成；因此，我们可以假设在 $G(x)$ 中有最小的非零单项式，不妨设为 x^k，所以 $G(x)=1+x^k+\cdots$. 由 $x^i(i=2,\cdots,k)$ 的系数，我们推出 $a_0=a_1=\cdots=a_{k-1}=1,a_k=0$.

现在我们将证明 G 中的每一个单项式都可以表示成 x^{kr}（r 是某个正整数）的形式（或者存在具有系数 0 和 1 的多项式 Q，使得 $G(x)=Q(x^k)$），并且 F 中的每一个非零单项式都出现在形式为 $x^{kr}+x^{kr+1}+x^{kr+2}+\cdots+x^{kr+(k-1)}$ 的多项式的单项式序列中（或者存在具有系数 0 和 1 的多项式 $P(x)$，使得 $F(x)=(1+x+x^2+\cdots+x^{k-1})P(x^k)$）. 由此，设 $T(x)=P(x^k)$，就完成了问题的证明.

相反地，假设情况并非如此，则存在某个最低次数的单项式，从而引出矛盾. 为了叙述方便，把这样的单项式称为坏单项式. 在此产生两种情况.

如果第一个坏单项式出现在 G 中，那么在 G 中就有某些形式为 $x^{kr+s}(0<s<k)$ 的单项式. 由于乘积多项式 $F(x)G(x)$ 包含单项式 x^{kr}，故它必定是由 F 中的某个单项式 x^a 和 G 中的某个单项式 x^b 相乘得到的，并且 $a+b=kr$. 因为 $a,b<kr+s$，而且 x^{kr+s} 是我们假设中的第一个坏单项式，由此可见，存在 $r'\leqslant r$，使得 $b=kr'$，从而 $a=k(r-r')$. 同样，由于 x^{kr+s} 是第一个坏单项式，这必定出现在 F 中的一系列单项式 $x^{k(r-r')}+x^{k(r-r')+1}+\cdots+x^{k(r-r')+(k-1)}$ 中. 不过，$F(x)G(x)$ 中项 x^{kr+s} 的系数是由 $x^{k(r-r')+s}\cdot x^{kr'}$ 的系数 1 和 $x^0\cdot x^{kr+s}$ 的系数 1 得到的. 由于任何其他的系数都是正的，因此在乘积中的项 x^{kr+s} 的系数至少是 2，这是一个矛盾.

如果第一个坏单项式出现在 F 中,那么存在某个 r,使得 F 只包含单项式序列 x^{kr}, x^{kr+1},$\cdots$,x^{kr+k-1} 的一个恰当的子集.不妨说,它包含 x^{kr+i} 而不包含 x^{kr+j},其中 $0 \leqslant i,j < k$.则单项式 x^{kr+j} 必定出现在 $F(x)G(x)$ 中,不妨设为 $x^a \cdot x^b$.因为序列 x^{kr},$\cdots$,x^{kr+k-1} 包含着最小次数的坏单项式,我们必有 $b = kr'(1 \leqslant r' \leqslant r)$,从而 $a = k(r-r')+j$.由其最小性, F 必定包含整个序列 $x^{k(r-r')} + x^{k(r-r')+1} + \cdots + x^{k(r-r')+k-1}$.

现在,考察单项式 x^{kr+i} 在 $F(x)G(x)$ 中出现的次数.显然,以 $x^{k(r-r')+i} \cdot x^{kr'}$ 和 $x^{kr+i} \cdot x^0$ 的形式各出现一次,这样总共至少出现两次,矛盾.

例 1.13(Moscow Mathematical Olympiad 1994)　是否存在具有一个负系数的多项式 $P(x)$,使得当 $n > 1$ 时,幂 $(P(x))^n$ 的所有系数都是正数?

解　存在这样的多项式.设多项式 $P(x) = a_d x^d + \cdots + a_0$ 的系数全为正数,则它的任何次幂都具有正系数.

假设 $f(x) = x^4 + x^3 + x + 1$,并设 $g(x) = f(x) - \varepsilon x^2$,其中 $\varepsilon > 0$ 是非常小的正数.则 $(g(x))^2$ 和 $(g(x))^3$ 的系数非常接近于

$$(f(x))^2 = x^8 + 2x^7 + x^6 + 2x^5 + 4x^4 + 2x^3 + x^2 + 2x + 1$$

和

$$(f(x))^3 = x^{12} + 3x^{11} + 3x^{10} + 4x^9 + 9x^8 + 9x^7 + 6x^6 + 9x^5 + 9x^4 + 4x^3 + 3x^2 + 3x + 1$$

的系数.

由于 $(f(x))^2$ 和 $(f(x))^3$ 的系数都是正的,因此,$(g(x))^2$ 和 $(g(x))^3$ 的系数必定是正的.由于任何正整数 n 都可以写成 $n = 2a + 3b$ 的形式,其中 a,b 是非负整数,所以幂 $(g(x))^n$ 的系数都是正的.

1.3　因式分解及其含义

代数多项式的因式分解是指将原多项式分解为具有较小次数的多项式的乘积.对此,我们有两个主要的方法:分组分解法和恒等式法.使用前一个方法是将表达式分成具有公共因子的组.例如

$$a^2 + ab + bc + ca = (a^2 + ab) + (ac + bc)$$
$$= a(a+b) + c(a+b)$$
$$= (a+c)(a+b)$$

例 1.14　分解下列多项式

$$xyz + 3xy + 2xz - yz + 6x - 3y - 2z - 6$$

解　将多项式进行分组

$$(xyz + 3xy) + (2xz + 6x) - (yz + 3y) - (2z + 6)$$

我们可以从每一组中提出因子 $z + 3$

$$(z+3)(xy+2x-y-2)$$

对多项式 $xy+2x-y-2$ 再一次分组

$$x(y+2)-(y+2)=(x-1)(y+2)$$

所以，原式可以分解为

$$(x-1)(y+2)(z+3)$$

后一个方法是指用于因式分解的恒等式．例如，我们可以分解多项式

$$(a^2-b^2)^3+(b^2-c^2)^3+(c^2-a^2)^3$$

首先，注意到 $a^2-b^2+b^2-c^2+c^2-a^2=0$，所以，由 Euler 恒等式

$$(a^2-b^2)^3+(b^2-c^2)^3+(c^2-a^2)^3=3(a^2-b^2)(b^2-c^2)(c^2-a^2)$$

现在，再利用共轭恒等式，我们得到

$$3(a^2-b^2)(b^2-c^2)(c^2-a^2)$$
$$=3(a-b)(b-c)(c-a)(a+b)(b+c)(c+a)$$

例 1.15(Mathematics and Youth Journal 2004)　求解方程组

$$x^3+y^3=4y^2-5y+3x+4$$
$$2y^3+z^3=4z^2-5z+6y+6$$
$$3z^3+x^3=4x^2-5x+9z+8$$

解　方程组可以改写成

$$x^3-3x-2=-y^3+4y^2-5y+2$$
$$2y^3-6y-4=-z^3+4z^2-5z+2$$
$$3z^3-9z-6=-x^3+4x^2-5x+2$$

方程组两边进行因式分解，有

$$(x-2)(x+1)^2=(2-y)(y-1)^2$$
$$2(y-2)(y+1)^2=(2-z)(z-1)^2$$
$$3(z-2)(z+1)^2=(2-x)(x-1)^2$$

如果 $x=2$，那么 $y=2$ 或 $y=1$．如果 $y=2$，那么由第二个和第三个方程，得到 $z=2$．如果 $y=1$，那么比较第二个和第三个方程，我们可知，方程组无解．这就是说 x,y,z 中有一个是 2，从而 $x=y=z=2$．因此，假设 $x,y,z\neq 2$，将方程组两边相乘，我们得到

$$(x-1)^2(y-1)^2(z-1)^2+6(x+1)^2(y+1)^2(z+1)^2=0$$

这显然是没有解的．

例 1.16(Mathematics and Youth Journal 2005)　设 x,y,z,t 是实数．考虑多项式
$$F(x,y,z,t)=9(x^2y^2+y^2z^2+z^2t^2+t^2x^2)+6xz(y^2+t^2)-6yt(x^2+z^2)-4xyzt$$

(i) 证明多项式可以分解为两个二次多项式的乘积；

(ii) 如果 $xy+zt=1$，求多项式 F 的最小值．

证明　(i) 很明显 $F(x,y,z,t)=(3x^2+3z^2+2xz)(3y^2+3t^2-2yt)$．

(ii) 注意到

$$F(x,y,z,t) = 4\left[(x+z)^2 + \frac{(x-z)^2}{2}\right]\left[\frac{(y+t)^2}{2} + (y-t)^2\right]$$

则,由 Cauchy-Schwarz(施瓦兹) 不等式,我们有

$$F(x,y,z,t) \geqslant 4\left[\frac{(x+z)(y+t)}{\sqrt{2}} + \frac{(x-z)(y-t)}{\sqrt{2}}\right]^2 = 2\,(2xy+2zt)^2 = 8$$

因为 $F\left(\dfrac{1}{\sqrt{2}}, \dfrac{1}{\sqrt{2}}, \dfrac{1}{\sqrt{2}}, \dfrac{1}{\sqrt{2}}\right) = 8$,所以,这确实是要求的最小值.

注意　对于(ii),我们也可以把 $F(x,y,z,t)$ 改写成如下形式

$$F(x,y,z,t) = (3yz + xy - zt - 3xt)^2 + 8\,(xy+zt)^2 \geqslant 8$$

例 1.17　给定自然数 $m,n > 2$,证明数 $\dfrac{m^{2^{n-1}}-1}{m-1} - m^n$ 有一个形式为 $m^k + 1$ 的除数,其中 k 是一个正整数.

证明　设 $n+1 = 2^r s$,其中 $r \geqslant 0, s$ 是一个奇数. 令

$$d_n = \frac{m^{2^{n-1}}-1}{m-1} - m^n$$

则

$$md_n = \frac{m^{2^n}-m}{m-1} - m^{n+1} = \frac{m^{2^n}-1}{m-1} - (m^{n+1}+1)$$

注意到

$$\frac{m^{2^n}-1}{m-1} = (m+1)(m^2+1)\cdots(m^{2^{n-1}}+1)$$

因为 $r \leqslant n-1$,则 $m^{2^r}+1$ 整除 $\dfrac{m^{2^n}-1}{m-1}$ 和 $m^{n+1}+1 = (m^{2^r})^s + 1$,所以 $(m^{2^r}+1) \mid md_n$.

因为 $\gcd(m, m^{2^r}+1) = 1$,我们得到 $(m^{2^r}+1) \mid d_n$,证毕.

备注　我们可以采用与上述问题类似的方法来解决出现在中国 TST 上的问题.

求所有正整数 $m,n \geqslant 2$,使得:

(i) $m \mid 1$ 是形如 $4k-1$ 的素数;

(ii) 存在一个素数 p 和一个非负整数 a,使得

$$\frac{m^{2^{n-1}}-1}{m-1} = m^n + p^a$$

如果一个多项式不能被分解成具有较小次数的多项式的乘积,那么称它是不可约的. 否则,称之为可约的.

这两个概念是上下文相关的,就是说,多项式 $1+x^2$ 在 $\mathbf{R}[x]$, $\mathbf{Q}[x]$, $\mathbf{Z}[x]$ 上不可约,但在 $\mathbf{C}[x]$ 上就是可约的,因为

$$1+x^2 = (x+\mathrm{i})(x-\mathrm{i})$$

其中 $i^2 = -1$.

例 1.18 设 F_n 是 Fibonacci(斐波那契) 序列的第 n 项，证明多项式

$$P(x) = F_n x^{n+1} + F_{n+1} x^n - 1$$

在 $\mathbf{Z}[x]$ 上是可约的.

证明 我们很容易从多项式中分离出因子 $(x^2 + x - 1)$.

实际上，因为 $F_{k+1} = F_k + F_{k-1}$，所以

$$F_n x^{n+1} + F_{n+1} x^n - 1 = \sum_{k=1}^{n} F_k (x^{k+1} + x^k - x^{k-1})$$
$$= (x^2 + x - 1)(F_n x^{n-1} + F_{n-1} x^{n-2} + \cdots + F_2 x + F_1)$$

例 1.19 设 $P(x) = (x^2 - 12x + 11)^4 + 23$. 证明：$P(x)$ 不能表示为三个具有整数系数的非常数多项式的乘积.

证明 假设

$$P(x) = (x^2 - 12x + 11)^4 + 23 = Q(x)H(x)R(x)$$

其中 $Q(x), H(x), R(x)$ 是具有整系数的多项式. 因为 Q, H, R 乘积的首项系数必定等于 P 的首项系数 1，其中每一个多项式的首项系数必定是 ± 1. 如果其中一个系数是 -1，那么第二个必定也是 -1，我们可以在两边同乘以 -1，这样一来，我们就可以假定 Q, H 和 R 都是首一的. 因为 $P(x)$ 没有实根，所以多项式 $Q(x), H(x), R(x)$ 的次数必定是偶数（例如，如果 Q 是奇数次，那么 Q 就有实根，因此 $P(x)$ 必有实根）. 则多项式 $Q(x), H(x)$, $R(x)$ 中的两个必定是二次多项式. 不失一般性，假设 $\deg Q(x) = \deg H(x) = 2$，因为 $P(1) = P(11) = 23$，因此推出 $Q(1), Q(11) \in \{\pm 1, \pm 23\}$. 从而

$$(11-1) \mid Q(11) - Q(1)$$

如果这是真的，那么必有 $Q(1) = Q(11)$. 类似地，$H(1) = H(11)$. 因为 $Q(1)$ 或 $H(1)$ 之一必定等于 ± 1，不失一般性，假设 $Q(1) = \pm 1$，则 $Q(11) = \pm 1$. 从而

$$Q(x) = (x-1)(x-11) \pm 1$$

但 $Q(x)$ 有实根，矛盾.

例 1.20(Polish Mathematical Olympiad 2014) 对任意整数 $n \geq 1$，求下列多项式在实数集合内的最小值

$$P_n(x) = x^{2n} + 2x^{2n-1} + 3x^{2n-2} + \cdots + (2n-1)x^2 + 2nx$$

解 注意到

$$x^{2n} + 2x^{2n-1} + x^{2n-2} = (x+1)^2 x^{2n-2}$$
$$2x^{2n-2} + 4x^{2n-3} + 2x^{2n-4} = 2(x+1)^2 x^{2n-4}$$
$$3x^{2n-4} + 6x^{2n-5} + 3x^{2n-6} = 3(x+1)^2 x^{2n-6}$$

一般地，有

$$kx^{2n-2k+2} + 2kx^{2n-2k+1} + kx^{2n-2k} = k(x+1)^2 x^{2n-2k}$$

最后,$nx^2 + 2nx = n(x+1)^2 - n$. 因此,我们推出下列恒等式

$$P_n(x) = (x+1)^2(x^{2n-2} + 2x^{2n-4} + \cdots + (n-1)x^2 + n) - n$$

所以,$P_n(x) \geqslant P_n(-1) = -n$.

为了解决下一个问题,我们需要一个有用的不可约性准则.

Eisenstein(艾森斯坦)准则 假设 $P(x) = a_d x^d + a_{d-1}x^{d-1} + \cdots + a_0$ 是一个整系数多项式,且存在一个素数 p 满足:p 不能整除 a_d,但能整除所有的 $a_{d-1}, \cdots, a_0$,p^2 不能整除 a_0. 则 $P(x)$ 在整数集上是不可约的.

证明 若不然,假设 $P(x) = f(x)g(x)$,其中 $f(x) = b_0 + b_1 x + \cdots, g(x) = c_0 + c_1 x + \cdots$ 是整系数非常数多项式. 因为 f 和 g 乘积的首项系数是 a_d,它不是 p 的倍数,因此 f 和 g 的首项系数也不是 p 的倍数. 所以,存在某个最小的下标 k,使得 b_k 不是 p 的倍数. 同样,存在最小的下标 m,使得 c_m 不是 p 的倍数. 因此,由 x^{k+m} 的系数,我们得到

$$a_{k+m} = (b_0 c_{m+k} + \cdots + b_{k-1}c_{m+1}) + b_k c_m + (b_{k+1}c_{m-1} + \cdots + b_{m+k}c_0)$$

上式右边除了中间一项外,其余每一项都是 p 的倍数,因为 $b_0, \cdots, b_{k-1}$ 和 $c_{m-1}, \cdots, c_0$ 都是 p 的倍数. 由于中间的一项不是 p 的倍数,可见 a_{m+k} 不是 p 的倍数. 所以 $m+k=d$. 但是这意味着 $b_k x^k$ 和 $c_m x^m$ 必定是 f 和 g 的首项. 特别地,$k, m > 0$,所以 b_0 和 c_0 都是 p 的倍数. 但这导致 a_0 是 p^2 的倍数,与题设矛盾. 所以,$P(x)$ 在整数集上是不可约的.

例 1.21(Titu Andreescu-Mathematical Reflections S18) 求最小的正整数 n,满足多项式

$$P(x) = x^{n-4} + 4n$$

可以写成四个具有整数系数的非常数多项式的乘积.

证明 我们将证明最小的数是 16. 我们来证明 n 取 1 到 15 时结论不成立. 当 $10 \leqslant n \leqslant 15$ 时,多项式 $P(x) = x^{n-4} + 4n$ 在有理数集上是不可约的,这可以分别对素数 5,11,3,13,7,5 应用 Eisenstein 准则加以验证(见下文). 当 $n=9$ 时,我们有 $P(x) = x^5 + 36$. 此时,如果结论正确的话,那么其中必有一个因式是线性的. 所以 $P(x) = x^5 + 36$ 应该有一个整数根,但这是不可能的. 类似地,当 $n=8$ 时,$P(x) = x^4 + 32$,基于同样的理由,结论也是不成立的. 当 $n=4,5,6,7$ 时,至少有一个因式是常数,结论亦不成立. 当 $n=16$ 时,我们有

$$x^{12} + 64 = x^{12} + 16x^6 + 64 - 16x^6 = (x^6 + 8)^2 - (4x^3)^2$$
$$= (x^6 - 4x^3 + 8)(x^6 + 4x^3 + 8)$$

另外

$$x^{12} + 64 = (x^4 + 4)(x^8 - 4x^4 + 16)$$
$$= ((x^2 + 2)^2 - 4x^2)(x^8 - 4x^4 + 16)$$
$$= (x^2 + 2x + 2)(x^2 - 2x + 2)(x^8 - 4x^4 + 16)$$

由于 $x^2 + 2x + 2$ 和 $x^2 - 2x + 2$ 没有整数根,所以,它们是不可约的. 因此,它们必定

整除 $x^6 - 4x^3 + 8$ 和 $x^6 + 4x^3 + 8$. 事实上,我们有

$$x^6 - 4x^3 + 8 = (x^2 + 2x + 2)(x^4 - 2x^3 + 2x^2 - 4x + 4)$$

和

$$x^6 + 4x^3 + 8 = (x^2 - 2x + 2)(x^4 + 2x^3 + 2x^2 + 4x + 4)$$

所以,当 $n = 16$ 时,多项式 $P(x) = x^{n-4} + 4n$ 可以写成四个具有整数系数的非常数多项式的乘积.

例 1.22 设 n 是偶数,$p > n^n$ 是一个素数. 证明:多项式

$$Q(x) = (x-1)\cdots(x-n) + p$$

是不可约的.

证明 假设 $Q(x) = f(x)g(x)$,其中 $f(x)$ 和 $g(x)$ 是具有整系数的非常数多项式. 注意到,无论 $x > n$ 还是 $x < 0$,都有 $Q(x) > 0$. 另外,当 $x \in [0, n]$ 时,我们有

$$(x-1)\cdots(x-n) + p > -n^n + p > 0$$

这样一来,对于所有的实数 x,都有 $f(x)g(x) > 0$. 不失一般性,假设 $f(x) > 0$,$g(x) > 0$,则当 $k = 1, 2, \cdots, n$ 时,有 $f(k)g(k) = p$,这就是说,$f(k), g(k) \in \{1, p\}$. 定义多项式 $f(x) + g(x) - p - 1$,它在 $k = 1, 2, \cdots, n$ 时是零. 由于这个多项式的次数最多是 $n - 1$. 因此,它必定是一个零多项式,从而对任意的实数 x 都有 $f(x) + g(x) = p - 1$. 但是,由于 $f(x)$ 和 $g(x)$ 都是正的,这样,对所有实数 x,都有 $0 < f(x), g(x) < p - 1$. 因为 $f(x)$ 和 $g(x)$ 是非常数多项式,矛盾.

1.4 多项式的值

正如我们所看到的,每个非负次数的多项式 $P(x)$ 都可以表示为如下的一般形式

$$P(x) = a_d x^d + a_{d-1} x^{d-1} + \cdots + a_1 x + a_0$$

其中 $a_d, a_{d-1}, \cdots, a_1, a_0$ 是复数. 项 $a_d x^d$ 称为首项,a_d 称为首项系数. 此外,a_0 称为常数项. 多项式在 $x = c$ 时的值,记为 $P(c)$,即

$$P(c) = a_d c^d + a_{d-1} c^{d-1} + \cdots + a_1 c + a_0$$

特别有趣的情况是 $P(1)$ 和 $P(-1)$,也就是称为系数和的

$$P(1) = a_d + a_{d-1} + \cdots + a_0$$

与

$$P(-1) = a_0 - a_1 + \cdots + (-1)^d a_d$$

例 1.23 设 $(\sqrt{2\,017}\,x - \sqrt{2\,027})^{2\,017} = a_{2\,017} x^{2\,017} + a_{2\,016} x^{2\,016} + \cdots + a_1 x + a_0$. 求下列多项式的值

$$(a_1 + a_3 + \cdots + a_{2\,017})^2 - (a_0 + a_2 + \cdots + a_{2\,016})^2$$

解 设 $x = 1$,有

$$(\sqrt{2\,017} - \sqrt{2\,027})^{2\,017} = a_{2\,017} + a_{2\,016} + \cdots + a_1 + a_0$$

设 $x = -1$, 有

$$(-\sqrt{2\,017} - \sqrt{2\,027})^{2\,017} = -a_{2\,017} + a_{2\,016} + \cdots - a_1 + a_0$$

$$= (a_0 + a_2 + \cdots + a_{2\,016}) - (a_1 + a_3 + \cdots + a_{2\,017})$$

两个等式相乘, 我们有

$$(a_1 + a_3 + \cdots + a_{2\,017})^2 - (a_0 + a_2 + \cdots + a_{2\,016})^2$$

$$= (\sqrt{2\,017} - \sqrt{2\,027})^{2\,017} \cdot (\sqrt{2\,017} + \sqrt{2\,027})^{2\,017}$$

$$= -10^{2\,017}$$

例 1.24(Mediterranean Competition 2015) 证明对于多项式

$$P(x) = x^4 - x^3 - 3x^2 - x + 1$$

存在无穷多个正整数 n, 使得 $P(3^n)$ 是合数.

证明 设 $x = 3^{2n-1}$. 则

$$P(3^{2n-1}) = 81^{2n-1} - 27^{2n-1} - 3 \cdot 9^{2n-1} - 3^{2n-1} + 1$$

对方程取模 5, 我们有

$$P(3^{2n-1}) \equiv 1 - 2^{2n-1} - 3(-1)^{2n-1} - 3^{2n-1} + 1$$

$$\equiv (2^{2n-1} + 3^{2n-1})(\bmod 5)$$

因为 $2^{2n-1} + 3^{2n-1}$ 能被 5 整除, 所以命题得证.

例 1.25 设 $P(x) = a_0 + \cdots + a_n x^n$ 是一个整系数多项式, 满足 $P(-1) = 0$, $P(\sqrt{2}) \in \mathbf{Z}$. 证明: 存在整数 $0 \leqslant k \leqslant n$, 使得 $P(k) + a_k$ 是偶数.

证明 我们有

$$P(1) = \sum a_{2i} + \sum a_{2i+1}$$

由于 $P(-1) = 0$, 所以 $\sum a_{2i} = \sum a_{2i+1}$.

因为 $P(\sqrt{2}) \in \mathbf{Z}$, 所以 $\sum 2^i a_{2i} + \sqrt{2} \sum 2^i a_{2i+1} \in \mathbf{Z}$, 因此

$$\sum 2^i a_{2i+1} = 0$$

则 a_1 必定是偶数. 所以, $P(1) + a_1 = 2 \sum a_{2i} + a_1$ 是偶数.

例 1.26(Zhautykov Mathematical Olympiad 2014) 求所有具有整系数的多项式 $P(x)$, 使得

$$P(1 + \sqrt{3}) = 2 + \sqrt{3}, \quad P(3 + \sqrt{5}) = 3 + \sqrt{5}$$

解 设 $Q(x) = P(x) - x$. 显然, $Q(3 + \sqrt{5}) = 0$. 另外, 因为多项式 $Q(x)$ 具有整系数, 如果 D 不是一个完全平方数, a, b 是有理数, 并且存在有理数 c, e 使得 $Q(a + b\sqrt{D}) = c + e\sqrt{D}$, 则有

$$Q(a - b\sqrt{D}) = c - e\sqrt{D}$$

这就意味着 $Q(3 - \sqrt{5}) = 0$. 因此 $Q(x)$ 能被

$$(x - (3 - \sqrt{5}))(x - (3 + \sqrt{5})) = x^2 - 6x + 4$$

整除. 从而, 可设

$$Q(x) = P(x) - x = (x^2 - 6x + 4)R(x)$$

其中 $R(x)$ 是具有整系数的多项式. 于是

$$P(x) = x + (x^2 - 6x + 4)R(x)$$

令 $x = 1 + \sqrt{3}$, 有

$$1 = (2 - 4\sqrt{3})R(1 + \sqrt{3})$$

类似地, $1 = (2 + 4\sqrt{3})R(1 - \sqrt{3})$. 所以

$$R(1 + \sqrt{3})R(1 - \sqrt{3}) = \frac{1}{44}$$

但 $R(x)$ 是整系数多项式, 所以存在某些整数 a, b, 使得

$$R(1 + \sqrt{3}) = a + b\sqrt{3}, \quad R(1 - \sqrt{3}) = a - b\sqrt{3}$$

因此, $R(1 + \sqrt{3})R(1 - \sqrt{3}) = a^2 - 3b^2$ 是一个整数, 矛盾.

整系数多项式有一个有趣的性质, 对于任意整数 r, s, 我们有

$$P(r) - P(s) = a_d r^d + a_{d-1} r^{d-1} + \cdots + a_1 r + a_0 - a_d s^d - a_{d-1} s^{d-1} - \cdots - a_1 s - a_0$$
$$= a_d(r^d - s^d) + a_{d-1}(r^{d-1} - s^{d-1}) + \cdots + a_1(r - s)$$

因为 $r^k - s^k$ 能被 $r - s$ 整除, 所以

$$P(r) - P(s) = (r - s)\left(a_1 + a_2(r + s) + \cdots + a_d \cdot \frac{r^d - s^d}{r - s}\right)$$

因为 $a_1, a_2, \cdots, a_d$ 都是整数, 所以

$$a_1 + a_2(r + s) + \cdots + a_d \cdot \frac{r^d - s^d}{r - s} = Q(r, s)$$

是整数.

因此, 我们有如下定理.

定理 设 $P(x)$ 是一个整系数多项式, 则对任意不同的整数 r, s, 比值 $\dfrac{P(r) - P(s)}{r - s}$ 是整数.

依据上述定理可知, 不存在整系数多项式 $P(x)$, 满足条件

$$P(10) = 2\,017, \quad P(12) = 2\,018$$

因为 $\dfrac{P(12) - P(10)}{12 - 10} = \dfrac{1}{2}$ 不是整数.

例 1.27 是否存在多项式 $P(x)$, 满足它的非零系数都不是整数, 并且 $P(0) = 0$, 对

于任何不同的整数 a,b, $\dfrac{P(a)-P(b)}{a-b}$ 是一个整数?

解 存在. 设 $P(x)=\dfrac{x^m+x^n}{2}$, 其中 $m>n>1$ 是整数. 则

$$\frac{P(a)-P(b)}{a-b}=\frac{1}{2}\left(\frac{a^m-b^m}{a-b}+\frac{a^n-b^n}{a-b}\right)$$

注意到

$$\frac{a^k-b^k}{a-b}=a^{k-1}+a^{k-2}b+\cdots+ab^{k-2}+b^{k-1}\equiv a+b+(k-2)ab\,(\mathrm{mod}\ 2)$$

则对于 $k\geqslant 2$, 有

$$2\cdot\frac{P(a)-P(b)}{a-b}\equiv (a+b+(m-2)ab)+(a+b+(n-2)ab)$$

$$\equiv (m+n)ab\,(\mathrm{mod}\ 2)$$

令 m,n 奇偶性相同, 则 $2\cdot\dfrac{P(a)-P(b)}{a-b}$ 是一个偶数, 命题成立.

例 1.28 如果多项式 $P(x)=x^n+a_{n-1}x^{n-1}+\cdots+a_0$ 的根是 $x_1,x_2,\cdots,x_n$, 多项式 $Q(x)=x^{n+1}+b_nx^n+\cdots+b_0$ 的根是 $y_1,y_2,\cdots,y_{n+1}$, 证明

$$P(y_1)\cdots P(y_{n+1})=Q(x_1)\cdots Q(x_n)$$

证明 由题设, 设 $P(x)=(x-x_1)\cdots(x-x_n)$, $Q(x)=(x-y_1)\cdots(x-y_{n+1})$, 则

$$P(y_1)\cdots P(y_{n+1})=(y_1-x_1)\cdots(y_1-x_n)\cdots(y_{n+1}-x_1)\cdots(y_{n+1}-x_n)$$

这个乘积有 $n(n+1)$ 个因式, 它总是偶数个. 所以, 我们可以重新排列上述乘积的次序, 如下

$$(x_1-y_1)\cdots(x_1-y_{n+1})\cdots(x_n-y_1)\cdots(x_n-y_{n+1})=Q(x_1)\cdots Q(x_n)$$

命题得证.

备注 前面的例子可以用来解决 Titu Andreescu(蒂图·安德雷斯库)提出的下面的问题(Mathematical Reflections U451):

设 x_1,x_2,x_3,x_4 是多项式 $2\,018x^4+x^3+2\,018x^2-1$ 的根, 计算

$$(x_1^2-x_1+1)(x_2^2-x_2+1)(x_3^2-x_3+1)(x_4^2-x_4+1)$$

(提示: 取 $P(x)=x^3+1$, $Q(x)=2\,018x^4+x^3+2\,018x^2-1$.)

例 1.29 设 P 是一个具有整系数且次数最多为 10 次的多项式, 满足对于 $k\in\{1,2,\cdots,10\}$, 存在整数 m, 使得 $P(m)=k$, 并且 $|P(10)-P(0)|<1\,000$, 证明: 对所有整数 k, 存在一个整数 m, 满足 $P(m)=k$.

证明 假设对于 $i=1,2,\cdots,10$, 存在整数 c_i, 使得 $P(c_i)=i$. 当 $i=1,2,\cdots,9$ 时, 我们有

$$(c_{i+1}-c_i)\mid(P(c_{i+1})-P(c_i))=1$$

这样一来，$c_1, \cdots, c_{10}$ 就是连续的. 因为我们总可以用 $P(-x)$ 来替换 $P(x)$，不失一般性，假设 $c_1, \cdots, c_{10}$ 是增序列，所以 $c_i = c_1 - 1 + i$. 令 $Q(x) = 1 + x - c_1$，则

$$P(x) - Q(x) = R(x)(x - c_1) \cdots (x - c_{10})$$

其中 $R(x)$ 是某个整系数多项式. 因此

$$P(x) = 1 + x - c_1 + R(x)(x - c_1) \cdots (x - c_{10})$$

检查次数条件，我们得到 $R(x)$ 是一个常数多项式，记为 $R(x) = C$. 如果 $C \neq 0$，那么

$$P(10) - P(0) = 10 + C((10 - c_1) \cdots (10 - c_{10}) - (0 - c_1) \cdots (0 - c_{10}))$$
$$= 10 + (N + 20)(N + 19) \cdots (N + 11) - (N + 10) \cdots (N + 1)$$

其中 $N = c_1 - 1$. 易知

$$(N + 20)(N + 19) \cdots (N + 11) \text{ 和 } (N + 10) \cdots (N + 1)$$

是不相等的（当 $N \geqslant -10$ 时，第一个更大些；当 $N \leqslant -11$ 时，第二个更大些），而且两边都可以被 $10!$ 整除. 所以

$$|(N + 20)(N + 19) \cdots (N + 11) - (N + 10) \cdots (N + 1)| \geqslant 10!$$

因此，$|P(10) - P(0)| > 10! - 10 > 1\,000$，矛盾. 从而 $C = 0$，且 $P(x) = 1 + x - c_1$.

所以，对于任何整数 k，取 $m = k + c_1 - 1$，即得结论.

具有整系数多项式的另一个有趣的性质是 $P(c)$ 与整数的 c 进制展开式之间有相似性. 我们从一个整数的 c 进制展开式 $(a_d a_{d-1} \cdots a_0)_c$（按照惯例，当 $0 \leqslant i \leqslant d$ 时，$0 \leqslant a_i \leqslant c - 1$）开始，我们可以定义一个多项式

$$P(x) = a_d x^d + a_{d-1} x^{d-1} + \cdots + a_1 x + a_0$$

则，容易发现

$$P(c) = (a_d a_{d-1} \cdots a_0)_c$$

反之，如果有一个多项式 P，并且知道它的系数 a_i 都满足 $0 \leqslant a_i \leqslant c - 1$，那么我们就可以从 $P(c)$ 的 c 进制展开式中找出 P 的系数.

例 1.30 多项式 $P(x)$ 的所有系数要么是 -1，要么是 1. 如果 $P(3) = 130$，求这个多项式.

解 设 $P(x) = a_d x^d + a_{d-1} x^{d-1} + \cdots + a_1 x + a_0$. 如果 $a_d = -1$，那么

$$130 = P(3) \leqslant -3^d + 3^{d-1} + \cdots + 3 + 1 < 0$$

所以，必有 $a_d = 1$. 又

$$130 = P(3) \geqslant 3^d - (3^{d-1} + \cdots + 3 + 1) = \frac{1 + 3^d}{2}$$

这就意味着 $d \leqslant 5$. 如果 $d < 5$，那么 $130 = P(3) \leqslant 3^4 + 3^3 + \cdots + 1 = 121$. 因此 $d = 5$，当然 $a_4 = -1$，所以

$$130 = P(3) = 3^5 - 3^4 + 27a_3 + 9a_2 + 3a_1 + a_0$$

即

$$27a_3 + 9a_2 + 3a_1 + a_0 = -32$$

因此可得 $a_3 = -1, a_2 = -1, a_1 = a_0 = 1$，所以，所求多项式为 $P(x) = x^5 - x^4 - x^3 - x^2 + x + 1$.

例 1.31(Tournament of Towns 2012)　Vlad 认为具有非负整系数的非常数多项式 $P(x)$ 是由 $P(2)$ 和 $P(P(2))$ 的值唯一确定的. 他说的对吗?

解　他说的是对的. 设 $P(x) = a_d x^d + \cdots + a_0$ 是非常数多项式，其系数都是非负整数，则

$$P(2) = b = a_d 2^d + \cdots + a_0 > a_d + \cdots + a_0$$

因此，$P(x)$ 的所有系数都是从 0 到 $b-1$ 范围内的非负整数. 因此，$P(x)$ 的系数可以从 $P(P(2)) = P(b) = (a_d a_{d-1} \cdots a_0)_b$ 的 b 进制展开式中找出，这样 $P(x)$ 就被唯一确定了.

例 1.32(Korean Mathematical Olympiad 2001)　设 n, N 都是正整数，定义 P_n 为下列多项式的集合

$$f(x) = a_0 + \cdots + a_n x^n$$

满足:

(i) 对所有 $j = 0, 1, \cdots, n$，有 $|a_j| \leqslant N$；

(ii) 集合 $\{j \mid 1 \leqslant j \leqslant n, a_j = N\}$ 最多有两个元素.

求集合 $\{f(2N) \mid f(x) \in P_n\}$ 的元素个数.

解　设 $h(x) = N(1 + x + \cdots + x^n)$. 对于 $f(x) \in P_n$，我们必须计算 $f(2N) + h(2N)$ 不同值的个数. 如果 f 的系数没有一个等于 N，那么 $(f+h)(2N)$ 是一个基数为 $2N$ 的某个 $k(k \leqslant n+1)$ 位数. 所以 $(f+h)(2N)$ 可以取从 0 到 $(2N)^{n+1} - 1$ 之间的所有整数. 如果仅仅 $a_n = N$，那么 $(f+h)(2N) = (2N)^{n+1} + M$，其中 M 是一个基数为 $2N$ 的某个 $k(k \leqslant n)$ 位数. 这样一来，$(f+h)(2N)$ 可以取从 $(2N)^{n+1}$ 到 $(2N)^{n+1} + (2N)^n - 1$ 之间的所有整数. 如果 $a_n = a_{n-1} = N$，那么 $(f+h)(2N) = (2N)^{n+1} + (2N)^n + M$，其中 M 是一个基数为 $2N$ 的某个 $k(k \leqslant n-1)$ 位数. 这样，$(f+g)(2N)$ 可以取从 $(2N)^{n+1} + (2N)^n$ 到 $(2N)^{n+1} + (2N)^n + (2N)^{n-1} - 1$ 之间的所有整数. 综合这些情况，我们看到，$(f+h)(2N)$ 可以取从 0 到 $(2N)^{n+1} + (2N)^n + (2N)^{n-1} - 1$ 之间的所有整数. 然而，很明显，$f+h$ 的系数最多有两个是 $2N$，$(f+h)(2N)$ 的最大可能值就是

$$(2N-1)(1 + 2N + \cdots + (2N)^{n-2}) + (2N)(2N)^{n-1} + (2N)(2N)^n$$

它等于

$$(2N)^{n+1} + (2N)^n + (2N)^{n-1} - 1$$

所以，这些就是 $(f+h)(2N)$ 出现的仅有的值，从而所求元素的个数就是 $(2N)^{n-1}[(2N)^2 + 2N + 1]$.

基于多项式值 $P(c)$ 的 c 进制解释，我们给出了 2003 年俄罗斯奥林匹克竞赛的一个精

彩问题.

例 1.33（Alexander Khrabrov-Russian Mathematical Olympiad 2003） 设 $P(x)$ 和 $Q(x)$ 是具有非负整系数的多项式，满足 $P(x)$ 的所有系数不超过 m. 如果存在整数 $a < b$，使得 $P(a) = Q(a)$，$P(b) = Q(b)$，$b > m$，证明：$P(x) = Q(x)$.

证明 假设 $P(x) = \sum_{i=0}^{n} c_i x^i$，$Q(x) = \sum_{i=1}^{k} d_i x^i$，并且 $0 \leqslant c_i \leqslant m < b$，则 $P(b)$ 可以写成基数为 b 的 b 进制数 $(c_n c_{n-1} \cdots c_0)_b$. 如果 Q 的所有系数都不超过 b，那么命题得证. 否则，存在一个最小的下标 i，使得 $d_i \geqslant b$. 我们可以把 d_i 表示成 $d_i = bq + r (0 \leqslant r < b)$. 把多项式 Q 的系数 d_{i+1} 换成 $d_{i+1} + q$，d_i 换成 r，这样得到的多项式记为 Q_1. 显然它满足条件 $Q_1(b) = Q(b)$. 那么，$Q_1(a)$ 和 $Q(a)$ 会怎么变化呢？我们发现

$$d_i a^i + d_{i+1} a^{i+1} = (bq + r)a^i + d_{i+1}a^{i+1}$$
$$> (aq + r)a^i + d_{i+1}a^{i+1}$$
$$> ra^i + (d_{i+1} + r)a^{i+1}$$

这就是说，$Q_1(a) < Q(a)$. 如果我们迭代这个过程，那么 d_i 首次等于或超过 b 的下标只能是增加的. 所以，在最多 n 步之后，我们就得到多项式 Q_s，其所有系数都小于 b，而且 $P(b) = Q(b) = Q_s(b)$. 等式 $P(b) = Q_s(b)$ 就意味着 P 和 Q_s 必定相等，但不等式 $Q_s(a) < Q(a)$ 与假设相矛盾. 所以，我们的第一个假设是错的，从而证明 $P(x) = Q(x)$.

例 1.34（Aleksander Golovanov-Tuymada 2007） 给定次数都是 100 的两个多项式 $f(x)$ 和 $g(x)$

$$f(x) = a_{100}x^{100} + a_{99}x^{99} + \cdots + a_1 x + a_0$$
$$g(x) = b_{100}x^{100} + b_{99}x^{99} + \cdots + b_1 x + b_0$$

众所周知，多项式的系数彼此之间是可以交换的，并且对所有 i，我们有 $a_i \neq b_i$. 问：是否存在这样的多项式，满足对所有实数 x，都有 $f(x) \geqslant g(x)$？

解 令 $h(x) = (x-1)^{100} = c_{100}x^{100} + \cdots + c_0$. 我们有

$$h(1) = c_{100} + c_{99} + \cdots + c_0 = 0$$

设 $b_0 = 2$，$b_1 = 2 + c_0$，$b_2 = 2 + c_0 + c_1$，$\cdots$，其中 $b_k = 2 + c_0 + c_1 + \cdots + c_{k-1}(1 \leqslant k \leqslant 99)$，$b_{100} = 2 + c_0 + c_1 + \cdots + c_{99} = 2 - c_{100} = 1$.

令 $a_k = b_k + c_k$. 当 $0 \leqslant k \leqslant 99$ 时，我们有 $a_k = b_{k+1}$，$a_{100} = b_0 = 2$，则

$$f(x) - g(x) = h(x) \geqslant 0$$

1.5 多项式的除法和 GCD

我们知道，对任何正整数 a 和任何正整数 b，a 除以 b 可以用带余数的形式表示，即存在唯一的整数 q，r 使得

$$a = bq + r \quad (0 \leqslant r \leqslant b - 1)$$

对于多项式来说,使用多项式的除法可以得到类似的结果.先来考虑有理系数多项式.完全相同的参数对实系数或复系数都是有效的.然而,在下面我们将看到整数系数需要注意一些额外的情况.假设 $B(x)$ 是任意非零多项式,则对任意多项式 $A(x)$,存在唯一的多项式 $Q(x),R(x)$,使得

$$A(x) = B(x)Q(x) + R(x), \quad \deg R(x) < \deg B(x)$$

在整数的除法中,使用满足不等式 $0 \leqslant r \leqslant b - 1$ 的较小量作为余项,在多项式中类似的条件使用的是较小的次数.上面这个命题称为多项式除法定理.它可以按 $A(x)$ 的次数用简单归纳法来证明,也可以用讨论多项式的长除法来证明.当 $R(x) = 0$ 时,我们就称多项式 $A(x)$ 能被多项式 $B(x)$ 整除.

例如,设 $A(x) = 3x^4 - x^3 + x^2 - x + 1, B(x) = x^2 + x + 2$.用多项式的长除法给出

$$3x^4 - x^3 + x^2 - x + 1 = (x^2 + x + 2)(3x^2 - 4x - 1) + 8x + 3$$

所以,$Q(x) = 3x^2 - 4x - 1, R(x) = 8x + 3$.另外,如果我们想用任意一个多项式 $P(x)$ 除以 $x^2 + 2$,可以利用多项式的除法定理,有

$$P(x) = (x^2 + 2)Q(x) + R(x)$$

由于 $\deg R(x) < \deg(x^2 + 2) = 2$,所以,可以设 $R(x) = ax + b$,由此得

$$P(x) = (x^2 + 2)Q(x) + ax + b$$

如果 $A(x)$ 和 $B(x)$ 具有整数系数,那么我们并不总能找到具有整数系数的多项式 $Q(x)$ 和 $R(x)$,使得

$$A(x) = B(x)Q(x) + R(x), \quad \deg R(x) < \deg B(x)$$

例如,如果 $B(x) = 2x^2 + 1$ 且 $Q \neq 0$ 是具有整数系数的多项式,那么 $B(x)Q(x) + R(x)$ 的首项系数总是 2 的倍数.所以,不可能有 $A(x) = x^3$ 这种形式.但是,如果假定 $B(x)$ 是首一多项式,那么这种情况就不可能出现了,这就是下面的推论.

推论 设 $A(x)$ 是整系数多项式,$B(x)$ 是首一整系数多项式,则存在唯一的整系数多项式 $Q(x),R(x)$,使得

$$A(x) = B(x)Q(x) + R(x), \quad \deg R(x) < \deg B(x)$$

这可以通过模仿上面的方法来证明,只要 $B(x)$ 是首一的,我们仍然可以用长除法,或者对有理系数的情况给出一个推论来证明.根据这个结果,我们有 $A(x) = B(x)Q(x) + R(x)$,其中 Q 和 R 具有有理系数.假定 $q_k x^k$ 是 Q 中次数最高的单项式,其系数不是整数.查看项 $x^{k+\deg B}$ 的系数,我们会得到一个矛盾.所以 Q,从而 $R(x) = A(x) - B(x)Q(x)$ 都是整系数多项式.

例 1.35 设 $P(x)$ 和 $Q(x)$ 都是次数为 2 的整系数多项式.证明存在一个次数至多是 2 的整系数多项式 $R(x)$,使得

$$R(8)R(12)R(2\ 017) = P(8)P(12)P(2\ 017)Q(8)Q(12)Q(2\ 017)$$

证明 设 $T(x) = P(x)Q(x)$,则 $\deg T(x) = 4$,且 $T(x)$ 具有整系数. 现在,我们必须证明存在一个次数至多是 2 的整系数多项式 $R(x)$ 满足

$$R(8)R(12)R(2\,017) = T(8)T(12)T(2\,017)$$

用多项式 $T(x)$ 除以首一多项式

$$(x-8)(x-12)(x-2\,017)$$

即有

$$T(x) = (x-8)(x-12)(x-2\,017)H(x) + R(x)$$

其中 $\deg R(x) < \deg(x-8)(x-12)(x-2\,017) = 3$,即 $\deg R(x) \leqslant 2$.

在上式中,取 $x = 8, 12, 2\,017$,我们有

$$T(8) = R(8), T(12) = R(12), T(2\,017) = R(2\,017)$$

即 $R(8)R(12)R(2\,017) = T(8)T(12)T(2\,017)$,证毕.

具有有理系数的两个多项式 $A(x), B(x)$ 的最大公因式(GCD)是指次数最大的一个首一多项式 $D(x)$,它能整除这两个多项式.

具有有理系数的两个多项式 $A(x), B(x)$ 的最小公倍数(LCM)是指次数最小的一个首一多项式 $L(x)$,它能被这两个多项式除尽.

例 1.36(Italian Mathematical Olympiad 2015, District Round) 设两个首一整系数多项式 $P(x), Q(x)$,满足它们的 GCD 是 $(x-1)(x-2)$, LCM 是 $(x-1)^2(x-2)^3 \cdot (x-3)(x+1)$.

如果我们进一步假设 $\deg P(x) < \deg Q(x)$,问:满足这些条件的多项式 $P(x)$ 有多少个?

解 设 $D(x) = \gcd(P(x), Q(x))$, $L(x) = \text{lcm}(P(x), Q(x))$. 类似于整数的情况,我们有

$$L(x) = \frac{P(x)Q(x)}{D(x)}$$

即 $L(x)D(x) = P(x)Q(x)$.

由题设条件,有

$$P(x)Q(x) = (x-1)^3(x-2)^4(x-3)(x+1)$$

多项式 $(x-1)(x-2)$ 是两个多项式 $P(x)$ 和 $Q(x)$ 的公因式. 消去这些因式,有

$$\frac{P(x)}{(x-1)(x-2)} \cdot \frac{Q(x)}{(x-1)(x-2)} = (x-1)(x-2)^2(x-3)(x+1)$$

上式右边的因式必须在 $P(x)$ 和 $Q(x)$ 之间进行拆分,由于左边的因式是互素的,必须把 $(x-2)^2$ 的两个因式放到同一个多项式中,这有 $2^4 = 16$ 种方式. 因为乘积 $P(x)Q(x)$ 是 9 次的,则 $\deg P(x) \neq \deg Q(x)$,因此,在 $\frac{16}{2} = 8$ 种情况下,我们有 $\deg P(x) < \deg Q(x)$.

为了求出两个有理系数的多项式 $A(x),B(x)$ 的 GCD,我们假定 $\deg A(x) \geqslant \deg B(x)$. 由多项式的除法定理,来求多项式 $Q_1(x),R_1(x)$,满足

$$A(x) = B(x)Q_1(x) + R_1(x), \quad \deg R_1(x) < \deg B(x)$$

如果 $R_1(x)=0$,那么 $B(x)$ 整除 $A(x)$,从而 $B(x)$(除以其首项系数)是最大公因式. 如果 $R_1(x) \neq 0$,那么 $A(x)$ 和 $B(x)$ 的任何公因式也能整除 $R_1(x)$. 这样,$B(x)$ 和 $R_1(x)$ 有相同的 GCD. 继续这种操作,用 $R_1(x)$ 去除 $B(x)$,有

$$B(x) = R_1(x)Q_2(x) + R_2(x), \quad \deg R_2(x) < \deg R_1(x) < \deg B(x)$$

通过迭代这个过程,由于次数总是在减小,最终我们必定得到 $R_{n+1}(x)=0$ 的情况. 在这种情况下,$R_n(x)$(除以其首项系数)就是 $A(x)$ 和 $B(x)$ 的最大公因数. 如果 $R_n(x)$ 是常数多项式,那么 $A(x)$ 和 $B(x)$ 就没有非常数的公因式,此时称它们是互素的或互素. 另外,因为

$$R_1(x) = A(x) - B(x)Q_1(x)$$

则有

$$R_2(x) = B(x) - R_1(x)Q_2(x) = -Q_2(x)A(x) + (1 + Q_2(x)Q_1(x))B(x)$$

继续这种方式下去,我们最终得到,存在多项式 $R(x),S(x)$,满足

$$R_n(x) = R(x)A(x) + S(x)B(x)$$

非常有趣的情况是当 $A(x)$ 和 $B(x)$ 互素的时侯. 在这种情况下,通过除以常数多项式 R_n 得到:存在多项式 $R(x),S(x)$,使得

$$1 = R(x)A(x) + S(x)B(x)$$

因此,我们就证明了下面的推论.

多项式的 Bezout(贝祖)恒等式 对任何两个具有有理系数的互素的多项式 $P(x)$,$Q(x)$,存在具有有理系数的多项式 $R(x),S(x)$,满足

$$1 = R(x)P(x) + S(x)Q(x)$$

一个复数 α 称为代数数,如果存在一个具有整系数的非零多项式 $P(x)$,使得 $P(\alpha) = 0$. 例如,$\sqrt{2} + \sqrt{3}$ 就是一个代数数. 因为 $P(\sqrt{2} + \sqrt{3}) = 0$,其中 $P(x) = x^4 - 10x^2 + 1$.

具有整系数的最小次数的满足 $P(\alpha)=0$ 的多项式 $P(x)$,称为一个代数数 α 的最小多项式. 通过次数极小性这个条件,我们得到了多项式在 $\mathbf{Q}[x]$ 上的不可约性,从而在 $\mathbf{Z}[x]$ 上是不可约的. 另外,令 $R(\alpha)=0$,其中 $R(x)$ 是具有整系数的任意多项式. 通过次数的极小性假设:$\deg P(x) \leqslant \deg R(x)$. 然后,利用多项式除法定理,有

$$R(x) = P(x)Q(x) + S(x)$$

其中 $Q(x),S(x)$ 是具有有理系数的多项式,并且 $\deg S(x) < \deg P(x)$. 将多项式 $Q(x),S(x)$ 的系数的最小公分母乘到上式两边,因此,我们总可以假设 $Q(x),S(x)$ 具有整系数. 取 $x=\alpha$,得到 $S(\alpha)=0$,因此,次数极小性的条件意味着 $S(x)=0$,即 $R(x)$ 能被

$P(x)$ 除尽. 所以，所有以 α 为根的多项式都是最小多项式的倍数.

例 1.37 求所有正整数 n，使得多项式
$$P(x) = x^{4n} + x^{4(n-1)} + \cdots + x^4 + 1$$
能被多项式
$$Q(x) = x^{2n} + x^{2(n-1)} + \cdots + x^2 + 1$$
除尽.

解 如果 $x \neq \pm 1$，那么
$$\begin{aligned}
\frac{P(x)}{Q(x)} &= \frac{(x^4-1)P(x)}{(x^4-1)Q(x)} \\
&= \frac{x^{4(n+1)}-1}{(x^2+1)(x^{2(n+1)}-1)} \\
&= \frac{(x^{2(n+1)}-1)(x^{2(n+1)}+1)}{(x^2+1)(x^{2(n+1)}-1)} \\
&= \frac{x^{2(n+1)}+1}{x^2+1}
\end{aligned}$$

如果 $Q(x)$ 整除 $P(x)$，那么最后一个商必为一个多项式. 如果 $n+1$ 是奇数，那么 $x^{2(n+1)}+1$ 能被 x^2+1 除尽. 如果 $n+1$ 是偶数，那么 x^2+1 能整除 $x^{2(n+1)}-1$，这样，$x^{2(n+1)}+1$ 除以 x^2+1 的余数是 2，$Q(x)$ 不能整除 $P(x)$. 因此，n 必定是偶数，并且所有的偶数都具有期望的性质.

例 1.38 设 $f(x) = a_0 + a_1 x + \cdots + a_4 x^4$，其中 $a_4 \neq 0$. 多项式 f 除以 $x-2\,003$，$x-2\,004$，$x-2\,005$，$x-2\,006$，$x-2\,007$ 的余数分别为 24，-6，4，-6，24，求 $f(2\,008)$ 的值.

解 多项式 $f(x)$ 除以 $x-a$ 的余数是 $f(a)$（这是 $x-a$ 整除 $f(x)-f(a)$ 这个事实的重述）. 这样题设条件就变成
$$f(2\,003) = f(2\,007) = 24, \quad f(2\,004) = f(2\,006) = -6, \quad f(2\,005) = 4$$
设 $f(x) = g(x-2005)$，我们需要找到一个四次多项式 g，满足条件 $g(0)=4$，$g(1)=g(-1)=-6$，$g(2)=g(-2)=24$. 因为 g 的值是对称的，因此寻找的多项式的形式为
$$g(x) = 4 + ax^2 + bx^4$$
则由 $-6 = g(1) = 4 + a + b$，以及 $24 = g(2) = 4 + 4a + 16b$，解这两个方程，得到 $a = -15$，$b = 5$，所以
$$g(x) = 4 - 15x^2 + 5x^4$$
这是一种可能，也是唯一的解. 因为，如果 $h(x)$ 是在 $0, \pm 1, \pm 2$ 具有相同值的任意四次多项式，那么 $g(x)-h(x)$ 的次数最多是 4，但是它却有 5 个根，从而必是零多项式. 所以
$$f(x) = 4 - 15(x-2\,005)^2 + 5(x-2\,005)^4$$
因此，$f(2\,008) = 4 - 15 \cdot 9 + 5 \cdot 81 = 274$.

在上面的解法中,我们通过分析 5 个点的值,采用特殊的方法,找到了一个四次多项式 $f(x)$.大家可能想知道是否有一种更系统的方法来求解这个问题.其中的一种方法是 Lagrange(拉格朗日)插值公式.假设我们要求的多项式的次数最多是 n 次,在 $n+1$ 个点上有规定的值,记为 $f(x_i)=a_i(i=0,1,\cdots,n)$.如上所述,只有一个这样的多项式,因为两个这样的多项式的差是一个有 $n+1$ 个根而次数最多是 n 的多项式,所以必为零多项式.

多项式 $(x-x_0)(x-x_1)\cdots(x-x_{k-1})(x-x_{k+1})\cdots(x-x_n)$ 在 $x_0,x_1,\cdots,x_{k-1}$,$x_{k+1},\cdots,x_n$(就是说,除了 x_k 之外的每一点)的值为 0,所以,多项式

$$\frac{(x-x_0)(x-x_1)\cdots(x-x_{k-1})(x-x_{k+1})\cdots(x-x_n)}{(x_k-x_0)(x_k-x_1)\cdots(x_k-x_{k-1})(x_k-x_{k+1})\cdots(x_k-x_n)}$$

在每一个点 x_i 取值 0,在点 x_k 取值 1.因此

$$f(x)=\sum_{k=0}^{n}a_k\frac{\prod_{i\neq k}(x-x_i)}{\prod_{i\neq k}(x_k-x_i)}$$

是一个次数至多是 n(因为每个加数的次数至多是 n)的多项式,并且当 $x=x_k$ 时,其值为 a_k.这就是非常强大的 Lagrange 插值公式,作为其实用性的例子,它证明了一个 n 次多项式 $f(x)$,在 $n+1$ 个 x 的有理值上,取有理值,则其系数是有理数.(如果所有的 x_i 和 a_i 都是有理数,那么上述公式是一个具有有理系数的多项式,而且是满足 $f(x_i)=a_i$,且次数至多是 n 的唯一多项式.)

对于上述问题的 Lagrange 插值公式是

$$\begin{aligned}f(x)=&\frac{(x-2\,004)(x-2\,005)(x-2\,006)(x-2\,007)}{(-1)\cdot(-2)\cdot(-3)\cdot(-4)}\cdot24+\\&\frac{(x-2\,003)(x-2\,005)(x-2\,006)(x-2\,007)}{1\cdot(-1)\cdot(-2)\cdot(-3)}\cdot(-6)+\\&\frac{(x-2\,003)(x-2\,004)(x-2\,006)(x-2\,007)}{2\cdot1\cdot(-1)\cdot(-2)}\cdot4+\\&\frac{(x-2\,003)(x-2\,004)(x-2\,005)(x-2\,007)}{3\cdot2\cdot1\cdot(-1)}\cdot(-6)+\\&\frac{(x-2\,003)(x-2\,004)(x-2\,005)(x-2\,006)}{4\cdot3\cdot2\cdot1}\cdot24\end{aligned}$$

然后,我们再次计算 $f(2\,008)=274$.

例 1.39 设 $P(x)$ 是首一的四次多项式,满足当 $n=1,2,3,4$ 时,$P(1+2^n)=1+8^n$,求 $P(1)$ 的值.

解法 1 由题设条件,显然 $P(3)=9,P(5)=65,P(9)=513,P(17)=4\,097$.

假设 $P(1)=a$,则

$$P(x)=\frac{(x-3)(x-5)(x-9)(x-17)}{512}\cdot a+$$

$$\frac{(x-1)(x-5)(x-9)(x-17)}{-315} \cdot 9 +$$

$$\frac{(x-1)(x-3)(x-9)(x-17)}{576} \cdot 65 +$$

$$\frac{(x-1)(x-3)(x-5)(x-17)}{-1\,792} \cdot 513 +$$

$$\frac{(x-1)(x-3)(x-5)(x-9)}{23\,040} \cdot 4\,097$$

因为 $P(x)$ 是首一的,检查两边 x^4 的系数,我们得到

$$1 = \frac{a}{512} - \frac{9}{315} + \frac{65}{576} - \frac{513}{1\,792} + \frac{4\,097}{23\,040}$$

解得 $a = 513$.

解法 2　由题设可知,多项式

$$P(x) - (x-1)^3 - 1 = P(x) - x^3 + 3x^2 - 3x$$

有四个实根,即 $x = 3, 5, 9, 17$. 因为多项式是首一的,所以多项式 $P(x) - x^3 + 3x^2 - 3x$ 也是首一的. 因此

$$P(x) - x^3 + 3x^2 - 3x = (x-3)(x-5)(x-9)(x-17)$$

令 $x = 1$,得到 $P(1) = 1 + 512 = 513$.

例 1.40(Dusan Djukic-Serbian TST 2016)　定义多项式的序列

$$P_0(x) = x^3 - 4x, \quad P_{n+1}(x) = P_n(1+x)P_n(1-x) - 1$$

证明 $x^{2\,016}$ 整除 $P_{2\,016}(x)$.

证明　显然,$P_n(x) = P_n(-x)$. 我们有

$$
\begin{aligned}
P_{n+2}(x) &= P_{n+1}(1+x)P_{n+1}(1-x) - 1 \\
&= (P_n(2+x)P_n(-x) - 1)(P_n(2-x)P_n(x) - 1) - 1 \\
&= P_n(2+x)P_n(2-x)P_n(x)^2 - (P_n(2+x) + P_n(2-x))P_n(x)
\end{aligned}
$$

我们发现,$P_{n+2}(x)$ 能被 $P_n(x)$ 整除. 所以,由 $P_0(2) = 0$ 得到,对所有偶数 n, $P_n(2) = 0$. 在多项式 $P_n(2+x) + P_n(2-x)$ 中,令 $x = 0$ 得到,对所有偶数 n,$P_n(2) + P_n(2) = 0$. 所以 $P_n(2+x) + P_n(2-x)$ 能被 x 整除,又因为 x^1 项的系数为零,因此,$P_n(2+x) + P_n(2-x)$ 能被 x^2 整除. 如果存在某个 $k \geqslant 2$,满足 $x^k(x-2)$ 整除 $P_n(x)$,那么 $x^{k+2}(x-2)$ 整除 $P_{n+2}(x)$. 因为 $P_2(x)$ 能被 $x^2(x-2)$ 整除,由归纳法我们得到,$x^{2n}(x-2)$ 整除 $P_{2n}(x)$,这就给出了我们的结论.

例 1.41　定义多项式序列

$$P_1(x) = 2x, \quad P_2(x) = 2(x^2+1)$$

当 $n \geqslant 3$ 时

$$P_n(x) = 2xP_{n-1}(x) - (x^2-1)P_{n-2}(x)$$

证明:$P_n(x)$ 能被 x^2+1 整除,当且仅当 $n \equiv 2(\mathrm{mod}\ 4)$.

证明 因为这个常系数递归方程的特征多项式是

$$T^2 - 2xT + (x^2-1) = (T-x-1)(T-x+1)$$

由此,我们得到一般解为 $P_n(x) = c_1(x+1)^n + c_2(x-1)^n$,其中 c_1, c_2 是常数.由给定的初始条件,我们得到

$$P_n(x) = (x+1)^n + (x-1)^n$$

令 $n = r+4k(0 \leqslant r \leqslant 3)$,则

$$P_n(x) = (x+1)^r((x+1)^4)^k + (x-1)^r((x-1)^4)^k$$

上面的表达式可以改写成

$$(x+1)^r((1+x^2)(x^2+4x+5)-4)^k + (x-1)^r((1+x^2)(x^2-4x+5)-4)^k$$

这个多项式除以 $1+x^2$ 的余数是 $(-4)^k((x+1)^r+(x-1)^r)$.当 $r=0,1,2,3$ 时,我们检测发现,只有当 $r=2$ 时,上述多项式才能被 $1+x^2$ 整除.

例 1.42 设 p 是大于 2 的素数,求最小的正整数 a,使其能写成形式

$$a = (x-1)f(x) + (x^{p-1}+\cdots+x+1)g(x)$$

其中 $f(x)$ 和 $g(x)$ 是两个整系数多项式.

解 设 $\Phi_p(x) = x^{p-1}+\cdots+x+1$.我们得到

$$\Phi_p(x) = (x-1)\Big(\sum_{j=0}^{p-1} jx^{p-1-j}\Big) + p$$

所以

$$p = \Phi_p(x) + (x-1)\Big(-\sum_{j=0}^{p-1} jx^{p-1-j}\Big)$$

从而 $a \leqslant p$,在原题中令 $x=1$,得到

$$a = pg(1) \geqslant p$$

所以,结论是 $a=p$.

例 1.43 设 $P(x)$ 是次数 $d>1$ 的整系数多项式,问:集合 $\{P(x) \mid x \in \mathbf{Z}\}$ 可包含的最大连续整数是多少?

解 答案是 d.设 $a_1 < \cdots < a_m$ 是 m 个连续的整数,满足存在不同的整数 $x_1, \cdots, x_m$,使得

$$P(x_k) = a_k, \forall k=1,2,\cdots,m$$

注意到

$$(x_{k+1}-x_k) \mid (P(x_{k+1})-P(x_k)) = a_{k+1}-a_k = 1$$

则 $x_{k+1}-x_k = \pm 1$.所以,数列 $x_1 < \cdots < x_m$ 是公差为 $r = \pm 1$ 的算术级数.我们可以假定公差是 1,如果必要的话,可以用 $P(-x)$ 替换 $P(x)$.取 $Q(x) = (x-x_1)+a_1$.易证,对于 $1 \leqslant k \leqslant m$,有 $Q(x_k) = a_k$.这样一来,多项式 $R(x) = P(x)-Q(x)$ 具有 m 个不同的实根

$x_1 < \cdots < x_m$. 如果 $m > d$，那么 $R(x) = 0$，并且 $P(x) = (x - x_1) + a_1$，但是 $d > 1$，矛盾. 从而 $m \leqslant d$. 现在，我们给出一个具有 d 个连续整数值的 d 次多项式的例子. 多项式

$$P(x) = (x - 1)(x - 2) \cdots (x - d) + x$$

这个多项式对于 $k = 1, \cdots, d$，有 $P(k) = k$.

1.6   多项式的复合

设多项式 $P(x) = a_d x^d + a_{d-1} x^{d-1} + \cdots + a_1 x + a_0$，$Q(x) = b_c x^c + b_{c-1} x^{c-1} + \cdots + b_1 x + b_0$，其中系数 a_d 和 b_c 都是非零的，则

$$P(Q(x)) = a_d (Q(x))^d + a_{d-1} (Q(x))^{d-1} + \cdots + a_1 Q(x) + a_0$$

最后的这个表达式等于 $a_d b_c^d x^{cd} + \cdots$，是一个次数为 cd 的多项式. 例如，设 $P(x) = x^3 + 1$ 和 $Q(x) = x^2 - 1$，则

$$P(Q(x)) = (Q(x))^3 + 1 = (x^2 - 1)^3 + 1 = x^6 - 3x^4 + 3x^2$$

$$Q(P(x)) = (P(x))^2 - 1 = (x^3 + 1)^2 - 1 = x^6 + 2x^3$$

上面的例子表明，等式 $P(Q(x)) = Q(P(x))$ 不一定成立.

例 1.44   黑板上写着三个多项式 $f_1(x) = 2x + 2$，$f_2(x) = x^2 + 2x - 2$，$f_3(x) = x^3 - 2x + 2$. 任何时候，Bob 都会按照以下规则，在黑板上写出一个新的多项式：如果某个时刻，在黑板上有三个函数 $f(x), g(x), h(x)$（可以相同），那么 Bob 根据自己的选择，可以写下形式为 $f(G(x))$，$f(x) + g(x) - h(x)$ 或者 $\dfrac{f(x)g(x)}{h(x)}$ 的函数. 问：Bob 能否得到下列形式的多项式

$$P(x) = x^d \pm 2x^{d-1} \pm 2^2 x^{d-2} \pm \cdots \pm 2^{d-1} x + 2^m$$

其中 d, m 是正整数.

解   不能. 注意到，$f_1(-2) = f_2(-2) = f_3(-2) = -2$. 指定的操作不会改变函数在 $x = -2$ 的函数值. 但所给形式的多项式不满足条件 $P(-2) = -2$.

例 1.45   黑板上写下了多项式 $x^3, \cdots, x^{2d+1}, \cdots$ 你可以在黑板上按以下方式写下多项式：如果在某一时刻在黑板上写下了多项式 $P(x), Q(x)$（可以相同），那么你可以写出任意一个下列形式的多项式

$$aP(x) + b, P(x) + Q(x), P(Q(x))$$

其中 $a \geqslant 0, b \in \mathbf{R}$. 问：是否可以得到多项式 $x^{2k+1} - 20x + 17$，其中 k 是某个正整数.

解   不能. 注意到黑板上所写的所有多项式都是非减的，并且在上述操作下这个性质是不会改变的. 因此，得到的任何多项式都必须是非减的. 设 $R(x) = x^{2k+1} - 20x + 17$，则 $R(0) = 17 > R(1) = -2$，矛盾.

例 1.46   给定任意多项式 $P(x)$，在每一步操作中，我们都可以使用 $P(P(x))$，

$xP(x)$ 或者 $P(x)+x-1$ 中的任何一个来改变多项式 $P(x)$. 如果我们从多项式 x^k $(x-2)^{2n}$ 开始,重复这个操作过程,问:能否得到多项式 $x^l (x-2)^{2m+1}$?

解 设 $P(x)=x^k (x-2)^{2n}$,则 $P(1)=1$. 这个操作不改变 $P(1)$ 的值,所以,如果多项式 $Q(x)=x^l (x-2)^{2m+1}$ 是可以达到的话,那么必有 $Q(1)=1$,然而 $Q(1)=-1$,矛盾.

例 1.47 证明对于每一个多项式 P,都存在多项式 F 和 G,使得

$$F(G(x))-G(F(x))=P(x)$$

证明 设 $G(x)=x+1$,则所证的等式变成了

$$F(x+1)-F(x)=1+P(x)$$

因此,只需要证明,对于任意多项式 $Q(x)$,都存在多项式 $F(x)$,使得 $F(x+1)-F(x)=Q(x)$. 我们对多项式 Q 的次数采用归纳法来证明. 如果 $Q(x)=c$ 是常数,那么 $F(x)=cx$ 就满足要求. 现在,假设

$$Q(x)=a_n x^n + a_{n-1} x^{n-1} + \cdots + a_0$$

令 $F(x)=\dfrac{a_n x^{n+1}}{n+1}+F_0(x)$. 我们得到

$$F(x+1)-F(x)=\frac{a_n}{n+1}((x+1)^{n+1}-x^n)+F_0(x+1)-F_0(x)$$

注意到

$$(x+1)^{n+1}-x^{n+1}=(n+1)x^n+\frac{n(n+1)}{2}x^{n-1}+\cdots$$

是一个首项系数为 $n+1$ 的 n 次多项式,所以

$$Q_1(x)=Q(x)-\frac{a_n}{n+1}((x+1)^{n+1}-x^n)$$

是次数至多为 $n-1$ 的多项式. 由归纳假设,我们可以选择 F_0 使得 $F_0(x+1)-F_0(x)=Q_1(x)$,这就给出了我们期望的结果

$$F(x+1)-F(x)=Q(x)$$

1.7 奇次的和偶次的多项式

如果对所有的 x 都有 $P(x)=P(-x)$,那么我们称多项式 $P(x)$ 为偶次多项式. 此外,如果对所有的 x 都有 $P(x)=-P(-x)$,那么我们称多项式 $P(x)$ 为奇次多项式. 如果多项式 $P(x)$ 是偶次多项式,那么它不能有奇数次的单项式. 实际上,如果 $P(x)$ 是偶次多项式,那么 $P(x)=P(-x)$,由此给出

$$a_d x^d + a_{d-1} x^{d-1} + \cdots + a_1 x + a_0 = a_d(-x)^d + a_{d-1}(-x)^{d-1} + \cdots + a_1(-x) + a_0$$

可见 $a_1=a_3=\cdots=0$. 所以 $P(x)=a_0+a_2 x^2+\cdots$ 是 x^2 的多项式,从而 $P(x)=Q(x^2)$,其中 $Q(x)$ 是某个多项式. 此外,一个奇数次多项式没有偶数次的单项式. 所以,如果

$P(x)$ 是奇数次多项式，那么 $P(x) = xR(x^2)$，其中 $R(x)$ 是某个多项式.

由于

$$P(x) = \frac{P(x) + P(-x)}{2} + \frac{P(x) - P(-x)}{2}$$

其前一项是偶次多项式，后一项是奇次多项式，所以任何一个多项式都可以表示为偶次多项式和奇次多项式之和.

例 1.48（Polish Mathematical Olympiad 2002） 证明次数大于 1 的多项式 $P(x)$ 的图像有一条对称轴，当且仅当存在多项式 $F(x)$ 和 $G(x)$（$\deg G(x) = 2$），使得 $P(x) = F(G(x))$.

证明 假设 $P(x) = F(G(x))$，其中 $G(x)$ 是某个二次多项式. 通过配方，我们总可以设 $G(x) = c(x-a)^2 + b$，其中 a, b, c 是常数. 我们有 $G(x) = G(2a - x)$. 所以

$$P(x) = F(G(x)) = F(G(2a - x)) = P(2a - x)$$

从而 $x = a$ 就是一条对称轴.

对于充分性部分，假设 $x = a$ 是多项式 $P(x)$ 的图像的对称轴，则 $P(2a - x) = P(x)$. 设 $P_1(x) = P(x + a)$，则

$$P_1(x) = P(x + a) = P(a - x) = P_1(-x)$$

因此，$P_1(x)$ 就是一个偶次多项式，从而 $P_1(x) = F(x^2)$，其中 $F(x)$ 是某个多项式. 然后 $P(x) = F((x-a)^2)$，设 $G(x) = (x-a)^2$，即得 $P(x) = F(G(x))$.

2　多项式的基本性质(二)

2.1　多项式的根

多项式 $P(x)$ 的根,是指满足 $P(r)=0$ 的一个复数 r,显然 $P(x)$ 能被 $x-r$ 整除.例如,$x=-1,2$ 是多项式 $Q(x)=x^3-3x-2$ 的根,因为 $Q(-1)=Q(2)=0$.

例 2.1　设整数 a,b,c 满足 $|a|,|b|,|c|\leqslant 10$.多项式 $P(x)=x^3+ax^2+bx+c$ 满足 $\left|P(2+\sqrt{3})\right|<10^{-4}$.证明多项式 $P(x)$ 能被 x^2-4x+1 整除.

证明　因为 $x^2-4x+1=(x-2+\sqrt{3})(x-2-\sqrt{3})$,所以,我们必须证明 $P(2\pm\sqrt{3})=0$.假若不然,则

$$P(2+\sqrt{3})=(26+7a+2b+c)+(15+4a+b)\sqrt{3}=m+n\sqrt{3}$$

其中 $m=26+7a+2b+c,n=15+4a+b$ 都是整数.此外,使用三角不等式,我们得到 $|m|\leqslant 130,|n|\leqslant 65$,所以

$$\left|m+n\sqrt{3}\right|\leqslant 130+65\sqrt{3}<260$$

类似可得,$\left|m-n\sqrt{3}\right|\leqslant 130+65\sqrt{3}<260$.另外

$$\left|P(2+\sqrt{3})\right|=\left|m+n\sqrt{3}\right|=\left|\frac{m^2-3n^2}{m-n\sqrt{3}}\right|$$

因为 $\left|P(2+\sqrt{3})\right|\neq 0$,所以 $(m,n)\neq(0,0)$.因此,$|m^2-3n^2|\geqslant 1$,这样一来

$$\left|P(2+\sqrt{3})\right|\geqslant\frac{1}{\left|m-n\sqrt{3}\right|}\geqslant\frac{1}{260}>10^{-4}$$

矛盾.所以 $(m,n)=(0,0)$,从而 $P(2+\sqrt{3})=0$.最后,因为 $P(2-\sqrt{3})=m-n\sqrt{3}$,所以 $P(2-\sqrt{3})=0$.证毕.

这里有一个定理,称为**代数基本定理**,即,对于每一个复系数 d 次多项式 $P(x)$,存在 d 个复数 $r_1,\cdots,r_d$(可以相同),使得

$$P(x)=C(x-r_1)\cdots(x-r_d)$$

其中 C 是某个复数.这个定理是说,任何具有复系数的 d 次多项式都有 d 个复数根.

好奇的读者可能以为可以直接证明这个定理,其实没有那么容易.它最简单的证明也超出了本书的知识范围,但读者可以用它作为判定任意多项式根的个数的标准.例如,

多项式 $P(x) = x^3 - 7x - 6$,有

$$P(-1) = P(-2) = P(3) = 0$$

因为这个多项式是 3 次的,因此得到多项式 $P(x)$ 的三个根 $x = -1, -2, 3$,从而 $P(x) = C(x+1)(x+2)(x-3)$,其中 C 是某个复数,比较恒等式两边 x^3 的系数,得到 $C = 1$.

例 2.2(Italian Mathematical Olympiad 2012,District Round) 设 $p(x)$ 和 $q(x)$ 是两个不同的整系数多项式,它们的次数不超过 3,满足

$$p(1) = q(1), p(2) = q(2), p(3) = q(3)$$
$$p(-1) = -q(-1), p(-2) = -q(-2), p(-3) = -q(-3)$$

问:多项式 $(p(0))^2 + (q(0))^2$ 的最小值是多少?

解 因为 $p(-1) + q(-1) = p(-2) + q(-2) = p(-3) + q(-3) = 0$,所以多项式 $p(x) + q(x)$ 的根是 $x = -1, -2, -3$,从而

$$p(x) + q(x) = a(x+1)(x+2)(x+3)$$

其中 a 是某个整数.类似的,$x = 1, 2, 3$ 是多项式 $p(x) - q(x)$ 的根,所以

$$p(x) - q(x) = b(x-1)(x-2)(x-3)$$

其中 $b \neq 0$ 是某个整数.由此,我们得到

$$p(x) = \frac{1}{2}(b(x-1)(x-2)(x-3) + a(x+1)(x+2)(x+3))$$

$$q(x) = \frac{1}{2}(-b(x-1)(x-2)(x-3) + a(x+1)(x+2)(x+3))$$

现在,令 $x = 0$,有 $p(0) = 3(a-b), q(0) = 3(a+b)$,所以

$$(p(0))^2 + (q(0))^2 = 18(a^2 + b^2)$$

因为,a, b 是具有相同奇偶性的整数,且 $b \neq 0$,所以 $a^2 + b^2 \geq 2$.因此,$(p(0))^2 + (q(0))^2 \geq 36$.当 $a, b \in \{-1, 1\}$ 时,等号成立.

例 2.3 假设多项式 $f(x)$ 的次数是 3,首项系数是 2,满足

$$f(2\,014) = 2\,015, \quad f(2\,015) = 2\,016$$

求 $f(2\,016) - f(2\,013)$ 的值.

解 设 $g(x) = f(x) - x - 1$,则 $f(x) = 1 + x + g(x)$.我们有 $g(2\,014) = g(2\,015) = 0$,所以

$$g(x) = C(x - 2\,014)(x - 2\,015)(x - a)$$

其中 $C, a \in \mathbf{R}$.比较 $f(x)$ 和 $g(x)$ 的首项系数,得到 $C = 2$,所以

$$g(x) = 2(x - 2014)(x - 2015)(x - a)$$

因此

$$\begin{aligned}
f(2\,016) - f(2\,013) &= g(2\,016) - g(2\,013) + 3 \\
&= 4(2\,016 - a) - 4(2\,013 - a) + 3
\end{aligned}$$

$$=15$$

例 2.4　设多项式 $P(x)=x^{2\,016}+a_{2\,015}x^{2\,015}+\cdots+a_1x+a_0$ 满足,对于所有 $i=1,2,\cdots,2\,015$,有 $P(i)=2i-1$,求 $P(0)+P(2\,016)-2\,016!$ 的值.

解　注意到多项式 $Q(x)=P(x)-2x+1$ 有根 $x=1,2,\cdots,2\,015$.因为 $Q(x)$ 是首一的,且 $\deg Q(x)=2\,016$,所以它只有一个其他的实根,不妨设为 r.因此
$$Q(x)=(x-1)(x-2)\cdots(x-2\,015)(x-r)$$
从而
$$P(x)=2x-1+(x-1)(x-2)\cdots(x-2\,015)(x-r)$$
令 $x=0,2\,016$,得到
$$P(0)=-1+r\cdot2\,015!,P(2\,016)=4\,031+(2\,016-r)\cdot2\,015!$$
所以,$P(0)+P(2\,016)=4\,030+2\,016!$,即 $P(0)+P(2\,016)-2\,016!=4\,030$.

一个复数 r 是多项式 $P(x)$ 的二重根是指 $P(x)$ 能被 $(x-r)^2$ 整除.例如,$x=1$ 是多项式 $Q(x)=x^3-3x+2$ 的二重根,因为 $x^3-3x+2=(x-1)^2(x+2)$.

例 2.5(Croatia Mathematical Olympiad 2008)　设 $P(x)=ax^2+bx+c$,其中 a,b,c 是实数,且 $a\neq0$.多项式 $P(x^2+4x-7)$ 至少有一个二重根 $x=1$.求它的其他根.

解　定义 $Q(x)=P(x^2+4x-7)$,则 $Q(1)=P(-2)=0$.所以可设
$$P(x)=a(x+2)(x-r)$$
其中 r 是某个实数,因此
$$\begin{aligned}Q(x)&=P(x^2+4x-7)\\&=a(x^2+4x-5)(x^2+4x-7-r)\\&=a(x-1)(x+5)(x^2+4x-(7+r))\end{aligned}$$
因为多项式 $Q(x)$ 至少有一个二重根,所以这个根必定是 $x=1$ 或 $x=-5$,或者多项式 $x^2+4x-(7+r)$ 有一个二重根.前一种情况,我们有 $r=-2$,从而 $Q(x)=a((x-1)(x+5))^2$.后一种情况,多项式 $x^2+4x-(7+r)$ 的判别式必须是 0,所以 $44+4r=0$,即 $r=-11$.因此
$$Q(x)=a(x-1)(x+5)(x+2)^2$$

例 2.6(Australian Mathematical Olympiad 2003)　设
$$P(x)=x^{2\,003}+a_{2\,002}x^{2\,002}+\cdots+a_0$$
是一个整系数多项式.如果 $Q(x)=(P(x))^2-25$,证明多项式 $Q(x)$ 至多有 2 003 个整数根.

证明　我们用反证法来证明.假定 $Q(x)$ 的整数根多于 2 003 个,则多项式 $P(x)+5$ 或 $P(x)-5$ 之一至少有 1 002 个整数根.不失一般性,假设 $P(x)-5$ 有 1 002 个整数根,则
$$P(x)-5=S(x)(x-x_1)\cdots(x-x_{1\,002})$$
其中 $S(x)$ 是某个整系数多项式,整数 $x_1,\cdots,x_{1\,002}$ 互不相同.令 r 是多项式 $P(x)+5$ 的一个根,则

$$-10 = (P(r)+5)-10 = S(r)(r-x_1)\cdots(r-x_{1\,002})$$

显然 $S(r)$ 是非零整数. 所以

$$\left|(r-x_1)\cdots(r-x_{1\,002})\right| \leqslant 10$$

但是 $(r-x_1)\cdots(r-x_{1\,002})$ 是 1 002 个不同整数的乘积,所以

$$\left|(r-x_1)\cdots(r-x_{1\,002})\right| \geqslant 1^2 \cdot 2^2 \cdots 501^2$$

因此,不存在整数 r 满足 $P(r)+5=0$,这就意味着 $Q(x)$ 的所有整数根都是 $P(x)-5$ 的根. 这样一来,这类根的总数最多为 2 003.

例 2.7(M. Medinkov-Kvant M2369) 我们有 100 个数字. 当给它们每个加 1 时,它们的乘积不会改变,当我们再次给它们每个加 1 时,乘积依然不会改变,以此类推. 重复这个过程 k 次,其乘积仍没有变化. 问:k 的最大可能值是多少?

解 设 $a_1,\cdots,a_{100}$ 是一个数列,记 $b_i = a_i - a_1$. 定义多项式

$$P(x)=(x+b_1)\cdots(x+b_{100})$$

由代数基本定理可知,这个多项式的相同值的假定不能超过 100 次. 但假设的结构表明

$$P(a_1)=P(1+a_1)=\cdots=P(k+a_1)$$

则 $k \leqslant 99$. 为了查看 99 的可达性,我们提供一个例子. 考虑数列

$$-99,-98,\cdots,-1,0$$

则对于递增的数字的 99 个步骤,其乘积始终为零.

例 2.8(Mediterranean Mathematical Olympiad 2013) 证明:存在首一的三次多项式 $P(x)$ 和 $Q(x)$,满足和为 72 的 9 个非零整数是多项式 $P(Q(x))$ 的根.

证明 令 $P(x)=(x-z_1)(x-z_2)(x-z_3)$,$Q(x)=x^3-ax^2+bx-c$,则

$$P(Q(x))=(Q(x)-z_1)(Q(x)-z_2)(Q(x)-z_3)$$

假设 $a_i,b_i,c_i(i=1,2,3)$ 是多项式 $Q(x)-z_i$ 的根,则比较 x^2 和 x 的系数,我们得到

$$a_i+b_i+c_i=a,\quad a_ib_i+b_ic_i+c_ia_i=b$$

所以由题设有 $72=3a \Rightarrow a=24$. 同样地,我们很容易发现 $a_i^2+b_i^2+c_i^2$ 的值是相同的. 如果我们选 $b=143$,那么容易得到

$$a_1=0,b_1=11,c_1=13,\quad a_2=1,b_2=8,c_2=15,\quad a_3=3,b_3=5,c_3=16$$

从而,$Q(x)=x^3-24x^2+143x$,$P(x)=x(x-120)(x-240)$.

例 2.9 是否存在多项式 $P(x)=x^3+ax^2+bx+c$,使得 $|c| \leqslant 2\,017$,$P(x)$ 有三个整数根,且 $|P(34)|$ 是素数?

解 不存在. 令 $P(x)=(x-r)(x-s)(x-t)$ 是满足题设条件的多项式,其中 r,s,t 是整数,则

$$|P(34)|=\left|(34-r)(34-s)(34-t)\right|$$

必是素数. 从而,三个因子中,必有两个是 1,不失一般性,设 $|34-r|=|34-s|=1$,并且

$|34-t|$ 是素数. 由此可见, $r,s \geqslant 33$. 因为和34最近的素数只有31和37,所以 $|t| \geqslant 3$. 因此, $|c| = |rst| \geqslant 33 \cdot 33 \cdot 3 = 3\,267 > 2\,017$, 矛盾.

2.2　多项式的整数根与有理根

例 2.10　设 $P(x)$ 是非常数整系数多项式,满足 $P(0) = 2\,018$. 问:这个多项式不同的整数根最多有多少?

解　令 $P(x) = a_d x^d + \cdots + a_0$, 其中 $d \geqslant 1, a_d \neq 0$. 因为 $P(0) = 2\,018$, 所以 $a_0 = 2\,018$. 从而

$$P(x) = a_d x^d + \cdots + 2\,018$$

假设 $x = r$ 是其任意一个整数根,则

$$a_d r^d + \cdots + a_1 r + 2\,018 = 0$$

因此, r 必能整除 $2\,018$. 因为 $2\,018 = 2 \cdot 1\,009$, 所以 $r \in \{\pm 1, \pm 2, \pm 1\,009, \pm 2\,018\}$. 因此,当 $P(x)$ 能被形式为 $(x-1)(x+1)(x \pm 2)(x \pm 1009)$ 的多项式整除时,才能出现这种极端的情况. 在这种情况下,整数根的最大数目是 4.

下面给出相关的一个定理.

定理　设 $P(x) = a_d x^d + \cdots + a_0$ 是整系数多项式,如果 $P(x)$ 有一个整数根 r,那么 a_0 必能被 r 整除.

类似地,令 $P(x) = a_d x^d + \cdots + a_0$ 是整系数多项式, $r = \dfrac{a}{b}$ 是 $P(x)$ 的一个有理根,其中 a, b 是整数,且 $b \neq 0, \gcd(a,b) = 1$, 则

$$a_d a^d + a_{d-1} a^{d-1} b + \cdots + a_0 b^d = 0$$

由此可见 $a_d a^d$ 必能被 b 整除, $a_0 b^d$ 必能被 a 整除. 因为 $\gcd(a,b) = 1$, 所以 $a \mid a_0, b \mid a_d$.

上面的命题称为有理根定理.

有理根定理　设 $P(x) = a_d x^d + \cdots + a_0$ 是整系数多项式, $r = \dfrac{a}{b}$ 是 $P(x)$ 的一个有理根,其中 a, b 是互素的整数(即 $b \neq 0, \gcd(a,b) = 1$), 则 $a \mid a_0, b \mid a_d$.

推论 1　如果首一整系数多项式 $P(x) = x^d + \cdots + a_0$ 有一个有理根,那么这个根必是一个整数.

例 2.11　设整系数多项式 $P(x) = x^d + \cdots + a_0$ 的所有根都是有理数. 证明:存在一个有理数 c, 使得多项式 $P\left(\dfrac{x}{c}\right)$ 的所有根都是整数.

证明　考查多项式

$$a_d^{d-1} P\left(\frac{x}{a_d}\right) = x^d + a_{d-1} x^{d-1} + \cdots + a_d^{d-1} a_0$$

这是一个首一整系数多项式.则由上面的推论 1 我们知道,多项式 $a_d^{d-1}P\left(\dfrac{x}{a_d}\right)$ 的所有有理根必定是整数.因为 $P(x)$ 的所有根都是有理数,$P\left(\dfrac{x}{a_d}\right)$ 的所有根必是有理数,从而必是整数.取 $c=a_d$ 即满足要求.证毕.

例 2.12 设 $P(x)$ 和 $Q(x)$ 是整系数多项式,a 和 $a+2\,015$ 是多项式 $P(x)$ 的根,其中 a 是整数.此外,令 $Q(2\,014)=2\,016$.证明不存在整数 b 使得 $Q(P(b))=1$.

证明 由题意,设 $P(x)=(x-a)(x-a-2\,015)R(x)$,其中 $R(x)$ 是某个整系数多项式.若不然,存在一个整数 b,使得 $Q(P(b))=1$,则

$$Q(x)=(x-P(b))\cdot T(x)+1$$

其中 $T(x)$ 是某个整系数多项式.于是

$$Q(2\,014)=(2\,014-P(b))\cdot T(2\,014)+1$$

注意到 $P(b)=(b-a)(b-a-2\,015)R(b)$,因为 $b-a$ 与 $b-a-2\,015$ 的奇偶性不同,所以 $P(b)$ 必定是偶数,因此 $Q(2\,014)$ 必定是奇数,矛盾.

例 2.13 设 a 是一个整数,证明:多项式 $P(x)=x^4-2\,003x^3+(2\,004+a)x^2-2\,005x+a$ 至多有一个整数根.此外,证明它没有多重整数根.

证明 首先,我们证明多项式没有任何奇整数根.若不然,设 r 是 $P(x)$ 的一个奇整数根,则 $P(r)=0$ 即

$$r^3(r-2\,003)+2\,004r^2+a(1+r^2)=2\,005r$$

易见,上式左边是偶数,而右边是奇数,矛盾.

现在,假设 $P(x)$ 有一个根 s(必为偶数),我们来证明 $\dfrac{P(x)}{x-s}=\dfrac{P(x)-P(s)}{x-s}$ 也没有偶数根 r.若不然,则

$$0=\frac{P(r)-P(s)}{r-s}$$

$$=(r^3+r^2s+rs^2+s^3)-2\,003(r^2+rs+s^2)+(2\,004+a)(r+s)-2\,005$$

但上式右边是偶数,而左边是奇数,矛盾.所以,$\dfrac{P(x)}{x-s}$ 没有整数根,这样 $P(x)$ 至多有一个整数根,而且这个根不是二重根.

例 2.14 设 $P(x)=ax^3+bx^2+cx+d$ 是整系数多项式,又设 ad 是奇数,abc 是偶数.证明多项式 $P(x)$ 至少有一个根是无理数.

证明 若不然,假定多项式 $P(x)$ 的所有根都是有理数,不妨设为 $\dfrac{p_i}{q_i}(i=1,2,3)$,则依据有理根定理,我们得到 $p_i\mid d,q_i\mid a$.所以,所有的 p_i,q_i 都是奇数.由 Vieta 公式,我们有

$$-\frac{b}{a}=\frac{p_1}{q_1}+\frac{p_2}{q_2}+\frac{p_3}{q_3}=\frac{p_1q_2q_3+p_2q_1q_3+p_3q_1q_2}{q_1q_2q_3}=\frac{\beta}{\alpha}$$

$$\frac{c}{a} = \frac{p_1}{q_1} \cdot \frac{p_2}{q_2} + \frac{p_3}{q_3} \cdot \frac{p_2}{q_2} + \frac{p_1}{q_1} \cdot \frac{p_3}{q_3} = \frac{p_1 p_2 q_3 + p_3 p_2 q_1 + p_1 p_3 q_2}{q_1 q_2 q_3} = \frac{\gamma}{\alpha}$$

其中 $\gcd(\beta, \alpha) = \gcd(\gamma, \alpha) = 1$.

此外,因为上述有理表达式的分子和分母都是奇数,我们发现 γ, β, α 都是奇数,从而 a, b, c 是奇数,矛盾.

例 2.15 设 $n \geqslant 2$ 是正整数,证明:多项式 $x^n + 2x^{n-1} + 3x^{n-2} + \cdots + nx + n + 1$ 没有有理根.

证明 注意到

$$
\begin{aligned}
& x^n + 2x^{n-1} + 3x^{n-2} + \cdots + nx + n + 1 \\
&= (x^n + x^{n-1} + \cdots + x + 1) + \cdots + (x + 1) + 1 \\
&= \frac{x^{n+1} - 1}{x - 1} + \frac{x^n - 1}{x - 1} + \cdots + \frac{x^2 - 1}{x - 1} + \frac{x - 1}{x - 1} \\
&= \frac{\dfrac{x^{n+2} - 1}{x - 1} - n - 2}{x - 1} \\
&= \frac{x^{n+2} - (n+2)x + n + 1}{(x - 1)^2}
\end{aligned}
$$

显然 $x = 1$ 不是多项式的根,所以多项式 $x^n + 2x^{n-1} + 3x^{n-2} + \cdots + nx + n + 1$ 的所有根都是多项式 $x^{n+2} - (n+2)x + n + 1$ 的根.

假设 $x = \dfrac{p}{q} (q > 0)$ 是上述多项式的一个根,则由有理根定理,得到 $q \mid 1$,从而 $q = 1$,因此,其根必为整数. $x = -1, 0$ 不是多项式 $x^{n+2} - (n+2)x + n + 1$ 的根,我们来证明这个多项式没有绝对值大于或等于 2 的根.若不然,设 r 是一个根,且 $|r| \geqslant 2$,则

$$
\begin{aligned}
2^{n+1} |r| &\leqslant |r^{n+1}| |r| \\
&= |r^{n+2}| \\
&= |(n+2)r + (n+1)| \\
&\leqslant (n+2)|r| + (n+1) \\
&< (2n+3)|r|
\end{aligned}
$$

所以 $2^{n+1} < 2n + 3$,当 $n \geqslant 2$ 时,这不成立.证明完成.

备注 令 $P(x) = x^{n+1} + x^n + \cdots + x + 1$,则

$$P'(x) = (n+1)x^n + nx^{n-1} + \cdots + 1$$

$$x^n + 2x^{n-1} + 3x^{n-2} + \cdots + nx + n + 1 = x^n P'\left(\frac{1}{x}\right)$$

我们知道多项式 $P(x)$ 的所有根的绝对值都等于 1. 然后,根据 Gauss-Lucas(高斯—卢卡斯)定理可知 $P'(x)$ 的所有根都位于 $P(x)$ 根的凸包内. 这样一来,它们的绝对值小于 1,从而 $x^n + 2x^{n-1} + 3x^{n-2} + \cdots + nx + n + 1$ 的所有根的绝对值都大于 1,但我们已经

证明了它们的绝对值都小于 2.

例 2.16(Japanese Mathematical Olympiad 2009)　考虑整系数多项式 $P(x)$，设 $n \neq 0$ 是一个整数，满足 $P(n^2)=0$. 证明对所有正有理数 a，有 $P(a^2) \neq 1$.

证明　设 $\deg P(x)=d$，$P(x)=(x-n^2)Q(x)$，其中 $Q(x)$ 是某个整系数多项式. 若不然，那么存在一个正有理数 $a=\dfrac{q}{p}$（$\gcd(p,q)=1$），满足 $P(a^2)=1$，则

$$P(a^2)=(a^2-n^2)Q(a^2)=\frac{1}{p^{2d}}\left(p^{2d-2}Q\left(\frac{q^2}{p^2}\right)\right)(q^2-p^2n^2)$$

上式可以改写成

$$\left(p^{2d-2}Q\left(\frac{q^2}{p^2}\right)\right)(q^2-p^2n^2)=p^{2d}$$

因为 Q 的次数是 $d-1$，则 $p^{2d-2}Q\left(\dfrac{x}{p^2}\right)$ 是一个整系数多项式. 这样一来，$p^{2d-2}Q\left(\dfrac{q^2}{p^2}\right)$ 是一个整数，从而 $q^2-p^2n^2$ 就是 p^{2d} 的除数. 所以，$\gcd(p,q^2-p^2n^2)=1$，因此，$q^2-p^2n^2=(q+pn)(q-pn)=\pm 1$. 但是 p,q,n 都是正整数，所以不可能有 $q+pn=\pm 1$，从而得出一个矛盾.

2.3　中值定理，递增和递减多项式

如果一个多项式 $P(x)$ 在某些点可以取负值，在另一些点可以取正值，那么在这些点之间必至少有一个实根. 也就是说，如果 $P(a)$ 和 $P(b)$ 有不同的符号，那么至少有一个实数 c 使得 $P(c)=0$，而且，如果 $a<b$，那么 $a<c<b$.

上面的命题称为**中值定理**(IVT)，它适用于所有连续函数和多项式. 例如，考虑多项式 $P(x)=x^2+x-2$，由于 $P(0)=-2$，$P(2)=2$.

因此，至少存在一个实数 $c\in(0,2)$，使得 $P(c)=0$. 可以简单地计算出 $P(x)=(x-1)(x+2)$，得出根是 $c=1$. 但 IVT 告诉我们存在一个根，并不需要因式分解.

例 2.17(Andryi Gogolev)　证明对任意一个实数 a，多项式 $x^4+a^2x^3+2ax^2+3a^2x+a-1$ 至少有一个实根.

证明　设 $P(x)=x^4+a^2x^3+2ax^2+3a^2x+a-1$，则

$$P(0)=a-1,\quad P(-1)=-4a^2+3a$$

因此，$P(0)+P(-1)=-(2a-1)^2\leqslant 0$. 这就意味着，或者 $P(0)\leqslant 0$，或者 $P(-1)\leqslant 0$. 因为对于充分大的 $x>0$ 有 $P(x)>0$，所以 $P(x)$ 在 $[-1,\infty)$ 内至少有一个实根.

例 2.18　证明对任意实数 a,b,c，多项式 $P(x)=x^4+ax^3+bx^2+cx-\dfrac{b}{2}-\dfrac{1}{4}$ 有实根.

证明　注意到 $P\left(\dfrac{1}{\sqrt{2}}\right)+P\left(-\dfrac{1}{\sqrt{2}}\right)=0$，则 $P\left(\dfrac{1}{\sqrt{2}}\right)$，$P\left(-\dfrac{1}{\sqrt{2}}\right)$ 的值或者具有不同的符号，或者两个都是零. 不论是哪种情况，多项式都至少有一个实根.

例 2.19　设 $P(x)$ 是任意多项式，满足 $P(8)+P(11)<19<P(12)+P(7)$. 证明：存在实数 x,y 使得

$$x+y=P(x)+P(y)=19$$

证明　定义 $Q(x)=P(x)+P(19-x)-19$. 则 $Q(8)<0$，$Q(7)>0$. 所以，$Q(x)$ 至少有一个实根 $y\in(7,8)$，即 $P(y)+P(19-y)=19$. 所以，$19=y+19-y=P(x)+P(y)$.

证毕.

例 2.20(Sergei Berlov-Saint Petersburg Mathematical Olympiad 2005)　多项式 $P_1(x),\cdots,P_n(x)$ 都是线性多项式，其根 $a_1,\cdots,a_n$ 互不相同，并按增加的次序排列. 证明多项式

$$P_1(x)P_2(x)\cdots P_{n-2}(x)P_n(x)+P_{n-1}(x)$$
$$\vdots$$
$$P_1(x)P_3(x)\cdots P_{n-1}(x)P_n(x)+P_2(x)$$

都至少有一个实根.

证明　因为多项式 $P_1(x),\cdots,P_n(x)$ 的根 $a_1,\cdots,a_n$ 是按增加的次序排列的，所以 $a_1<a_2<\cdots<a_n$. 那么 $P_i(x)$ 的符号在 $x=a_i$ 前后是不同的. 设

$$Q_i(x)=P_1(x)P_2(x)\cdots P_{n-i}(x)P_{n-i+2}(x)\cdots P_n(x)+P_{n-i+1}(x)$$
$$i=2,\cdots,n-1$$

则

$$Q_2(a_1)=P_{n-1}(a_1),Q_3(a_1)=P_{n-2}(a_1),\cdots,Q_{n-1}(a_1)=P_2(a_1)$$

此外

$$Q_2(a_n)=P_{n-1}(a_n),Q_3(a_n)=P_{n-2}(a_n),\cdots,Q_{n-1}(a_n)=P_2(a_n)$$

因此

$$Q_2(a_1)Q_2(a_n)=P_{n-1}(a_1)P_{n-1}(a_n)<0$$
$$Q_3(a_1)Q_3(a_n)=P_{n-2}(a_1)P_{n-2}(a_n)<0$$
$$\vdots$$
$$Q_{n-1}(a_1)Q_{n-1}(a_n)=P_2(a_1)P_2(a_n)<0$$

所以，所有的 $Q_i(x)(i=2,\cdots,n-1)$ 在 (a_1,a_n) 内至少有一个实根.

例 2.21(N. Aghakhanov)　证明存在 10 个不同的实数 $a_1,a_2,\cdots,a_{10}$，使得方程

$$(x-a_1)\cdots(x-a_{10})=(x+a_1)\cdots(x+a_{10})$$

恰有 5 个不同的实根.

证明　我们来构造一个例子. 设 $a_1=-7,a_2=-6,\cdots,a_{10}=2$. 如图 2.1 所示. 函数 $y=(x-a_1)\cdots(x-a_{10})$ 和 $y=(x+a_1)\cdots(x+a_{10})$ 恰有 5 个交点 $x=0,\pm1,\pm2$. 利用 $(x-2)(x-1)x(x+1)(x+2)$ 来简化方程，我们得到

$$(x+7)(x+6)\cdots(x+3)=(x-7)(x-6)\cdots(x-3)$$

进一步化简得到

$$5x^4+235x^2+504=0$$

这个方程没有实数根，命题得证.

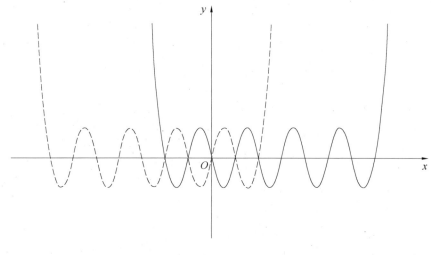

图 2.1

例 2.22　证明每一个实系数奇数次多项式至少有一个实根.

证明　令 $P(x)=a_{2d+1}x^{2d+1}+\cdots+a_0$. 不失一般性，假设 $a_{2d+1}>0$（否则，考虑多项式 $-P(x)$）. 则对于充分大的正数 x，我们有 $P(x)>0$，而对于充分大的负数 x，我们有 $P(x)<0$，因此，由 IVT 可知，多项式在这两个值之间至少有一个实根.

例 2.23(Ilya Bogdanov-Russian Mathematical Olympiad 2013)　设 $P(x),Q(x)$ 是两个实系数首一多项式，满足 $\deg P(x)=\deg Q(x)=10$.

证明：如果方程 $P(x)=Q(x)$ 没有实数根，那么方程 $P(x+1)=Q(x-1)$ 有一个实根.

证明　令 $P(x)=x^{10}+a_9x^9+\cdots+a_0,Q(x)=x^{10}+b_9x^9+\cdots+b_0$，则

$$P(x)-Q(x)=(a_9-b_9)x^9+\cdots+(a_0-b_0)$$

如果 $a_9\neq b_9$，那么多项式是奇数次，从而有一个实根. 这与题设条件矛盾. 所以 $a_9=b_9$. 我们有

$$P(x+1)=x^{10}+(10+a_9)x^9+\cdots$$
$$Q(x-1)=x^{10}+(-10+a_9)x^9+\cdots$$

所以，$P(x+1)-Q(x-1)=20x^9+\cdots$，这是一个奇数次的多项式，必有一个实根.

证毕.

例 2.24(I. Rybanov-Russian Mathematical Olympiad 2001)　设 $P(x)$ 是奇数次多项式,证明当方程 $P(x)=0$ 时,方程 $P(P(x))=0$ 至少有 n 个不同的解.

证明　设 $x_1,\cdots,x_n$ 是多项式 $P(x)$ 的不同的实根. 显然多项式 $P(P(x))$ 的实根是多项式 $P(x)-x_i$ 的实根. 因为多项式 $P(x)-x_i$ 是奇数次多项式,则 $P(x)-x_i$ 至少有一个实根. 而多项式 $P(x)-x_i(i=1,2,\cdots,n)$ 没有公共根,所以方程 $P(P(x))=0$ 至少有 n 个不同的实根.

例 2.25(Ukrainian Mathematical Olympiad 2011)　证明对于实数 $a_1,\cdots,a_{2\,017}$,其中 $a_{2\,017}\neq 0$,存在一个函数 $f:\mathbf{R}\rightarrow\mathbf{R}$,满足对任意实数 x,有

$$a_1 f(x)+a_2 f(f(x))+\cdots+a_{2\,017}\underbrace{f(f(\cdots f(x))\cdots)}_{2\,017}=x$$

证明　令 $f(x)=Cx$,其中 C 是某个非零实数. 则 $\underbrace{f(f(\cdots f(x))\cdots)}_{k}=C^k x$. 所以,问题转化为求实数 C,使得 $(a_1 C+a_2 C^2+\cdots+a_{2\,017}C^{2\,017})x=x$,即 $a_{2\,017}C^{2\,017}+\cdots+a_1 C-1=0$. 而

$$a_{2\,017}C^{2\,017}+\cdots+a_1 C-1$$

是奇数次的多项式,当然至少有一个实根,取其中的一个实根作为 C 即可.

证毕.

例 2.26　考虑两个多项式 $P(x)$ 和 $Q(x)$. 如果 a,b 是两个不同的实数,满足 $P(a)=Q(b)$,$P(b)=Q(a)$. 证明:方程 $P(x)=Q(x)$ 至少有一个实根.

证明　令 $R(x)=P(x)-Q(x)$,则

$$\begin{aligned}
R(a)R(b)&=(P(a)-Q(a))(P(b)-Q(b))\\
&=(P(a)-P(b))(P(b)-P(a))\\
&=-(P(a)-P(b))^2\\
&\leqslant 0
\end{aligned}$$

如果 $P(a)\neq P(b)$,那么 $R(a)R(b)<0$,从而在 (a,b) 内 $R(x)$ 至少有一个实根,不妨设这个实根为 c. 那么 $0=R(c)=P(c)-Q(c)$,即 $P(c)=Q(c)$. 如果 $P(a)=P(b)$,那么 $P(a)=P(b)=Q(a)$,因此方程 $P(x)=Q(x)$ 至少有一个实根.

例 2.27　设 $a_0<b_0<a_1<b_1<\cdots<a_n<b_n$. 证明多项式

$$P(x)=(x+a_0)(x+a_1)\cdots(x+a_n)+2\,017(x+b_0)(x+b_1)\cdots(x+b_n)$$

的根都是实数.

证明　因为 $P(-a_i)$ 的符号同 $(-1)^i$,$P(-b_i)$ 的符号同 $(-1)^{i+1}$,其中 $i=0,1,\cdots,n$,则 $P(-a_i)P(-b_i)<0$. 由此可见,多项式 $P(x)$ 在区间 $(-b_i,-a_i)(i=0,1,\cdots,n)$ 内有一个实根. 又 $\deg P(x)=n+1$,所以 $P(x)$ 的根都是实数.

例 2.28（Razvan Gelca-USA TST 2005） 设

$$f(x) = \sum_{k=1}^{n} a_k x^k, \quad g(x) = \sum_{k=1}^{n} \frac{a_k}{2^k - 1} x^k$$

证明：如果 1 和 2^{n+1} 是 $g(x)$ 的根，那么 $f(x)$ 的正根小于 2^n.

证明 注意到 $\sum_{j=0}^{n} f(2^j) = \sum_{j=0}^{n} \sum_{k=1}^{n} a_k 2^{kj} = \sum_{k=1}^{n} a_k \sum_{j=0}^{n} 2^{kj} = \sum_{k=1}^{n} a_k \frac{2^{k(n+1)} - 1}{2^k - 1}$.

上述表达式等价于

$$\sum_{k=1}^{n} \frac{a_k}{2^k - 1} ((2^{n+1})^k - 1) = g(2^{n+1}) - g(1) = 0$$

如果 $f(2^r) = 0$，其中 $0 \leqslant r \leqslant n$，命题得证. 否则，存在 $i < j$，使得 $f(2^i) f(2^j) < 0$. 从而 $f(x)$ 在区间 $(2^i, 2^j)$ 内至少有一个实根，因此命题得证.

例 2.29（Bernd Kreussler-Irish Mathematical Olympiad 2010） 设 $m \geqslant 3$ 是一个偶数，下列多项式有多少个实根

$$f_m(x) = (x-1)(x-2) \cdots (x-m+1) + 1$$

解 因为 $f_m(1) = f_m(2) = \cdots = f_m(m-1) = 1$，所以我们考查实数 $2k - \frac{1}{2} \left(k = 1, 2, \cdots, \frac{m-1}{2} \right)$，来证明 $f_m \left(2k - \frac{1}{2} \right) < 0$. 从而，多项式 $f_m(x)$ 在区间 $(2k-1, 2k)$ 内有两个实根，进而，多项式 $f_m(x)$ 有 $m-1$ 个实根. 事实上

$$f_m \left(2k - \frac{1}{2} \right) = \frac{4k-3}{2} \cdots \frac{3}{2} \cdot \frac{1}{2} \cdot \left(-\frac{1}{2} \right) \cdot \left(-\frac{3}{2} \right) \cdots \left(-\frac{2m-4k-1}{2} \right) + 1$$

令 $m \geqslant 7$，则乘积项有 $m-1 \geqslant 6$ 个因子. 只有两个因子（即 $\pm \frac{1}{2}$）的绝对值是小于 1 的，负因子的个数是奇数（即 $m-2k$ 个），所以乘积项是负的. 乘积的绝对值总是大于 $\frac{1}{2} \cdot \frac{1}{2} \cdot \frac{3}{2} \cdot \frac{5}{2} \cdot \frac{3}{2} \cdot \frac{5}{2} = \frac{225}{64} > 1$. 这就证明了 $f_m \left(2k - \frac{1}{2} \right) < 0 \left(k = 1, 2, \cdots, \frac{m-1}{2} \right)$，命题得证. 余下的是 $m = 3, 5$ 的情况，注意到 $f_3(x) = (x-1)(x-2) + 1 = x^2 - 3x + 3 > 0$ 没有实根. 最后

$$f_5(x) = (x-1)(x-2)(x-3)(x-4) + 1 = (x^2 - 5x + 5)^2$$

有两个重根.

例 2.30 设 k, n 是正整数. 证明存在次数为 n，且有 n 个不同实根的首一多项式 $P_1(x), \cdots, P_k(x)$ 满足任何多项式是这个多项式集合的子集的和，也有 n 个不同的实根.

证明 对于 $1 \leqslant i \leqslant k$，定义多项式

$$P_i(x) = (x-i)(x-(i+k)) \cdots (x-(i+(n-1)k))$$

这些多项式都是具有 n 个不同实根的首一 n 次多项式. 此外，假定 $0 \leqslant j \leqslant n-1$，则多项式 $P_i(x)$ 的所有根都在区间 $\left(jk + \frac{1}{2}, (j+1)k + \frac{1}{2} \right)$ 内. 进一步，我们容易发现当 $j \equiv$

$n \pmod 2$ 时，$P_i\left(jk+\dfrac{1}{2}\right)>0$，否则，$P_i\left(jk+\dfrac{1}{2}\right)<0$.

定义 $Q(x)=P_{i_1}(x)+P_{i_2}(x)+\cdots+P_{i_s}(x)$，其中 $i_1,\cdots,i_s\in\{1,2,\cdots,k\}$. 显然，$Q\left(jk+\dfrac{1}{2}\right)$，$Q\left((j+1)k+\dfrac{1}{2}\right)$ 具有不同的符号，所以多项式 $Q(x)$ 是具有 n 个不同实根的 n 次多项式.

我们说函数 $f(x)$ 在区间 (a,b) 内是增加的，如果对于所有的 $a<r<s<b$，有 $f(r)\leqslant f(s)$. 如果不等式是严格的(即当 $a<r<s<b$ 时，$f(r)<f(s)$)，我们就说函数是严格增加的. 例如，函数 $f(x)=x+x^3$ 在实数轴上是严格增加的. 我们说函数 $f(x)$ 在区间 (a,b) 内是减少的，如果对于所有的 $a<r<s<b$，有 $f(r)\geqslant f(s)$. 如果不等式是严格的(即当 $a<r<s<b$ 时，$f(r)>f(s)$)，我们就说函数是严格减少的.

例如，函数 $f(x)=-x^3$ 在实数轴上是严格减少的.

例 2.31 设 $P(x)$ 是非负实系数 10 次偶次多项式，问：方程 $P(x)=r$(r 是某个实数) 的实根的个数最多有多少？

解 因为 $P(x)$ 是偶次多项式，它可以看成是偶次单项式的和，即
$$P(x)=a_{10}x^{10}+a_8x^8+a_6x^6+a_4x^4+a_2x^2+a_0$$
其中 $a_{10}>0,a_8,a_6,a_4,a_2,a_0\geqslant0$. 这就是说当 $x\geqslant0$ 时，函数 $P(x)$ 是单调增加的. 所以，当 $x\geqslant0$ 时，其图像最多有一条水平切线. 此外，如果 $x=x_0$ 是方程 $P(x)=r$ 的任何一个解，那么 $x=-x_0$ 也是它的一个解. 所以，方程 $P(x)=r$ 至多有两个实根.

例 2.32 设多项式 $P(x)$ 的所有系数都是正的，证明下列方程组没有不同的正数解
$$\begin{cases} P(x)=P(y)P(y+1) \\ P(y)=P(x)P(x+1) \end{cases}$$

证明 因为多项式 $P(x)$ 的所有系数都是正的，所以当 $x>0$ 时，多项式 $P(x)$ 是严格增加的函数. 令 $x\neq y$，将方程两边相乘，我们得到
$$P(x+1)P(y+1)=1$$
如果 $x<y$，那么 $x+1<y+1$，从而 $P(x+1)<1<P(y+1)$，所以
$$P(x)=P(y)P(y+1)>P(y)$$
矛盾. 令 $x=y$，则 $P(x+1)=P(y+1)=1$，方程组是平凡的.

例 2.33(Radu Gologan-Romanian TST 2001) 设 $P(x)$ 是次数大于 2 的多项式，其所有的根是不同的实数. 证明存在一个非零有理数 r 满足多项式 $P(x+r)-P(x)$ 的所有根都是实数.

证明 令 $x_1<\cdots<x_n$ 是 $P(x)$ 的根. 则在每一个区间 $[x_k,x_{k+1}]$ 内，我们有，$P(x)$ 在端点为零，在区间内部不改变符号. 所以，如果在这个区间内 $P(x)$ 取正值，则 $P(x)$ 有局部最大值点 $y_k\in(x_k,x_{k+1})$；如果在这个区间内 $P(x)$ 取负值，则 $P(x)$ 有局部最小值

点 $y_k \in (x_k, x_{k+1})$. 设

$$R = \min_{0 \leqslant k \leqslant n-1} \{y_k - x_k, x_{k+1} - y_k\}$$

则对所有 $0 < r < R$，多项式 $Q(x) = P(x+r) - P(x)$ 只有实根．事实上，不失一般性，假设 $y_k \in (x_k, x_{k+1})$ 是一个最大值点，则

$$Q(x_k) = P(x_k + r) - P(x_k) > 0, \quad Q(y_k) = P(y_k + r) - P(y_k) \leqslant 0$$

从而，存在点 $z_k \in (x_k, y_k]$，使得 $Q(z_k) = 0$. 这样一来，我们就找到了 $n-1$ 次多项式 $Q(x)$ 的 $n-1$ 个实根．所以，所有的根都是实数．因为有理数在实数 $\mathbf{R}$ 上是稠密的，选取有理数 $r \in (0, R) \bigcap \mathbf{Q}$，命题得证．

例 2.34(K. Kokhas)　有没有可能 20 次多项式的图像与函数 $y = \dfrac{1}{x^{40}}$ 的图像正好相交于 30 个不同的点？（这个问题需要导数的概念，如果不熟悉它，不用担心，可以跳过它！）

解　不可能．若不然，设 $P(x) = a_{20}x^{20} + \cdots + a_0 (a_{20} \neq 0)$ 的图像与函数 $y = \dfrac{1}{x^{40}}$ 的图像正好相交于 30 个不同的点，则方程

$$a_{20}x^{20} + \cdots + a_0 = \frac{1}{x^{40}}$$

即 $Q(x) = a_{20}x^{60} + \cdots + a_0 x^{40} - 1$ 恰有 30 个实根．因此，其导数至少有 29 个不同的实根，但

$$Q'(x) = 60a_{20}x^{59} + \cdots + 40a_0 x^{39}$$
$$= x^{39}(60a_{20}x^{20} + \cdots + 40a_0)$$

至多有 21 个不同的实根，矛盾．

例 2.35(Chinese TST 2017)　求所有的整数对 (m, n) 使得存在两个首一多项式 $P(x), Q(x)$ 满足 $\deg P(x) = m$, $\deg Q(x) = n$，并且对所有实数 t 有 $P(Q(t)) \neq Q(P(t))$.

证明　假设 $m \leqslant n$. 如果 $m = 1$，那么 $P(x) = x + a$. 如果 $a = 0$，那么 $P(x) = x$，从而 $P(Q(x)) = Q(P(x)) = Q(x)$. 所以 $a \neq 0$. 如果 $n = 1$，那么 $Q(x) = x + b$，在这种情况下，$P(Q(x)) = Q(P(x)) = x + a + b$.

因此，$n > 1$. 这样，$Q(P(x)) - P(Q(x)) = Q(x+a) - Q(x) - a$ 是 $n-1$ 次多项式．所以，如果 n 是偶数，那么 $Q(x+a) - Q(x) - a$ 是奇次多项式，至少有一个实根，这就是说，存在一个实数 t 满足 $P(Q(t)) = Q(P(t))$.

所以，n 必是奇数，且 $n \geqslant 3$. 现在，我们提供一个例子．设

$$P(x) = x + 1, \quad Q(x) = x + x^n$$

则因为 n 是偶数，所以 $x^n \geqslant 0$，从而 $Q(P(x)) - P(Q(x)) = (x+1)^n - x^n > 0$.

因此,$(m,n)=(1,2k+1)$,其中 k 是一个正整数,的确是解.

令 $n \geqslant m \geqslant 2$,且 n 是一个偶数. 我们提供一个例子,设 $P(x)=x^m$,$Q(x)=2+x^n$,则

$$P(Q(x))=(x^n+2)^m \geqslant x^{mn}+2^m \geqslant x^{mn}+2=Q(P(x))$$

这样 $(m,n)=(m,2k)$,其中 k 是一个正整数,且 $m \geqslant 2$,也是解.

如果 n 是一个奇数,我们提供一个例子. 设 $P(x)=x^m$,$Q(x)=(x+a)^n (a>2^{\frac{m}{m-1}})$,则

$$P(Q(x))=(x+a)^{mn}>Q(P(x))=(x^m+a)^n$$

为此,我们来证明 $(x+a)^m>x^m+a$.

注意到,如果 $x \geqslant 0$,那么 $(x+a)^m-x^m \geqslant a^m>a$. 如果 $x+a \leqslant 0$,那么取 $y=-x-a$,我们有 $y \geqslant 0$,所以

$$(x+a)^m-x^m=(-x)^m-(-x-a)^m=(y+a)^m-y^m \geqslant a^m>a$$

最后,如果 $x<0<x+a$,设 $b=x+a$,$c=-x$,那么 $b,c \geqslant 0$.另外,$b+c=a$,所以

$$(x+a)^m-x^m=b^m+c^m \geqslant \left(\frac{b+c}{2}\right)^m=\left(\frac{a}{2}\right)^m>a>0$$

故 $(m,n)=(m,2k+1)$,其中 k 是正整数,$m \geqslant 2$,也是解. 因此,最终的答案是 $(m,n)=(m,2k+1)$,其中 k,m 是正整数,以及 $(m,n)=(m,2k)$,其中 $k,m(m \geqslant 2)$ 是正整数.

3 二次多项式

3.1 形如 $ax^2 + bx + c$ 的多项式

二次多项式是形式为 $ax^2 + bx + c$ 的多项式,其中 a, b, c 是实数,且 $a \neq 0$. 此外,如我们之前所述,a 称为首项系数,c 称为常数项.

例 3.1(Alexander Khrabrov-Saint Petersburg Mathematical Olympiad 2015) 是否存在整系数首一二次多项式 $P(x)$,满足 $P(P(\sqrt[3]{2})) = 0$?

解 存在这样的二次多项式. 例如,多项式 $P(x) = x^2 - 1$.

例 3.2(Alexander Khrabrov) 是否存在一个二次多项式 $P(x)$,使得其中的两个系数是整数,且

$$P\left(\frac{1}{2\,017}\right) = \frac{1}{2\,018}, P\left(\frac{1}{2\,018}\right) = \frac{1}{2\,017}$$

解 如果 $P(x)$ 是这样的多项式,当 $x = \dfrac{1}{2\,017}$ 以及 $x = \dfrac{1}{2\,018}$ 时,有

$$P(x) = \frac{1}{2\,017} + \frac{1}{2\,018} - x$$

所以,我们可以把多项式写成如下形式

$$P(x) = \frac{1}{2\,017} + \frac{1}{2\,018} - x + C\left(x - \frac{1}{2\,017}\right)\left(x - \frac{1}{2\,018}\right)$$

其中 C 是待定的参数. 我们取 $C = 2\,017 \cdot 2\,018$,则给出满足题中要求的多项式 $P(x)$.

例 3.3 设 a, b, c 是不同的实数,使得二次多项式 $f(x)$ 满足

$$f(a) = bc, f(b) = ac, f(c) = ab$$

证明:$f(a+b+c) = ab + ac + bc$.

证明 1 令 $f(x) = kx^2 + lx + m$,其中 k, l, m 是实数,则

$$k(a^2 - b^2) + l(a - b) = f(a) - f(b) = c(b - a)$$
$$k(a^2 - c^2) + l(a - c) = f(a) - f(c) = b(c - a)$$

因为 $a - b \neq 0$, $a - c \neq 0$ 所以

$$k(a+b) + l + c = k(a+c) + l + b = 0$$

因此 $k(b - c) = b - c$,因为 $b - c \neq 0$,所以 $k = 1$,我们计算出 $l = -a - b - c$, $m = ab + ac + bc$.

因此
$$f(a+b+c)=(a+b+c)^2-(a+b+c)(a+b+c)+ab+ac+bc=ab+ac+bc$$

证明 2 注意到 $af(a)=bf(b)=cf(c)=abc$，所以三次方程 $xf(x)=abc$ 有三个实根 a,b,c，所以
$$xf(x)-abc=D(x-a)(x-b)(x-c)$$

令 $x=0$，我们得到 $-abc=-Dabc$，如果 $abc\neq0$，那么 $D=1$(不失一般性，如果 $a=0$，那么 $f(x)=D(x-b)(x-c)$，我们也能推出 $D=1$)，这样一来
$$xf(x)-abc=(x-a)(x-b)(x-c)$$

令 $x=a+b+c$，则 $(a+b+c)f(a+b+c)-abc=(a+b)(b+c)(c+a)$，所以
$$(a+b+c)f(a+b+c)=(a+b)(b+c)(c+a)+abc$$
$$=(a+b+c)(ab+bc+ca)$$

从而 $f(a+b+c)=ab+ac+bc$.

例 3.4(G. Zhukov-Moscow Mathematical Olympiad 2014) 是否存在一个二次多项式 $f(x)=ax^2+bx+c$，其系数是整数，且 a 不能被 2 014 整除，满足 $f(1),f(2),\cdots,f(2\,014)$ 除以 2 014 所得的余数互不相同？

解 令 $f(x)=1\,007x^2+1\,008x=1\,007x(x+1)+x$. 因为 $1\,007x(x+1)$ 能被 2 014 整除，所以
$$f(x)\equiv x(\bmod 2\,014)$$

因此 $f(1),f(2),\cdots,f(2\,014)$ 除以 2 014 时，余数互不相同.

对于未知多项式问题的求解，必须比较方程两边 x^2,x^1,x^0 的系数. 然后，让它们彼此相等.

例 3.5(Peter Boyvalenkov) 求所有的多项式 $f(x)=x^2+ax+b$，使得对任何实数 x，有
$$2f(x^2-1)=f(x-1)f(x+1)+x^4+6x^2-15$$

解法 1 令 $x=1$，有 $2f(0)=f(0)f(2)-8$.

令 $x=-1$，有 $2f(0)=f(-2)f(0)-8$. 显然 $f(0)\neq0$，所以 $f(2)=f(-2)$. 从而 $a=0$，因此第一个等式变成 $2b=b(4+b)-8\Leftrightarrow(b-2)(b+4)=0$.

令 $x=0$，给出 $2(b+1)=(b+1)^2-15$，这表明只可能是 $b=-4$. 所以 $f(x)=x^2-4$ 是唯一的可能情况，容易检测它是一个解.

解法 2 比较两边 x^3 的系数，我们得到 $a=0$. 由 x^2 的系数，我们得到 $b=-4$，所以容易验证 $f(x)=x^2-4$ 是唯一的解.

3.2　多项式的判别式

二次多项式的一个有趣的问题是存在一个给出任意二次多项式根数的准则，这个通

用的准则是基于判别式的. 考虑多项式 $P(x) = ax^2 + bx + c$,其中 $a \neq 0$,则

$$4aP(x) = 4a^2x^2 + 4abx + 4ac = (2ax + b)^2 - (b^2 - 4ac)$$

令 $D = b^2 - 4ac$,则 $4aP(x) = (2ax + b)^2 - D$. 显然,当 $D < 0$ 时,对所有实数 x 都有 $4aP(x) > 0$,因此多项式没有实数根. 当 $D = 0$ 时,$4aP(x) = (2ax + b)^2$,方程 $P(x) = 0$ 简化为 $2ax + b = 0$,此时,我们有唯一的一个根 $x = -\dfrac{b}{2a}$. 最后,当 $D > 0$ 时,方程 $P(x) = 0$ 变成 $(2ax + b)^2 = D$,此时方程有两个不同的实数根 $x = \dfrac{-b \pm \sqrt{D}}{2a}$. 这个重要的量 D 称为判别式. 因此,判别式提供了下列分类.

多项式 $ax^2 + bx + c$ 的判别式 对于多项式 $P(x) = ax^2 + bx + c$,$D = b^2 - 4ac$ 称为其判别式,依据其符号有三种情况(表 3.1).

表 3.1

情况	描述	例子
$D > 0$	多项式 $P(x)$ 有两个不同的实数根	$P(x) = x^2 - 5x + 6$ 有根 $x = 2, 3, D = 1$
$D = 0$	多项式 $P(x)$ 有一个二重实数根	$P(x) = x^2 - 6x + 9$ 有一个重根 $x = 3, D = 0$
$D < 0$	多项式 $P(x)$ 没有实数根	$P(x) = x^2 - 5x + 7$ 没有实数根,$D = -3$

推论 2 设 $P(x) = ax^2 + bx + c$ 有两个不同的实数根,不妨设为 r, s,则两个根的差的绝对值是 $|r - s| = \dfrac{\sqrt{D}}{a}$. 换言之,$D = a^2(r - s)^2$.

推论 3 如果 $D \leqslant 0, a > 0$,那么对所有实数 x,有 $P(x) \geqslant 0$;如果 $D \leqslant 0, a < 0$,那么对所有实数 x,有 $P(x) \leqslant 0$.

例 3.6 设 $D > 0$ 是首一二次多项式 $P(x)$ 的判别式,求多项式 $P(x) + P(x + \sqrt{D})$ 的实数根的个数.

解法 1 假设 $P(x) = x^2 + bx + c$,则 $D = b^2 - 4c$,所以

$$P(x) + P(x + \sqrt{D}) = x^2 + bx + c + (x + \sqrt{D})^2 + b(x + \sqrt{D}) + c$$
$$= 2x^2 + 2(b + \sqrt{D})x + 2c + D + b\sqrt{D}$$

其判别式是

$$4(b + \sqrt{D})^2 - 8(2c + D + b\sqrt{D}) = 4(b^2 - 4c - D) = 0$$

因此,多项式有一个重根.

解法 2 因为 $D > 0$,所以 $P(x)$ 有两个不同的实根,不妨设为 r, s,并且假定 $r < s$,则 $s - r = \sqrt{D}$. 因此

$$Q(x) = P(x) + P(x + \sqrt{D}) = P(x) + P(x + s - r)$$

我们知道,$Q(r) = P(r) + P(s) = 0$. 所以多项式 $Q(x)$ 有一个根 $x = r$. 此外,$P(r + s - x) = P(x)$,因此,我们推出 $x = r$ 是 $Q(x)$ 图像的一条对称轴. 事实上,我们有

$$Q(2r-x)=P(2r-x)+P(r+s-x)$$
$$=P(r+s-(x+s-r))+P(r+s-x)$$
$$=P(x+s-r)+P(x)$$
$$=Q(x)$$

因此,点 $(r,0)$ 是 $Q(x)$ 图像的对称中心. 所以 $Q(x)$ 的图像与 x 轴正好交于一点.

解法 3 将方程 $P(x)+P(x+\sqrt{D})=0$ 改写成 $P(x+\sqrt{D})=-P(x)$,与此同时,我们必须找出 $P(x+\sqrt{D})$ 的图像和 $-P(x)$ 的图像的交点. 由解法 2,我们发现,抛物线 $P(x+\sqrt{D})$ 和 $P(x)$ 只在点 $x=r$ 处相交.

由于这两个图像关于 $x=r$ 是对称的,所以 $-P(x)$ 的图像与 $P(x+\sqrt{D})$ 的图像恰好在点 $x=r$ 处相交.

例 3.7(N. Aghakhanov-Russian Mathematical Olympiad 2013) 设 a,b,c 是不同的实数. 证明下列方程中至少有两个有一个实根

$$(x-a)(x-b)=x-c,\quad (x-c)(x-a)=x-b,\quad (x-c)(x-b)=x-a$$

证明 1 设
$$f(x)=(x-a)(x-b)-(x-c)$$
$$g(x)=(x-c)(x-a)-(x-b)$$
$$h(x)=(x-c)(x-b)-(x-a)$$

若不然,假设上述三个多项式中至少有两个没有实根. 由于它们的首项系数都是正的,所以这些多项式的值必然是正的. 不失一般性,设 $f(x)>0,g(x)>0$,则
$$f(x)+g(x)=(x-a)(2x-c-b)-(2x-b-c)$$
$$=(2x-b-c)(x-a-1)$$

必是正的,但很显然,它至少有一个实根,矛盾.

证明 2 不失一般性,假设 $a<b<c$,并令 $h(x)=(x-c)(x-b)-(x-a)$,
$$h(a)=(a-c)(a-b)>0,\quad h(b)=-(b-a)<0$$
因此,在区间 (a,b) 内 $h(x)$ 存在一个实根,而另一个实根必在区间 (a,b) 之外. 类似地对
$$g(x)=(x-c)(x-a)-(x-b)$$
注意到 $g(a)=-(a-b)>0,g(b)=(b-c)(b-a)<0$,所以,在区间 (a,b) 内 $g(x)$ 存在一个实根,而另一个实根必在区间 (a,b) 之外.

证明 3 正如证明 1,假设 $f(x)>0,g(x)>0$,则它们的判别式必是负的,所以
$$(a+b+1)^2<4(c+ab),\quad (a+c+1)^2<4(b+ac)$$
上述不等式可改写成如下形式
$$(a-b+1)^2<4(c-b),\quad (c-a-1)^2<4(b-c)$$
矛盾,因为 $c-b,b-c$ 不可能都为正数.

例 3.8 证明下列方程中至少有一个没有实数根

$$ax^2 + 2bx + 2c = 0, bx^2 + 2cx + 2a = 0, cx^2 + 2ax + 2b = 0$$

证明 若不然，假设上述方程都有实根，则它们的判别式必是非负的，即

$$b^2 \geqslant 2ac > 0, \quad c^2 \geqslant 2ab > 0, \quad a^2 \geqslant 2bc > 0$$

将上述不等式相乘，我们得到

$$a^2 b^2 c^2 \geqslant 8a^2 b^2 c^2 > 0$$

给出矛盾，命题得证.

例 3.9（K. Sikhov-Saint Petersburg Mathematical Olympiad 2013） 给定实数 $a_1, \cdots, a_{10}$，下列多项式均无实根

$$x^2 - a_1 x + a_2, x^2 - a_2 x + a_3, \cdots, x^2 - a_{10} x + a_1$$

证明：对于 $i = 1, 2, \cdots, 10$ 有 $a_i \leqslant 4$.

证明 1 由题设条件，所有二次多项式的判别式均为非正. 我们有

$$a_1^2 \leqslant 4a_2, a_2^2 \leqslant 4a_3, \cdots, a_{10}^2 \leqslant 4a_1$$

若不然，存在某个 a_i 超过 4，不失一般性，假设 $a_1 > 4$，则 $a_2 > a_1 > 4$，从而 $a_3 > a_2 > 4$. 继续这个方式，我们最终得到 $a_1 > a_{10} > \cdots > a_1 > 4$. 矛盾.

证明 2 取 $a_1, \cdots, a_{10}$ 中最大的数，不妨设为 a_1. 只需证明 $a_1 \leqslant 4$. 实际上，正如前面所述，我们有

$$a_1^2 \leqslant 4a_2 \leqslant 4a_1$$

因此可得 $0 \leqslant a_1 \leqslant 4$. 证毕.

例 3.10（F. Petrov-Saint Petersburg Mathematical Olympiad 2009） 设 f, g, h 是二次多项式，使得多项式 $f(x), g(x), h(x), f(x) + g(x), g(x) + h(x), f(x) + h(x)$ 的判别式都等于 1. 求多项式 $f(x) + g(x) + h(x)$ 的判别式.

解 我们先来证明下面的引理.

引理：记多项式 $P(x)$ 的判别式为 D_P，则 $D_{f+g+h} = D_{f+g} + D_{g+h} + D_{f+h} - D_f - D_g - D_h$.

引理的证明：设 $f(x) = a_1 x^2 + b_1 x + c_1, g(x) = a_2 x^2 + b_2 x + c_2, h(x) = a_3 x^2 + b_3 x + c_3$. 则我们必须证明下列恒等式

$$(b_1 + b_2 + b_3)^2 - 4(a_1 + a_2 + a_3)(c_1 + c_2 + c_3)$$
$$= \sum_{\text{cyc}} (b_1 + b_2)^2 - 4 \sum_{\text{cyc}} (a_1 + a_2)(c_1 + c_2) - \sum_{\text{cyc}} b_1^2 + 4 \sum_{\text{cyc}} a_1 c_1$$

这是容易验证的代数恒等式.

回到我们的问题，我们发现 $D_{f+g+h} = 0$.

备注 如果继续下去的话，实际上我们可以得出这样的结论：像这样的三个多项式 f, g, h 是不存在的. 事实上，因为我们已经证明了 $f + g + h$ 的判别式等于 0，所以，

$f+g+h = k(x-\beta)^2$,其中 $k \neq 0$,β 是实数. 因此

$$f(x+\beta) + g(x+\beta) + h(x+\beta) = kx^2$$

设 $f(x+\beta) = ax^2 + bx + c$,$g(x+\beta) + h(x+\beta) = Ax^2 + Bx + C$,则有

$$a + A = k, B + b = 0, c + C = 0$$

所以 $1 = B^2 - 4AC = b^2 + 4(k-a)c = b^2 - 4ac + kc = 1 + kc$. 因为 $k \neq 0$,必有 $c = 0$. 类似可得 $g(x)$,$h(x)$ 的常数项必定是 0. 这样一来,多项式 $f(x+\beta)$,$g(x+\beta)$,$h(x+\beta)$ 中的 x 项的系数的绝对值必定是 1,从而它们的和不可能是 0. 但是,$f(x+\beta) + g(x+\beta) + h(x+\beta) = kx^2$. 矛盾.

3.3   多项式的根

在这一节中,我们要用到以前学到的知识,即判别法则、中值定理和多项式分解成线性因子等. 先从判别式开始.

例 3.11(F. Petrov-Saint Petersburg Mathematical Olympiad 2016)   在平面上绘制了首项系数为正的二次多项式 $2ax^2 + bx + c$ 的图像. 下列每一条直线与该图像最多相交一次

$$y = ax + b, y = bx + c, y = ax + c, y = bx + a, y = cx + b, y = cx + a$$

求 $\dfrac{c}{a}$ 的最大值是多少?

解   考虑方程 $2ax^2 + bx + c = ax + c$. 显然 $2ax^2 + (b-a)x = 0$. 这个方程的根是 $x = 0, \dfrac{a-b}{2a}$,除了 $a = b$ 外,这两个根是不同的. 现在,考虑方程 $2ax^2 + bx + c = ax + b$,因为当 $a = b$ 时,方程简化为 $x^2 = \dfrac{a-c}{2a} = \dfrac{1}{2}\left(1 - \dfrac{c}{a}\right)$. 该方程至少有一个解,所以 $\dfrac{c}{a} \geqslant 1$. 最后,考虑方程 $2ax^2 + bx + c = cx + a$,即

$$2ax^2 + (a-c)x + (c-a) = 0$$

这等价于

$$2x^2 + \left(1 - \dfrac{c}{a}\right)x + \left(\dfrac{c}{a} - 1\right) = 0$$

其判别式是 $\left(\dfrac{c}{a} - 1\right)^2 - 8\left(\dfrac{c}{a} - 1\right) = \left(\dfrac{c}{a} - 1\right)\left(\dfrac{c}{a} - 9\right)$.

由题设条件,有 $\left(\dfrac{c}{a} - 1\right)\left(\dfrac{c}{a} - 9\right) \leqslant 0$,即 $\dfrac{c}{a} \leqslant 9$. 等号成立的条件是 $c = 9a, b = a$.

例 3.12(Saint Petersburg Mathematical Olympiad 2011)   首一二次多项式 $f(x)$ 只有一个实根,方程

$$f(2x-3)+f(3x+1)=0$$

也只有一个实根．求多项式 $f(x)$．

解法 1 设 $x=r$ 是多项式 $f(x)$ 的一个根．因为 $f(x)$ 是首一的，且只有一个实根，所以 $f(x)\geqslant 0$，当且仅当 $x=r$ 时等号成立．在这种情况下，必有 $f(2x-3)+f(3x+1)\geqslant 0$，当且仅当 $2x-3=3x+1=r$ 时等号成立．解得 $x=-4,r=-11$，因此所求多项式为 $f(x)=(x+11)^2=x^2+22x+121$．

解法 2 我们知道，当判别式 $D=b^2-4ac=0$ 时，多项式 $f(x)=ax^2+bx+c$ 只有一个实根．所以，可设 $f(x)=(x-r)^2$，则

$$f(2x-3)+f(3x+1)=(2x-3-r)^2+(3x+1-r)^2$$
$$=13x^2-(10r+6)x+2r^2+4r+10$$

由题设，上面这个多项式只有一个实根，因此，判别式等于零，即

$$(10r+6)^2=52(2r^2+4r+10)$$

解得 $r=-11$．所求多项式就是 $f(x)=(x+11)^2=x^2+22x+121$．

对于任何二次多项式 $P(x)=ax^2+bx+c$ 的一个有趣的问题是，对某些 x,y，当 $P(x)=P(y)$ 时，有

$$0=P(x)-P(y)=(x-y)(a(x+y)+b)$$

由此可得 $x=y$ 或者 $x+y=-\dfrac{b}{a}$．垂直线 $x=-\dfrac{b}{2a}$ 称为二次多项式图像的对称轴（又称为抛物线的对称轴）．我们观察到，平面上的点 $(x,P(x))$ 和 $(y,P(y))$ 关于多项式图像的对称轴是对称的．此外，在图像上的点 $\left(-\dfrac{b}{2a},\dfrac{-D}{4a}\right)$ 称为抛物线的顶点．在下面的例子中，我们要使用这个对称技术．

例 3.13（Fedor Petrov-Saint Petersburg Mathematical Olympiad 2016） 是否存在一个具有实数系数的二次多项式 $P(x)$，使得下面的每个方程至少有一个整数根

$$P(x)=P(6x-1),P(t)=P(3-15t)$$

解 设 $P(x)$ 是任意一个二次多项式，存在实数 a,b 满足 $P(a)=P(b)$，则我们有，或者 $a=b$，或者 a,b 是关于 $P(x)$ 图像的对称轴对称的．基于这个事实，由于方程 $x=6x-1$ 或 $t=3-15t$ 都没有整数解，那只有 $x,6x-1$ 和 $t,3-15t$ 关于 $P(x)$ 图像的对称轴对称．所以 $x+6x-1=t+3-15t$，即 $7x+14t=4$，这个方程显然没有整数解．

例 3.14（All Russian Mathematical Olympiad 2016） 给定二次多项式序列 $f_1(x)$，$f_2(x),\cdots,f_{100}(x)$，其中 x^2,x 的系数都相同，但常数项不同，每一个多项式都有两个实根．多项式 $f_i(x)$ 的一个实根记为 x_i，其中 $i=1,2,\cdots,100$．求下列和式的值

$$f_1(x_{100})+f_2(x_1)+\cdots+f_{100}(x_{99})$$

解 令 $f_i(x)=ax^2+bx+c_i$，则

$$f_2(x_1) = ax_1^2 + bx_1 + c_2 = ax_1^2 + bx_1 + c_1 + c_2 - c_1 = c_2 - c_1$$

所以

$$f_1(x_{100}) + f_2(x_1) + \cdots + f_{100}(x_{99}) = c_2 - c_1 + c_3 - c_2 + \cdots + c_1 - c_{100} = 0$$

例 3.15(Saint Petersburg Mathematical Olympiad 2011)　老师给 Dima 和 Serezha 每人两个二次多项式,在黑板上写四个数字 a,b,c,d,并要求学生把它们插入二次多项式中. Serezha 得到的值是 $1,3,5,7$. Dima 只替换了前三个数并得到值 $17,15,13$. 就在 Dima 要替换第四个数的同时,老师已经把原来黑板上的号码擦掉了. 此时 Dima 的多项式的值是多少?

解　注意到

$$f(a) + g(a) = 1 + 17 = 18$$
$$f(b) + g(b) = 3 + 15 = 18$$
$$f(c) + g(c) = 5 + 13 = 18$$

所以二次多项式 $f(x) + g(x) = 18$ 有三个不同的实根 a,b,c. 那么对于所有实数,有

$$f(x) + g(x) = 18$$

因此 $g(d) = 18 - f(d) = 18 - 7 = 11$.

例 3.16　二次多项式 $f(x)$ 有两个不同的实根,对所有的实数 a,b,不等式 $f(a^2 + b^2) \geqslant f(2ab)$ 成立. 证明多项式 $f(x)$ 的根中至少有一个是负的.

证明 1　设 $b = 0$,则 $f(a^2) \geqslant f(0)$. 由此可见,对所有正实数 z,都有 $f(z) \geqslant f(0)$. 因此我们得出抛物线 $y = f(x)$ 是向上凹的. 采用反证法. 若不然,则在 $t > 0$ 的某个点上得到多项式的最小值. 这样一来,对所有 $x \neq t$,有 $f(x) > f(t)$,特别地 $f(0) > f(t)$. 令 $z = t$,则 $f(t) \geqslant f(0) > f(t)$,矛盾.

证明 2　令 $b = -a$,则 $f(2a^2) \geqslant f(-2a^2)$. 所以,对所有 $z \geqslant 0$,我们有 $f(z) \geqslant f(-z)$. 假设抛物线 $y = f(x)$ 是向上凹的. 如果两个根都是正的,那么多项式的最小值出现在 $t > 0$. 这样,如上所述,对于所有 $x \neq t$,有 $f(x) > f(t)$. 设 $z = t$,则 $f(t) \geqslant f(-t) > f(t)$(因为 $t \neq -t$). 矛盾.

假设抛物线是向下凹的. 令 $b = 2a$,则 $f(5a^2) \geqslant f(4a^2)$,因此,对所有 $z \geqslant 0$,有 $f\left(\dfrac{5}{4}z\right) \geqslant f(z)$. 多项式在点 t 取得最大值,即对所有 $x \neq t$,有 $f(x) < f(t)$. 令 $z = t$,则有

$$f(t) > f\left(\frac{5}{4}t\right) \geqslant f(t)$$

矛盾.

例 3.17(Tuymada 2012)　一个二次多项式有两个实根,对所有 x 满足不等式 $P(x^3 + x) \geqslant P(x^2 + 1)$. 求多项式 $P(x)$ 的根的和.

解　因为 $x^3 + x - x^2 - 1 = (x - 1)(1 + x^2)$,当 $x > 1$ 时,$x^3 + x > x^2 + 1$;当 $x < 1$

时,$x^3+x<x^2+1$;只有当 $x=1$ 时,$x^3+x=x^2+1$. 现在,我们来证明多项式 $P(x)$ 的首项系数是正的. 否则,对于充分大的 x,多项式 $P(x)$ 是增加的,则对于充分大的 x,$x^3+x>x^2+1$ 就意味着 $P(x^3+x)<P(x^2+1)$,矛盾. 因此,多项式有最小值,不妨说是在点 t 取到,对于所有 $x\neq t$,有 $P(x)\geqslant P(t)$. 也存在唯一的实数 z,满足 $z^3+z=t$(因为多项式 x^3+x 是增加的). 在原始不等式中取 $x=z$,则有

$$P(t)=P(z^3+z)\geqslant P(1+z^2)\geqslant P(t)$$

如果 $1+z^2\neq t$,那么有 $P(t)=P(z^3+z)\geqslant P(1+z^2)>P(t)$,矛盾. 所以 $t=z^3+z=1+z^2$,解得 $z=1,t=2$. 可见,多项式的最小值出现在 $x=2$ 处,其根之和等于 4.

例 3.18(A. Golovanov) 设 a,b,c 是非零实数,方程 $ax+\dfrac{c}{x}=b$ 有一个实根,证明下列方程至少有一个有实根

$$ax+\frac{c}{x}=b-1,\quad ax+\frac{c}{x}=b+1$$

证明 1 若不然,方程 $ax+\dfrac{c}{x}=b$ 有一个实根,而方程 $ax+\dfrac{c}{x}=b-1,ax+\dfrac{c}{x}=b+1$ 都没有实根.

三个方程改写成如下形式

$$ax^2-bx+c=0,\quad ax^2-(b-1)x+c=0,\quad ax^2-(b+1)x+c=0$$

因为 $a\neq 0$,所以它们的判别式为

$$b^2-4ac\geqslant 0,\quad (b-1)^2-4ac<0,\quad (b+1)^2-4ac<0$$

将后两个不等式相加,得 $2b^2+2-8ac<0$,即 $b^2-4ac<-1$,这和 $b^2-4ac\geqslant 0$ 矛盾.

证明 2 如果 $a,c>0$,则函数 $ax+\dfrac{c}{x}$ 的图像大致如图 3.1 所示.

如果 $b>0$,那么上面的图像表明方程 $ax+\dfrac{c}{x}=b+1$ 恰有两个实根. 此外,如果 $b<0$,依据图 3.1,我们可以推出方程 $ax+\dfrac{c}{x}=b-1$ 恰有两个实根. 最后,如果 $a>0,c<0$,则函数 $ax+\dfrac{c}{x}$ 的图像大致如图 3.2 所示.

依据图 3.2 可知,方程 $ax+\dfrac{c}{x}=b-1,ax+\dfrac{c}{x}=b+1$ 有两个实根.

例 3.19(Alexander Khrabrov) 设 $f(x),g(x),h(x)$ 是三个二次多项式,其首项系数相同,x 的系数不同,且都没有实根,证明存在一个实数 D,使得多项式 $f(x)+Dg(x)$ 和 $f(x)+Dh(x)$ 有一个公共根.

证明 设 $g(x)=ax^2+bx+c,h(x)=ax^2+dx+e(b\neq d)$,则方程 $g(x)=h(x)$ 可以简化为 $bx+c=dx+e$,解得唯一的根 $r=\dfrac{e-c}{b-d}$. 因为 $g(x)$ 没有实根,所以 $g(r)\neq$

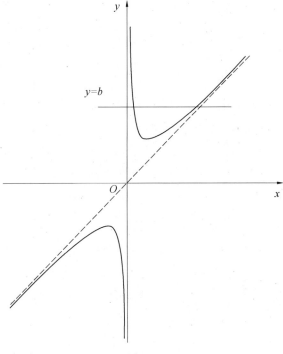

图 3.1

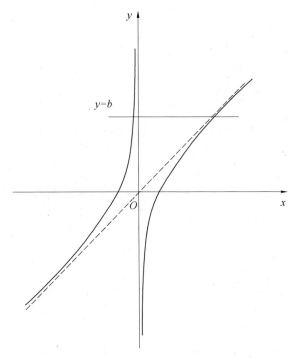

图 3.2

0. 因此,我们取

$$D = -\frac{f(r)}{g(r)}$$

则

$$f(r) + Dg(r) = f(r) + Dh(r) = 0$$

证毕.

如前所述,如果存在某些实数 t, y,使得 $P(t)P(y) < 0$,那么 $P(x)$ 有一个实根 $r \in (t, y)$. 此外,如果二次多项式 $P(x)$ 的首项系数是正的,且满足存在某个实数 z,使得 $P(z) < 0$,那么我们可以推出 $P(x)$ 有两个不同的实根. 特别地,一个根在区间 $(-\infty, z)$,而另一个根在区间 $(z, +\infty)$.

例 3.20(Saint Petersburg Mathematical Olympiad) 多项式 $f(x) = x^2 + ax + b$ 在区间 $(0, 1)$ 内有实根. 假设存在实数 $p \neq \frac{-a}{2} \in (0, 1)$,使得 $f(b - f(p)) > f(p)$. 证明存在不同的实数 $p, q \in (0, 1)$,使得 $f(p) = f(q)$.

证明 令 $h(x) = x^2 + cx + d$ 是任意一个首一二次多项式,则

$$h(h(0)) = h(d) = d(d + c + 1) = h(0)h(1)$$

将此应用到 $g(x) = f(x) - f(p) = x^2 + ax + (b - f(p))$,我们有

$$0 < f(b - f(p)) - f(p)$$
$$= g(b - f(p))$$
$$= g(0)g(1)$$

因为 $g(p) = 0$,所以,$g(x)$ 在区间 $(0, 1)$ 内有一个实根. 由 $g(0)g(1) > 0$,我们发现 $g(x)$ 在这个区间内有两个实根,或者有一个重根. 但由于 $p \neq \frac{-a}{2}$,我们看到 $g(x)$ 在点 p 不可能有重根. 所以,在这个区间内存在一个实数 $q \neq p$,使得 $g(q) = 0$. 因此 $0 = g(q) = f(q) - f(p)$,证毕.

例 3.21(Mathematics in School) 如果 a, b, c 是整数,多项式 $f(x) = ax^2 + bx + c$ 满足 $f(f(1)) = 1$,且方程 $f(x) = x$ 有一个整数根,证明 $f(1) = 1$.

证明 设 $f(1) = m$,则 $f(f(1)) = f(m) = 1$,我们有下列方程组

$$a + b + c = m$$
$$am^2 + bm + c = 1$$

由此可得,$(m-1)(am + a + b + 1) = 0$. 从而,$m = 1$,或者 $b = -(am + a + 1)$. 如果 $b = -(am + a + 1)$,那么 $c = 1 + m + am$,$f(x) - x$ 的判别式是 $(b-1)^2 - 4ac = (am - a)^2 + 4$.

因为多项式有一个整数根,上述判别式必是一个完全平方式,即

$$(am - a)^2 + 4 = d^2$$

其中 d 是某个整数. 所以 $(|d|-|am-a|)(|d|+|am-a|)=4$.

因为上述两个因子有相同的奇偶性, 两边必定是偶数, 所以 $|d|-|am-a|\geqslant 2$.

因为 $|am-a|=|a||m-1|\geqslant 1$, 所以必有 $|d|\geqslant 3$. 但

$$4=(|d|-|am-a|)(|d|+|am-a|)$$
$$\geqslant 2(|d|+|am-a|)$$
$$>4$$

矛盾. 所以, $m=1$.

3.4　Vieta 公式

设 r,s 是二次多项式 ax^2+bx+c 的两个根. 显然, 它可以写成

$$ax^2+bx+c=a(x-r)(x-s)$$

因为 $a(x-r)(x-s)=ax^2-a(r+s)x+ars$. 比较 x 的系数和常数项, 我们得到

$$r+s=-\frac{b}{a},rs=\frac{c}{a}$$

此外, $a^2(r-s)^2=a^2((r+s)^2-4rs)=b^2-4ac=D$.

结合这两个结果, 我们可以用 a,b,c 来表示 r,s 的任何对称多项式. 例如, 如果 r,s 是多项式 $x^2+4x-1=0$ 的两个根, 则

$$r^3+s^3=(r+s)^3-3rs(r+s)=-4^3-12=-76$$

例 3.22　设 z,t 是方程 $x^2+2x+4=0$ 的根, 计算 $(z+t)^7-z^7-t^7$ 的值.

解　显然 $z^2+2z+4=0$, 两边同乘以 $z-2$, 我们得到 $z^3=8$, 类似可得 $t^3=8$. 则 $t^7=(t^3)^2t=64t$, 类似可得 $z^7=64z$, 所以

$$(z+t)^7-z^7-t^7=(z+t)^7-64(z+t)$$

因为 $z+t=-2$, 带入上式, 可得 $(z+t)^7-64(z+t)=-128+128=0$.

例 3.23　对于每一个正整数 n, 设二次方程 $x^2+(2n+1)x+n^2=0$ 的两个根分别为 a_n,b_n, 求下列表达式的值

$$\frac{1}{(1+a_3)(1+b_3)}+\frac{1}{(1+a_4)(1+b_4)}+\cdots+\frac{1}{(1+a_{20})(1+b_{20})}$$

解　设 $x^2+(2n+1)x+n^2=(x-a_n)(x-b_n)$. 令 $x=-1$, 我们得到 $(1+a_n)(1+b_n)=n^2-2n$. 所以问题归结为求 $\sum\limits_{n=3}^{20}\frac{1}{n^2-2n}$, 这个和数等于

$$\frac{1}{2}\sum_{n=3}^{20}\left(\frac{1}{n-2}-\frac{1}{n}\right)=\frac{1}{2}\left(1+\frac{1}{2}-\frac{1}{19}-\frac{1}{20}\right)=\frac{531}{760}$$

例 3.24(Russian Mathematical Olympiad 1994)　设 $P(x)=ax^2+bx+c(a<b)$.

对所有实数 x,有 $P(x) \geqslant 0$. 求下列比值的最小值

$$\frac{a+b+c}{b-a}$$

解 因为对所有实数 x,$P(x) \geqslant 0$,所以 $a > 0$,$D = b^2 - 4ac \leqslant 0 \Rightarrow c \geqslant \dfrac{b^2}{4a}$. 因此

$$\frac{a+b+c}{b-a} \geqslant \frac{4a^2 + 4ab + b^2}{4a(b-a)}$$

令 $t = b - a > 0$,则

$$\begin{aligned}
\frac{4a^2 + 4ab + b^2}{4a(b-a)} &= \frac{4a^2 + 4a(a+t) + (a+t)^2}{4at}\\
&= \frac{9a^2 + 6at + t^2}{4at}\\
&= \frac{3}{2} + \frac{9a^2 + t^2}{4at}\\
&\geqslant \frac{3}{2} + \frac{3}{2}\\
&= 3
\end{aligned}$$

其中使用了 AM−GM 不等式. 当 $3a = t = b - a$,即 $b = 4a$ 时,等号成立. 此时,有 $c = 4a$,且

$$P(x) = a(x+2)^2$$

证明 2 注意到 $P(-2) = 4a - 2b + c = (a+b+c) - 3(b-a) \geqslant 0$.

因为 $b - a > 0$,所以 $\dfrac{a+b+c}{b-a} \geqslant 3$. 等号成立的条件是 $P(x) = a(x+2)^2$.

3.5 解 不 等 式

对于多项式 $P(x) = ax^2 + bx + c(a > 0)$,它在区间 $[s,t]$ 上的最大值出现在 $x = s$ 或者 $x = t$ 处. 此外,如果 $s > -\dfrac{b}{2a}$ 或者 $t < -\dfrac{b}{2a}$,那么它在区间 $[s,t]$ 的最小值出现在另外一个端点. 最后,如果 $-\dfrac{b}{2a} \in [s,t]$,那么在区间 $[s,t]$ 上的最小值出现在点 $-\dfrac{b}{2a}$. 上述事实可以通过简单的计算或观察抛物线的图像来验证.

备注 如果 $a < 0$,可以考虑多项式 $-P(x)$,那么上述的最小值问题就变成了最大值问题,反之亦然.

例 3.25(Moldova TST 2004) 设 a,b,c 是一个三角形的三边长,证明

$$a^2\left(\frac{b}{c}-1\right) + b^2\left(\frac{c}{a}-1\right) + c^2\left(\frac{a}{b}-1\right) \geqslant 0$$

证明 不失一般性,设 b 是最短的边. 因为 $\dfrac{c}{a} \geqslant 2 - \dfrac{a}{c}$,所以只需证明

$$f(a) = a^2\left(\frac{b}{c} - 1\right) + b^2\left(1 - \frac{a}{c}\right) + c^2\left(\frac{a}{b} - 1\right) \geqslant 0$$

上述不等式可以改写成

$$f(a) = \left(\frac{b}{c} - 1\right)a^2 + \left(\frac{c^2}{b} - \frac{b^2}{c}\right)a + b^2 - c^2$$

我们看到 $f(a)$ 是一个首项系数为负值的二次多项式. 所以,为了证明不等式 $f(a) \geqslant 0, a \in [b, b+c]$,只需证明在区间端点成立即可. 为此,我们有

$$f(b) = 0 \geqslant 0$$

$$f(b+c) = \frac{(b+c)(b-c)^2}{b} \geqslant 0$$

证毕.

例 3.26(Sergei Berlov-Russian Mathematical Olympiad 2002) 设 f, g 是首一的二次多项式,满足在不相交的区间取负值,证明存在实数 $\alpha, \beta \in \mathbf{R}$ 使得对任意实数 x,有 $\alpha f(x) + \beta g(x) > 0$.

证明 1 假设在区间 (x_1, x_2) 上,$f(x) < 0$,在区间 (x_3, x_4) 上 $g(x) < 0$. 不失一般性,假设 $x_2 < x_3$.

我们在 $\alpha f(x)$ 的图像上的点 $x = x_2$ 以及 $\beta g(x)$ 的图像上的点 $x = x_3$ 分别做切线. 选择 α, β,使这些点的切线斜率的绝对值相等,但符号不同. 则在点 $x = x_2$ 处的切线方程是 $y = ax + b_1$,在点 $x = x_3$ 处的切线方程是 $y = -ax + b_2$,其中 $a > 0$. 这两条切线的交点是 $\left(\frac{b_2 - b_1}{2a}, \frac{b_2 + b_1}{2}\right)$. 很明显 $\frac{b_2 + b_1}{2} > 0$(见图 3.3).

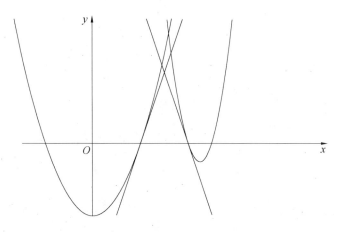

图 3.3

注意到,在 $x = x_3, x_2$ 时,我们有

$$ax_2 + b_1 = f(x_2) = 0, \quad -ax_3 + b_2 = g(x_3) = 0$$

所以,$b_1 + b_2 = ax_3 - ax_2 = a(x_3 - x_2) > 0$. 因为方程 $\alpha f(x) = ax + b_1, \beta g(x) = -ax +$

b_2 有重根，所以对任意实数 x 有 $\alpha f(x) \geqslant ax + b_1, \beta g(x) \geqslant -ax + b_2$. 事实上，$\alpha f(x)$，$\beta g(x)$ 的图像总是在 $ax + b_1, -ax + b_2$ 的上方. 将这两个不等式相加，我们得到

$$\alpha f(x) + \beta g(x) \geqslant b_1 + b_2 > 0$$

证明 2　如果两条抛物线 $y = f(x), y = g(x)$ 相交于点 (x_0, y_0)，其中 $y_0 > 0$，那么

$$f(x) = y_0 + (x - x_0)(x - x_1), g(x) = y_0 + (x - x_0)(x - x_2)$$

先假设 $x_1 < x_2 < x_0$，则当 $x > x_0$ 时，$f(x), g(x) > 0$. 所以，它们取负值的区间都是 $x < x_0$. 我们来计算

$$f(x) - g(x) = (x - x_0)(x_2 - x_1)$$

则对所有 $x < x_0$. 我们有 $f(x) < g(x)$. 总之，都有 $g(x) < 0$，当然也有 $f(x) < 0$，矛盾.

如果 $x_2 < x_1 < x_0$，我们会得到类似的矛盾. 所以，不失一般性，假设 $x_1 < x_0 < x_2$. 则

$$h(x) = \alpha f(x) + \beta g(x) = (\alpha + \beta) y_0 + (x - x_0)((\alpha + \beta) x - (\alpha x_1 + \beta x_2))$$

我们选取 α, β 使得 $\alpha x_1 + \beta x_2 = (\alpha + \beta) x_0$，则

$$\alpha f(x) + \beta g(x) = (\alpha + \beta) y_0 + (\alpha + \beta)(x - x_0)^2$$
$$\geqslant (\alpha + \beta) y_0$$
$$> 0$$

另一个重要的方法是使用多项式的判别式. 我们既可以利用判别式的正负性来证明多项式值的不等式，也可以依据根的个数给出有关判别式的不等式. 在此过程中，我们遵循下面这些策略：

策略

(i) 确定多项式根的个数；

(ii) 确定判别式的符号.

或者

(i) 确定判别式的符号（我们希望它是非正的）；

(ii) 依据首项系数确定多项式的符号.

例 3.27(Saint Petersburg Mathematical Olympiad 1998)　设 x, y, z, t 满足不等式 $(x + y + z + t)^2 \geqslant 4(x^2 + y^2 + z^2 + t^2)$.

证明存在实数 a，使得 $(x - a)(y - a) + (z - a)(t - a) = 0$.

证明　把方程 $(x - a)(y - a) + (z - a)(t - a) = 0$ 改写成

$$2a^2 - (x + y + z + t) a + xy + zt = 0$$

如果 $D = (x + y + z + t)^2 - 8(xy + zt) \geqslant 0 \Leftrightarrow (x + y + z + t)^2 \geqslant 8(xy + zt)$，那么这样的 a 是存在的.

这显然是成立的. 事实上，由题设以及 AM $-$ GM 不等式，我们有

$$(x + y + z + t)^2 \geqslant 4(x^2 + y^2 + z^2 + t^2)$$
$$\geqslant 8(xy + zt)$$

证明 2　原不等式可以改写成

$$(x-y)^2+(x-z)^2+(x-t)^2+(y-z)^2+(y-t)^2+(z-t)^2\leqslant 0$$

则 $x=y=z=t$,取 $a=x$,命题即得证.

3.6　杂　　题

在本节中,我们将提供一些具有挑战性和趣味性的问题.它们当中的大多数,乍一看,与二次多项式几乎没有相似之处,但求解的方法却是使用二次多项式及其性质.

例 3.28(Singaporean Mathematical Olympiad 2012)　设 a,b,c,d 是不同的正实数,满足

$$(a^{2\,012}-c^{2\,012})(a^{2\,012}-d^{2\,012})=2\,011,\quad(b^{2\,012}-c^{2\,012})(b^{2\,012}-d^{2\,012})=2\,011$$

求 $(cd)^{2\,012}-(ab)^{2\,012}$ 的值.

解　设 $a^{2\,012}=A,b^{2\,012}=B,c^{2\,012}=C,d^{2\,012}=D$.容易看出 $x=A,B$ 是下列多项式的根

$$(x-C)(x-D)=2\,011$$

即

$$x^2-(C+D)x+CD-2\,011=0$$

则

$$A+B=C+D,AB=CD-2\,011$$

所以

$$(cd)^{2\,012}-(ab)^{2\,012}=CD-AB=2\,011$$

例 3.29(Michal Rolinek)　设 a,b,c 是正实数,满足 $(a+c)(b^2+ac)=4a$,求 $b+c$ 的最大值,以及达到最大值的所有三元组 (a,b,c).

解　我们构造一个方程 $(c+t)(b^2+ct)=4t$,即

$$ct^2+(b^2+c^2-4)t+cb^2=0$$

上面这个二次方程有一个正根 $t=a$,则 $b^2+c^2-4<0$.否则,对所有正实数 t,方程的左边是正数.此外,判别式必须是非负的.因此

$$(b^2+c^2-4)^2-4c^2b^2\geqslant 0$$

由于 $|b^2+c^2-4|\geqslant|2bc|$,即 $4-b^2-c^2\geqslant 2bc$.则 $(b+c)^2\leqslant 4$,从而 $b+c\leqslant 2$.

当 $b+c=2$ 时,方程有一个重根 $t=a$.因为根的乘积是 b^2,而且是重根,所以 $a^2=b^2$,因此 $a=b$,所求的三元组是 $(a,b,c)=(s,s,2-s)$,其中 $0<s<2$.

例 3.30(J. Simsa-Czech-Slovak Mathematical Olympiad 2015)　假设实数 x,y,z 满足等式

$$15(x+y+z)=12(xy+yz+zx)=10(x^2+y^2+z^2)$$

并且其中至少有一个不为零.

(i) 证明 $x+y+z=4$.

(ii) 求最小的区间 $[a,b]$，使得包含所有满足上述等式的实数 x,y,z.

解 (i) 由所给条件，我们有

$$x+y+z=\frac{a}{15}, xy+yz+zx=\frac{a}{12}, x^2+y^2+z^2=\frac{a}{10}$$

利用恒等式 $(x+y+z)^2=x^2+y^2+z^2+2(xy+yz+zx)$，有

$$\frac{a^2}{225}=\frac{4}{15}a$$

所以 $a=60$，从而 $x+y+z=\frac{a}{15}=4$.

(ii) $xy+yz+zx=\frac{a}{12}=5$. 因为 $x+y=4-z$，所以

$$xy=5-z(x+y)=5-z(4-z)=z^2-4z+5$$

考虑二次方程 $t^2+(4-z)t+z^2-4z+5=0$. 它有实根 x,y，因此，其判别式必须是非负的，所以 $D=(z-4)^2-4(z^2-4z+5)=-(3z-2)(z-2)\geqslant 0$. 从而 $z\in\left[\frac{2}{3},2\right]$. 类似可得 $x,y\in\left[\frac{2}{3},2\right]$.

因为 $(x,y,z)=(1,1,2)$ 和 $(x,y,z)=\left(\frac{5}{3},\frac{5}{3},\frac{2}{3}\right)$ 都满足题设中的等式，因此，这就是所要求的最小的可能的区间.

例 3.31(Saint Petersburg Mathematical Olympiad 2007) 设 a,b,c 是不同的自然数，满足 $(a+b)(a+c)=(b+c)^2$. 求证 $(b-c)^2>8(b+c)$.

证明 1 显然 b,c 必须具有相同的奇偶性. 定义二次多项式

$$f(x)=(x+b)(x+c)-(b+c)^2=x^2+(b+c)x-(b^2+bc+c^2)$$

则 $f(a)=0$. 因此可见，多项式 $f(x)$ 有一个整数根，其判别式必须是一个完全平方式

$$D=(b+c)^2+4(b^2+bc+c^2)=(b-c)^2+(2b+2c)^2$$

因此，$D>(2b+2c)^2$. 因为 D 是一个偶数的完全平方式，所以 $D\geqslant(2b+2c+2)^2$. 因此

$$(b-c)^2\geqslant(2b+2c+2)^2-(2b+2c)^2=8(b+c)+4$$

证明 2 如上所述，b,c 有相同的奇偶性，所以 $b+c$ 是偶数. 从而 $a+c$ 和 $a+b$ 都是偶数. 因此，我们可以设

$$a+c=kn^2, a+b=km^2$$

其中 $k\geqslant 2$，$b+c=kmn$，$m\neq n$. 所以 $(b-c)^2=k^2(m^2-n^2)^2=k^2(m-n)^2(m+n)^2>2k\cdot 1\cdot 4mn=8(b+c)$.

注意到 $m\neq n$，这就意味着 $(m+n)^2>4mn$.

3.7 更多的高级问题

在本章的最后一节中,我们提供了一些具有挑战性的问题,这些问题综合了我们在本章提出的方法. 读者有可能在数学竞赛中遇到这样的问题. 但是,努力解决问题和扩展解题策略将引导你走向成功.

例 3.32   设 a,b,c 是实数. 定义 $\Delta(a,b,c)=\max\{|a-b|,|b-c|,|c-a|\}$. 对于所有 $x\in[0,1]$,有 $|ax^2+bx+c|\leqslant 1$. 求 k 的最小值,使得 $\Delta(a,b,c)\leqslant k$.

解   设 $f(x)=ax^2+bx+c$. 因为

$$f(0)=c, f\left(\frac{1}{2}\right)=\frac{a}{4}+\frac{b}{2}+c, f(1)=a+b+c$$

解得

$$a=2f(0)+2f(1)-4f\left(\frac{1}{2}\right)$$

$$b=-3f(0)-f(1)+4f\left(\frac{1}{2}\right)$$

所以

$$|a-b|=\left|5f(0)+3f(1)-8f\left(\frac{1}{2}\right)\right|\leqslant 5|f(0)|+3|f(1)|+8\left|f\left(\frac{1}{2}\right)\right|\leqslant 16$$

类似可得

$$|b-c|=\left|-4f(0)-f(1)+4f\left(\frac{1}{2}\right)\right|\leqslant 9$$

$$|c-a|=\left|-f(0)-2f(1)+4f\left(\frac{1}{2}\right)\right|\leqslant 7$$

所以,$\Delta(a,b,c)\leqslant 16$. 等号成立的条件是 $f(x)=8x^2-8x+1$.

例 3.33(Russian Mathematical Olympiad 2011)   设

$$P(x)=x^4+ax^3+bx^2+cx+d, Q(x)=x^2+px+q$$

如果 P 和 Q 在长度大于 2 的公共区间内都取负值,证明存在 x_0,使得 $P(x_0)<Q(x_0)$.

证明   假设 P 和 Q 在区间的端点有两个共同的实根,它们取负值. 通过变换,我们可以假设它们在 $x=0$ 和 $x=r>2$ 处. 由此可见

$$Q(x)=x(x-r), R(x)=\frac{P(x)}{Q(x)}$$

都是首一的二次多项式. 若不然,对所有的实数 x,都有 $P(x)\geqslant Q(x)$. 当 $x<0$ 或者 $x>r$ 时,有 $Q(x)>0,R(x)\geqslant 1$. 当 $0<x<r$ 时,有 $Q(x)<0,R(x)\leqslant 1$. 由此可见(对 $R(x)-1$ 应用 IVT),必有

$$R(0)=R(r)=1$$

所以

$$R(x) = 1 + x(x - r)$$

但是，由于 P 和 Q 在 $(0, r)$ 上都取负值，因此，在 $(0, r)$ 上必有 $R(x) > 0$，且 $R\left(\dfrac{r}{2}\right) = 1 - \dfrac{r^2}{4} < 0$，矛盾.

证明 2 由问题的假设，我们有 $Q(x) = (x - x_1)(x - x_2)$，其中 $x_2 - x_1 > 2$. 很显然，x_2, x_1 也是多项式 $P(x)$ 的根，所以

$$P(x) = (x - x_1)(x - x_2)(x^2 + Ax + B)$$

采用反证法. 若不然，对所有的实数 x 都有 $P(x) \geqslant Q(x)$. 由于

$$P(x) - Q(x) = (x - x_1)(x - x_2)(x^2 + Ax + B - 1) \geqslant 0$$

所以，x_1, x_2 必是多项式 $x^2 + Ax + B - 1$ 的根. 否则，多项式在 x_1 和 x_2 的邻域中改变其符号. 因此

$$x_1 + x_2 = -A, \quad x_1 x_2 = B - 1$$

多项式 $x^2 + Ax + B$ 必是非负的，否则，它有两个实根，不妨设为 x_3, x_4，但多项式 $P(x)$ 在 (x_1, x_2) 之外取负值，矛盾. 所以多项式 $x^2 + Ax + B$ 的判别式必是负的. 但

$$\begin{aligned} A^2 - 4B &= (x_1 + x_2)^2 - 4(x_1 x_2 + 1) \\ &= (x_2 - x_1)^2 - 4 \\ &> 0 \end{aligned}$$

矛盾. 因此，我们的假设是错误的.

例 3.34(A. Golovanov)　是否存在一个二次多项式 $P(x)$，它在自然数上只取 2 的幂？

解　设 $P(x) = ax^2 + bx + c$. 如果 $a < 0$，那么对于充分大的实数 x，多项式的值是负的，这与题设矛盾，所以 $a > 0$. 因此，对于充分大的正整数 n，我们有 $f(n + 1) > f(n)$. 因为两边都是 2 的幂，所以

$$f(n + 1) \geqslant 2f(n)$$

即

$$a(n + 1)^2 + b(n + 1) + c \geqslant 2(an^2 + bn + c)$$

所以

$$an^2 + (b - 2a)n + c - a - b \leqslant 0$$

因为 $a > 0$，所以对于充分大的正整数 n，上述不等式不成立，矛盾.

例 3.35(Cristinel Mortici-Gazeta Matematica)　求多项式 $P(x) = ax^2 + bx + c$，其中 a 是实数，b, c 是整数，满足对所有正整数 n，有

$$n - 2\sqrt{n} < P\left(1 + \dfrac{1}{\sqrt{2}} + \cdots + \dfrac{1}{\sqrt{n}}\right)$$

$$< n - \sqrt{n}$$

解　利用不等式 $\dfrac{1}{2\sqrt{n+1}} < \sqrt{n+1} - \sqrt{n} < \dfrac{1}{2\sqrt{n}}$，我们有

$$2\sqrt{n+1} - 2 < 1 + \frac{1}{\sqrt{2}} + \cdots + \frac{1}{\sqrt{n}}$$

$$< 2\sqrt{n} - 1$$

显然，当 n 足够大时，可以使得 $1 + \dfrac{1}{\sqrt{2}} + \cdots + \dfrac{1}{\sqrt{n}}$ 任意的大. 所以，当 $a < 0$ 时，我们得到，
对于足够大的 n 有

$$P\left(1 + \frac{1}{\sqrt{2}} + \cdots + \frac{1}{\sqrt{n}}\right) < 0 < n - 2\sqrt{n}$$

这与假定的下界矛盾. 所以 $a > 0$. 对于充分大的 C，当 $x > C$ 时，多项式 $P(x)$ 必是增加
的. 因此

$$P(2\sqrt{n+1} - 2) < P\left(1 + \frac{1}{\sqrt{2}} + \cdots + \frac{1}{\sqrt{n}}\right)$$

$$< P(2\sqrt{n} - 1)$$

因此，我们有下列不等式

$$P(2\sqrt{n} - 1) > n - 2\sqrt{n}$$

$$P(2\sqrt{n+1} - 2) < n - \sqrt{n} < n + \frac{1}{2} - \sqrt{n+1}$$

在第一个不等式中设 $2\sqrt{n} - 1 = x$，在第二个不等式中设 $2\sqrt{n+1} - 2 = x$，则对于无限多
的 x，我们得到下列不等式

$$P(x) > \frac{x^2}{4} - \frac{x}{2} - \frac{3}{4}$$

$$P(x) < \frac{x^2}{4} + \frac{x}{2} - \frac{1}{2}$$

于是

$$\frac{x^2}{4} - \frac{x}{2} - \frac{3}{4} < P(x) < \frac{x^2}{4} + \frac{x}{2} - \frac{1}{2}$$

即

$$\frac{x^2}{4} - \frac{x}{2} - \frac{3}{4} < ax^2 + bx + c < \frac{x^2}{4} + \frac{x}{2} - \frac{1}{2}$$

各项都除以 x^2，有

$$\frac{1}{4} - \frac{1}{2x} - \frac{3}{4x^2} < a + \frac{b}{x} + \frac{c}{x^2} < \frac{1}{4} + \frac{1}{2x} - \frac{1}{2x^2}$$

取 x 充分大时,我们得到 $\frac{1}{4} \leqslant a \leqslant \frac{1}{4}$. 所以,$a = \frac{1}{4}$. 现在,得到下列不等式

$$-\frac{x}{2} - \frac{3}{4} < bx + c < \frac{x}{2} - \frac{1}{2}$$

各项都除以 x,并取 x 充分大,我们得到

$$-\frac{1}{2} \leqslant b \leqslant \frac{1}{2}$$

因为 b 是整数,所以 $b = 0$. 令 $n = 1$,得到 $-1 < P(0) = \frac{1}{4} + c < 0$. 所以,$-\frac{5}{4} < c < -\frac{1}{4}$.

因为 c 是整数,所以 $c = -1$. 因此 $P(x) = \frac{x^2}{4} - 1$ 是唯一的可能解!

为了证明这个多项式满足期望的不等式,我们必须证明

$$2(\sqrt{n} - 1) < 1 + \frac{1}{\sqrt{2}} + \cdots + \frac{1}{\sqrt{n}} < 2\sqrt{n - \sqrt{n} + 1}$$

利用不等式 $2\sqrt{n+1} - 2 > 2(\sqrt{n} - 1)$,$2\sqrt{n} - 1 < 2\sqrt{n - \sqrt{n} + 1}$,很容易推出上面的不等式.(为了证明第二个不等式,可以两边平方消去某些项.)

4　三次多项式

4.1　根 与 图 像

三次多项式 $P(x)=ax^3+bx^2+cx+d(a>0)$ 的图像类似于下面的图形之一. 图 4.1 右图是一个严格递增函数的图像, 它只有一个实根, 图 4.1 左图是一个在 $(-\infty,a)\bigcup(b,+\infty)$ 上严格递增, 在 (a,b) 上递减的函数, 在这种情况下, 我们可以有一个或两个 (此时, 有一个重根) 或三个实根, 这取决于点 $(a,P(a))$ 和 $(b,P(b))$ 坐标的相对位置 (请参见图 4.1, 并考虑水平线与图形的交点). 例如, 多项式 x^3 和 x^3-3x 的图像分别是前者和后者的实例.

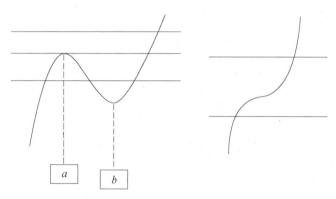

图 4.1

推论 4　多项式 ax^3+bx^2+cx+d 有一个或三个单实根或一个单实根和一个重根.

例 4.1(Alessandro Ventullo-Mathematical Reflections U403)　求所有的至多三次的多项式 $P(x)\in \mathbf{R}[x]$, 使得对所有的实数 $x\in \mathbf{R}$, 有 $P\left(1-\dfrac{x(3x+1)}{2}\right)-P\left(x\right)^2+P\left(\dfrac{x(3x-1)}{2}-1\right)=1$.

解　设 $P(x)=ax^3+bx^2+cx+d$ 是一个三次多项式, 其中 $a,b,c,d\in \mathbf{R},a\neq 0$. 满足

$$P\left(1-\frac{x(3x+1)}{2}\right)-P\left(x\right)^2+P\left(\frac{x(3x-1)}{2}-1\right)=1, \forall x\in \mathbf{R}$$

在上面的等式中, 分别令 $x=-1,x=0,x=1$, 我们得到

$$P(0) - P(-1)^2 + P(1) = 1$$
$$P(1) - P(0)^2 + P(-1) = 1$$
$$P(-1) - P(1)^2 + P(0) = 1$$

将上面三个方程相加，得到

$$(P(-1) - 1)^2 + (P(0) - 1)^2 + (P(1) - 1)^2 = 0$$

从而 $P(-1) = P(0) = P(1) = 1$. 由此可见

$$d = 1$$
$$a + b + c + d = 1$$
$$-a + b - c + d = 1$$

由此，我们得到 $d = 1, b = 0, c = -a$. 所以 $P(x) = ax^3 - ax + 1$.

再令 $x = 2$，我们有

$$P(-6) - P(2)^2 + P(4) = 1$$

由此可得

$$-36a^2 - 162a + 1 = 1$$

同样地，令 $x = -2$，得到

$$P(-4) - P(-2)^2 + P(6) = 1$$

由此可得

$$-36a^2 + 162a + 1 = 1$$

两式相减，得到 $264a = 0$，即 $a = 0$. 所以，$P(x) = 1$.

解法 2 如前所述，我们有 $P(-1) = P(0) = P(1) = 1$. 考虑多项式 $Q(x) = P(x) - 1$，因为 $Q(-1) = Q(0) = Q(1) = 0$，且 $\deg Q(x) = 3$，所以 $Q(x) = a(x-1)x(x+1)$，其中 $a \in \mathbf{R}$. 很明显，$Q(x)$ 是一个奇数次多项式. 在给定的关系式中，分别令 $x = 2, x = -2$，再结合 $P(x) = Q(x) + 1$，得到

$$Q(-6) + 1 - (Q(2) + 1)^2 + Q(4) + 1 = 1$$
$$Q(-4) + 1 - (Q(-2) + 1)^2 + Q(6) + 1 = 1$$

将上面两个方程相加，并利用 $Q(x)$ 是奇数次多项式，我们得到

$$2 - (Q(2) + 1)^2 - (-Q(2) + 1)^2 = 0$$

容易计算出 $Q(2) = 0$，所以 $Q(x)$ 有四个根，因此，对所有 $x \in \mathbf{R}$，必有 $Q(x) = 0$. 即对所有 $x \in \mathbf{R}, P(x) = 1$.

例 4.2（Michel Bataille-Crux Mathematicorum 4224）　求下列多项式的所有复数根

$$16x^6 - 24x^5 + 12x^4 + 8x^3 - 12x^2 + 6x - 1$$

解　注意到

$$16x^6 - 24x^5 + 12x^4 + 8x^3 - 12x^2 + 6x - 1$$
$$= (2x^2)^3 + (2x^2)^3 + (2x - 1)^3 - 3(2x^2)(2x^2)(2x - 1)$$

使用恒等式 $a^3+b^3+c^3-3abc=(a+b+c)(a^2+b^2+c^2-ab-bc-ca)$,我们有
$$(2x^2)^3+(2x^2)^3+(2x-1)^3-3(2x^2)(2x^2)(2x-1)$$
$$=(4x^2+2x-1)(2x^2-2x+1)^2$$

因此,多项式的根(忽略重根)是 $x=\dfrac{-1\pm\sqrt{5}}{4},\dfrac{1\pm\mathrm{i}}{2}$.

例 4.3(Russian Mathematical Olympiad) 图 4.2 是多项式 $f(x)=ax^3+bx^2+cx+d$ 的图像. AB,CD,EF 在 Ox 轴上的投影分别为 $A'B',C'D',E'F'$.

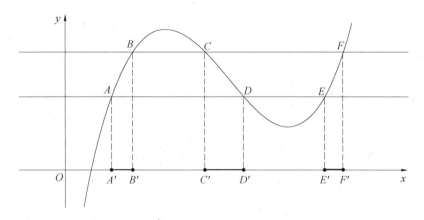

图 4.2

证明:$C'D'=A'B'+E'F'$.

证明 假设点 A,D,E 位于 $y=p$ 上,点 B,C,F 位于 $y=q$ 上,则方程 $f(x)=q$ 和 $f(x)=p$ 分别有三个实根,不妨设为 $x_1<x_2<x_3,y_1<y_2<y_3$,还注意到

$$x_1+x_2+x_3=y_1+y_2+y_3=-\frac{b}{a}$$

如图 4.2 所示,我们有
$$A'=y_1,B'=x_1,C'=x_2,D'=y_2,E'=y_3,F'=x_3$$
因此,$A'B'=x_1-y_1,E'F'=x_3-y_3,C'D'=y_2-x_2$.所以,只需证明

$$y_2-x_2=x_3-y_3+x_1-y_1$$

这由 $x_1+x_2+x_3=y_1+y_2+y_3$ 可知,显然成立.

需要注意一个重要情况,当我们发现 $x=r$ 是多项式 ax^3+bx^2+cx+d 的根时,$ar^3+br^2+cr+d=0$.我们将在不同的情况下使用这个简单的事实,如下所示.

例 4.4 设 p 是多项式 x^3+bx+c 的一个根,证明 $b^2\geqslant 4pc$.

证明 注意到 $p^3=-bp-c$.如果 $b^2<4pc$,那么
$$b^2<4pc=4p(-p^3-bp)\Leftrightarrow 4p^4+4bp^2+b^2=(b+2p^2)^2<0$$
矛盾.

例 4.5(Russian Mathematical Olympiad 2014) 在黑板上写下方程 $x^3 + * x^2 + * x + * = 0$. Pete 和 Bazil 轮流用有理数替换方程中的 $*$. 首先，Pete 替换任何一个 $*$，然后 Bazil 替换剩下的 $*$ 中的一个，最后 Pete 替换最后一个 $*$. Pete 是否真的有一个策略，使得得到的方程的两个实根之差为 2 014？

解法 1 Pete 可以做到使方程的两个根为 0 和 2 014. 事实上，Pete 第一步就把常数项替换为 0. Bazil 替换之后，我们可以假设写在黑板上的多项式是 $x^3 + ax^2 + * x = 0$, $x^3 + * x^2 + ax = 0$ 中的一个. 在前一种情况，Pete 用 $-2\,014(a + 2\,014)$ 替换 $*$，在后一种情况，用 $-\dfrac{2\,014^2 + a}{2\,014}$ 替换 $*$.

解法 2 我们来证明 Pete 可以使多项式 $x^3 + * x^2 + * x + *$，对于任何 s 都可以被 $x^2 - s^2$ 整除，从而产生多项式的根 $s, -s$. 取 $s = 1\,007$ 可以解决问题. Pete 第一次操作是把 x 的系数设置为 $-s^2$. Bazil 替换之后，那么黑板上写下的多项式将是 $x^3 + ax^2 - s^2 x + *$ 或者 $x^3 + * x^2 - s^2 x + c$. 前一种情况，Pete 用 $-as^2$ 替换 $*$，后一种情况用 $-\dfrac{c}{s^2}$ 替换 $*$.

例 4.6 设 $P(x)$ 是实系数三次多项式，满足 $|P(1)| = |P(2)| = |P(3)| = |P(5)| = |P(6)| = |P(7)| = 12$. 求 $|P(0)|$ 的所有可能的值.

解法 1 不失一般性，可以假定多项式 $P(x)$ 的首项系数为正. 因为方程 $P(x) - 12 = 0$ 和 $P(x) + 12 = 0$ 都至多有三个根，在集合 $\{1, 2, 3, 5, 6, 7\}$ 中，我们得到它们中的每一个都正好有三个根. 因此，多项式 $P(x)$ 的图像必须是 S 形，如图 4.3 所示.

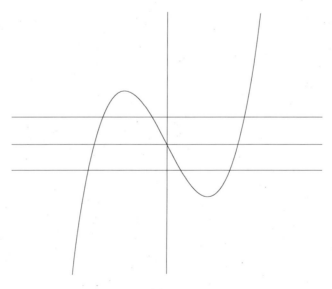

图 4.3

我们很容易证明，$x=2,3,7$ 是方程 $P(x)=-12$ 的根；$x=1,5,6$ 是方程 $P(x)=12$ 的根，所以

$$P(x)=C(x-2)(x-3)(x-7)+12=C(x-1)(x-5)(x-6)-12$$

在上式中，令 $x=0$，得到 $P(0)=-42C+12=-30C-12$. 因此 $C=2,P(0)=-72$. 由于我们假设多项式的首项系数是正的，所以我们还必须考虑负的情况. 在这种情况下，我们有 $C=-2,P(0)=72$. 所以 $|P(0)|=72$.

解法 2 设 $P(x)=ax^3+bx^2+cx+d$，则方程 $P(x)=12$ 和 $P(x)=-12$ 的根的和与乘积分别对应相等. 因此，它们的平方和必然相等. 现在，我们必须把数 $1,2,3,5,6,7$ 分成两组，使其和与平方和分别对应相等. 这只能是 $\{2,3,7\}$ 和 $\{1,5,6\}$，接下来按解法 1 继续下去（或者可以考虑根的乘积.）

4.2   Vieta 公式

如果 r,s,t 是多项式 ax^3+bx^2+cx+d 的根，那么

$$ax^3+bx^2+cx+d=a(x-r)(x-s)(x-t)$$

比较两边 x^2,x^1,x^0 的系数，我们有

$$r+s+t=-\frac{b}{a}$$

$$rs+st+tr=\frac{c}{a}$$

$$rst=-\frac{d}{a}$$

例 4.7 设 r,s,t 是方程 $x^3+9x^2-9x-8=0$ 的根，求 $(r+s)(s+t)(t+r)$ 的值.

解   注意到 $P(x)=x^3+9x^2-9x-8=(x-r)(x-s)(x-t)$. 因为 $r+s+t=-9$，我们有

$$(r+s)(s+t)(t+r)=(-9-r)(-9-s)(-9-t)=P(-9)=73$$

例 4.8 设 $a<b<c$ 是方程 $x^3-3x+1=0$ 的三个根.

(i) 求 $A=\dfrac{1-a}{1+a}+\dfrac{1-b}{1+b}+\dfrac{1-c}{1+c}$ 的值.

(ii) 写出根为 a^2-2,b^2-2,c^2-2 的一个方程.

(iii) 求 $(a^2-c)(b^2-a)(c^2-b)$ 的值.

解   (i) 注意到 $A+3=\dfrac{1-a}{1+a}+1+\dfrac{1-b}{1+b}+1+\dfrac{1-c}{1+c}+1=2\left(\dfrac{1}{1+a}+\dfrac{1}{1+b}+\dfrac{1}{1+c}\right)$.

此外，令 $x=\dfrac{1}{1+a}$，则 $a=\dfrac{1}{x}-1$，因为 $a^3-3a+1=0$，我们得到

$$\left(\frac{1}{x}-1\right)^3-3\left(\frac{1}{x}-1\right)+1=0$$

即

$$3x^3-3x+1=0$$

所以，$\frac{1}{1+a},\frac{1}{1+b},\frac{1}{1+c}$ 是上面这个方程的根. 因此 $\frac{1}{1+a}+\frac{1}{1+b}+\frac{1}{1+c}=0$.

从而，$A=-3$.

(ii) 注意到 $a+b+c=0,ab+bc+ca=-3,abc=-1$. 此外

$$P(x)=x^3-3x+1=(x-a)(x-b)(x-c)$$

所以

$$
\begin{aligned}
a^2-2+b^2-2+c^2-2 &= a^2+b^2+c^2-6\\
&=(a+b+c)^2-2(ab+bc+ca)-6\\
&=0
\end{aligned}
$$

还有

$$
\begin{aligned}
&(a^2-2)(b^2-2)+(b^2-2)(c^2-2)+(c^2-2)(a^2-2)\\
=&a^2b^2+b^2c^2+c^2a^2-4(a^2+b^2+c^2)+12\\
=&(ab+bc+ca)^2-2abc\underbrace{(a+b+c)}_{0}-4\cdot6+12=-3
\end{aligned}
$$

最后

$$
\begin{aligned}
&(a^2-2)(b^2-2)(c^2-2)\\
=&(\sqrt{2}-a)(\sqrt{2}-b)(\sqrt{2}-c)(-\sqrt{2}-a)(-\sqrt{2}-b)(-\sqrt{2}-c)\\
=&P(\sqrt{2})P(-\sqrt{2})\\
=&(\sqrt{2}+1)(1-\sqrt{2})\\
=&-1
\end{aligned}
$$

所以，以 a^2-2,b^2-2,c^2-2 为根的方程是 $x^3-3x+1=0$. 因此可得

$$\{a^2-2,b^2-2,c^2-2\}=\{a,b,c\}$$

(iii) 注意到

$$P(-2)=-1<0,P\left(-\frac{9}{5}\right)=\frac{71}{125}>0$$

$$P(0)>0,P(1)=-1<0,P\left(\frac{8}{5}\right)=\frac{37}{125}>0$$

我们有

$$-2<a<-\frac{9}{5}<0<b<1<c<\frac{8}{5}$$

这就是说

$$b^2 < c^2 < a^2$$

从而

$$b^2 - 2 < c^2 - 2 < a^2 - 2$$

因此,有

$$b^2 - 2 = a, c^2 - 2 = b, a^2 - 2 = c$$

所以

$$a^2 - c = b^2 - a = c^2 - b = 2$$

由此可得

$$(a^2 - c)(b^2 - a)(c^2 - b) = 8$$

例 4.9(Singaporean Mathematical Olympiad 2013) 设 $a + b + c = 14, a^2 + b^2 + c^2 = 84, a^3 + b^3 + c^3 = 584$. 求 $\max\{a, b, c\}$.

解 不难计算出 $ab + bc + ca = 56$,利用恒等式

$$a^3 + b^3 + c^3 - 3abc = (a + b + c)(a^2 + b^2 + c^2 - ab - bc - ca)$$

我们有 $abc = 64$. 所以 a, b, c 是多项式 $x^3 - 14x^2 + 56x - 64$ 的根.

通过因式分解我们得到多项式的根

$$\begin{aligned} x^3 - 14x^2 + 56x - 64 &= x^3 - 64 - 14(x^2 - 4x) \\ &= (x - 4)(x^2 - 10x + 16) \\ &= (x - 4)(x - 2)(x - 8) \end{aligned}$$

所以 $\{a, b, c\} = \{2, 4, 8\}$,从而 $\max\{a, b, c\} = 8$.

例 4.10(Saint Petersburg Mathematical Olympiad 2008) 设 $P(x)$ 是有三个正无理根的整数系数三次多项式. 证明三个无理根不能构成几何级数.

证明 设 $P(x) = a_3 x^3 + a_2 x^2 + a_1 x + a_0$,其中 a_3, a_2, a_1, a_0 是整数. 假设多项式的根构成一个公比为 $q(|q| \neq 0, 1)$ 的几何级数,那么多项式的根可以写成 a, aq, aq^2. 由 Vieta 公式,我们有

$$a(1 + q + q^2) = -\frac{a_2}{a_3}, a^2 q(1 + q + q^2) = \frac{a_1}{a_3}$$

所以

$$aq = \frac{a^2 q(1 + q + q^2)}{a(1 + q + q^2)} = -\frac{a_1}{a_2}$$

这意味着多项式的一个根必是有理的,与题设矛盾.

例 4.11 多项式 $x^3 + ax^2 + bx + c(c \neq 0)$ 有三个不同的实根,证明多项式 $x^3 - bx^2 + acx - c^2$ 也有三个实根.

证明 假设 r, s, t 是多项式 $x^3 + ax^2 + bx + c$ 的根,则

$$r + s + t = -a, rs + st + tr = -b, rst = -c$$

由此可得

$$rs \cdot st + rt \cdot st + rt \cdot rs = rst(r+s+t) = ac$$

$$rs \cdot st \cdot tr = (rst)^2 = c^2$$

所以 rs, rt, ts 是多项式 $x^3 - bx^2 + acx - c^2$ 的根.

例 4.12(Titu Andreescu-Mathematical Reflections S189) 设 a,b,c 是实数，且 $a < 3$. 多项式 $P(x) = x^3 + ax^2 + bx + c$ 的所有零点都是负实数. 证明 $b+c \neq 4$.

证明 设 $P(x) = x^3 + ax^2 + bx + c = (x+r)(x+s)(x+t)$，其中 r,s,t 是正实数. 则由 Vieta 公式，我们得到

$$a = r+s+t, b = rs+st+tr, c = rst$$

由 AM$-$GM 不等式，我们有 $\frac{a}{3} \geq \left(\frac{b}{3}\right)^{\frac{1}{2}} \geq c^{\frac{1}{3}}$. 因为 $a < 3$，所以 $c < 1, b < 3$，由此 $b+c \neq 4$.

4.3　更多的高级问题

假设我们有一个实系数的三次多项式，我们想研究它有多少个实根. 一般来说，这样的多项式具有形式 $T(x) = mx^3 + nx^2 + kx + u$，其中 m,n,k,u 是实数，且 $m \neq 0$. 如果我们用 $\frac{T(x)}{m}$ 来替换 $T(x)$，它的根是不变的. 因此，可以将我们研究的形式限制在首一多项式 $T(x) = x^3 + ax^2 + bx + c$. 很明显，如果我们考虑用多项式 $T\left(x - \frac{a}{3}\right)$ 来代替 $T(x)$，那么它们的所有根就要改变 $\frac{a}{3}$. 特别地，根的虚实是不会改变的. 注意到

$$T\left(x - \frac{a}{3}\right) = x^3 + (b-a^2)x + c - \frac{ab}{3} - \frac{a^3}{9} = x^3 + px + q$$

因此，如果对具有实系数的三次多项式的根感兴趣，那么我们可以限制多项式的形式为 $x^3 + px + q$.

下面，我们来考虑表达式

$$D = (r-s)^2(s-t)^2(t-r)^2$$

很明显，如果 r,s,t 是实数，则 $D > 0$. 如果有一个重根的话，则 $D = 0$. 现在考虑这样的情况，有一个实根，比如说是 r，和两个共轭的复根，比如说是 $s = x + iy, t = x - iy$，其中 $x, y \in \mathbf{R}, i^2 = -1$. 则

$$D = (r-s)^2(s-t)^2(t-r)^2$$
$$= (r-x-iy)^2(r-x+iy)^2(2iy)^2$$
$$= -4y^2((r-x)^2 + y^2)^2$$

$$< 0$$

因此,上述表达式与二次多项式的判别式具有相同的用途.

例 4.13 对于多项式 $x^3 + px + q$,将 D 表示为 p, q 的函数.

解 假设 r, s, t 是多项式 $x^3 + px + q$ 的三个根,则

$$r + s + t = 0, rs + st + tr = p, rst = -q$$

我们有

$$r^2 + s^2 + t^2 = -2p$$

还有

$$r^2 + s^2 + rs = (r + s)^2 - rs = t^2 - rs = -rs - st - tr = -p$$

这就是说

$$(r - s)^2 = -p - 3rs$$

因此

$$
\begin{aligned}
D &= (r - s)^2 (s - t)^2 (t - r)^2 \\
&= -(p + 3rs)(p + 3st)(p + 3tr) \\
&= -(p^3 + 3p^3 + 9p \cdot rst \underbrace{(r + s + t)}_{0} + 27r^2 s^2 t^2) \\
&= -(4p^3 + 27q^2)
\end{aligned}
$$

我们有下列重要的准则:

$x^3 + px + q$ 的判别式

对于多项式 $P(x) = x^3 + px + q$,判别式 $D = -(4p^3 + 27q^2)$,描述了多项式根的情况.

如果 $4p^3 + 27q^2 = 108\left(\dfrac{q^2}{4} + \dfrac{p^3}{27}\right) < 0$,那么 $P(x)$ 有三个不同的实根.

如果 $4p^3 + 27q^2 = 108\left(\dfrac{q^2}{4} + \dfrac{p^3}{27}\right) > 0$,那么 $P(x)$ 有一个实根和两个复根.

如果 $4p^3 + 27q^2 = 108\left(\dfrac{q^2}{4} + \dfrac{p^3}{27}\right) = 0$,那么 $P(x)$ 有一个重根和另外要么是单根要么是等于重根的根.

备注 我们可以求出多项式 $x^3 + px + q$ 图像的局部极大极小坐标. 很明显,我们可以考虑函数 $x^3 + px$,因为水平平移不会改变 y 坐标. 在这些点上,方程 $x^3 + px = m$ 有一个重根,因此我们可以将根命名为 r, r, t,所以

$$x^3 + px - m = (x - r)^2(x - t)$$

由 Vieta 公式,我们得到 $2r + t = 0, r^2 + 2rt = p, m = tr^2$,则 $p = -3r^2, m = -2r^3$. 所以,$r = \pm\sqrt{-\dfrac{p}{3}}, m = \mp\dfrac{2p}{3}\sqrt{-\dfrac{p}{3}}$,这意味着如果 $p < 0$,我们就有一个局部最小值和最大值.

例 4.14 设 a,b,c 是非零实数,求下列多项式实根的个数

$$P(x) = (ax^3 + bx + c)(bx^3 + cx + a)(cx^3 + ax + b)$$

解 设

$$P_1(x) = ax^3 + bx + c, P_2(x) = bx^3 + cx + a, P_3(x) = cx^3 + ax + b$$

假设 a_1, a_2, a_3 是 $P_1(x)$ 的根,b_1, b_2, b_3 是 $P_2(x)$ 的根,c_1, c_2, c_3 是 $P_3(x)$ 的根.

如果它们都是实数,那么 $a_1^2 + a_2^2 + a_3^2, b_1^2 + b_2^2 + b_3^2, c_1^2 + c_2^2 + c_3^2$ 都是正数.注意到

$$a_1^2 + a_2^2 + a_3^2 = -2\frac{b}{a}, b_1^2 + b_2^2 + b_3^2 = -2\frac{c}{b}, c_1^2 + c_2^2 + c_3^2 = -2\frac{a}{c}$$

然而,$\left(-2\frac{b}{a}\right)\left(-2\frac{c}{b}\right)\left(-2\frac{a}{c}\right) = -8$,是负的.这说明多项式 $P(x)$ 至少有两个非实根,最多 7 个实根.对于 a,b,c,我们证明 $P(x)$ 有 7 个实根.取 $(a,b,c) = (1, -6, 4)$,则第一个因式

$$ax^3 + bx + c = x^3 - 6x + 4 = (x-2)(x^2 + 2x - 2)$$

有三个实根 $x = 2$ 和 $x = -1 \pm \sqrt{3}$.第二个因式

$$bx^3 + cx + a = -6x^3 + 4x + 1 = f(x)$$

有三个实根.因为

$$f(-1) = 3 > 0, f\left(-\frac{1}{2}\right) = -\frac{1}{4} < 0, f(0) = 1 > 0, f\left(\frac{3}{4}\right) = \frac{47}{32} > 0, f(1) = -1 < 0$$

第三个因式

$$cx^3 + ax + b = 4x^3 + x - 6 = g(x)$$

在 1 和 2 之间只有一个实根,因为 $g(1) = -1 < 0, g(2) = 28 > 0$. f 和 g 的根位于区间 $\left(-1, -\frac{1}{2}\right), \left(-\frac{1}{2}, 0\right), \left(\frac{3}{4}, 1\right), (1, 2)$,所以它们是不同的,也不等于 2 或 $-1 \pm \sqrt{3}$.因此,我们得到 7 个不同的实根.

解法 2 我们知道,当 $D = \frac{q^2}{4} + \frac{p^3}{27} \leqslant 0$ 时,多项式 $Q(x) = x^3 + px + q$ 有三个实根.现在,假设 $P_1(x), P_2(x), P_3(x)$ 都有三个实根,则

$$\frac{c^2}{4a^2} + \frac{b^3}{27a^3} \leqslant 0, \frac{a^2}{4b^2} + \frac{c^3}{27b^3} \leqslant 0, \frac{b^2}{4c^2} + \frac{a^3}{27c^3} \leqslant 0$$

这就意味着 $\frac{b}{a}, \frac{c}{b}, \frac{a}{c} < 0$,但是,我们知道它们的乘积等于 1,矛盾.现在可以按解法 1 中的方法继续下去.

例 4.15 多项式 $ax^3 - x^2 + bx - 1$ 有三个正实根.证明:

(i) $0 < 3ab \leqslant 1$;

(ii) $b \geqslant 9a$;

(iii)$b \geqslant \sqrt{3}$.

证明　(i) 设 r,s,t 是给定多项式的根,我们有

$$r+s+t=\frac{1}{a}, rs+st+tr=\frac{b}{a}, rst=\frac{1}{a}$$

所以,$a>0$,从而 $b>0$,这就意味着 $ab>0$.由不等式 $(r+s+t)^2 \geqslant 3(rs+st+tr)$ 得

$$\frac{1}{a^2} \geqslant 3\frac{b}{a} \Rightarrow 0<3ab \leqslant 1$$

(ii) 因为 $(r+s+t)(rs+st+tr) \geqslant 9rst$,所以 $\frac{b}{a^2} \geqslant \frac{9}{a} \Rightarrow b \geqslant 9a$.

(iii) 由不等式 $(rs+st+tr)^2 \geqslant 3rst(r+s+t)$,可得 $\frac{b^2}{a^2} \geqslant \frac{3}{a^3}$,所以 $b^2 \geqslant 3$,因为 $b>0$,所以 $b \geqslant \sqrt{3}$.

例 4.16　设多项式 $x^3+\sqrt{3}(a-1)x^2-6ax+b$ 有三个实根.证明 $|b| \leqslant |a+1|^3$.

证明　设 r,s,t 是给定多项式的根,我们有

$$r+s+t=-\sqrt{3}(a-1), rs+st+tr=-6a, rst=-b$$

由 AM－GM 不等式,有

$$\sqrt[3]{|b|}=\sqrt[3]{|r| \cdot |s| \cdot |t|} \leqslant \sqrt{\frac{r^2+s^2+t^2}{3}}$$

$$=\sqrt{\frac{(r+s+t)^2-2(rs+st+tr)}{3}}$$

$$=\sqrt{\frac{3(1-a)^2+12a}{3}}$$

$$=|a+1|$$

所以 $|b| \leqslant |a+1|^3$.

例 4.17　设多项式 $x^3+qx+r(r,q \neq 0)$ 有三个实根 u,v,w.证明多项式 $r^2x^3+q^2x+q^3$ 有三个在区间 $(-1,3)$ 之外的实根.

证明　设多项式 $r^2x^3+q^2x+q^3$ 的三个实根是 x_1,x_2,x_3,为了寻找 x_1,x_2,x_3 之间的关系,令

$$x_1=\frac{q}{r}a, x_2=\frac{q}{r}b, x_3=\frac{q}{r}c$$

则 $0=x_1+x_2+x_3=\frac{q}{r}(a+b+c)$,所以 $a+b+c=0$.类似可得 $ab+bc+ca=q, abc=r$.所以 $\{a,b,c\}=\{u,v,w\}$.不失一般性,设

$$x_1=\frac{q}{r}u, x_2=\frac{q}{r}v, x_3=\frac{q}{r}w$$

则

$$x_1 = \frac{q}{r}u = -\frac{uv + vw + wu}{uvw} \cdot u = -1 - \frac{u(v+w)}{vw} = \frac{(v+w)^2}{vw} - 1$$

如果 $x_1 \in (-1, 3)$，那么 $|x_1 - 1| < 2$，但 $|x_1 - 1| = \left| \frac{(v+w)^2}{vw} - 2 \right| = \left| \frac{v^2 + w^2}{vw} \right| \geqslant 2$，矛盾.

例 4.18 设 a, b, c, d 是正实数，满足 $a \leqslant b \leqslant c \leqslant d, abcd = 1$. 证明:如果 r 是多项式

$$x^3 - (a+b+c+d)x^2 + (ab+ac+bc+cd+db+da)x - \left(\frac{1}{a} + \frac{1}{b} + \frac{1}{c} + \frac{1}{d} \right)$$

的一个根，那么 $r > b$.

证明 设

$$P(x) = x^3 - (a+b+c+d)x^2 + (ab+ac+bc+cd+db+da)x - \left(\frac{1}{a} + \frac{1}{b} + \frac{1}{c} + \frac{1}{d} \right)$$

因为 $abcd = 1$，所以 $P(x)$ 可以改写成

$$P(x) = x^3 - (a+b+c+d)x^2 + (ab+ac+bc+cd+db+da)x - (abc + bcd + cda + dab)$$

则

$$Q(x) = 1 + xP(x) = (x-a)(x-b)(x-c)(x-d)$$

如果 $P(r) = 0$，那么 $Q(r) = 1$，反之亦然(除非 $r = 0$). 假设 $r < 0$，则

$$0 < a < a - r, 0 < b < b - r, 0 < c < c - r, 0 < d < d - r$$

这就是说

$$Q(r) = (r-a)(r-b)(r-c)(r-d) > abcd = 1$$

令 $0 < r < a$，则 $0 < a - r < a, 0 < b - r < b, 0 < c - r < c, 0 < d - r < d$.

这就是说，$Q(r) < abcd = 1$. 如果 $a \leqslant r \leqslant b$，那么

$$Q(r) = (r-a)(r-b)(r-c)(r-d) < 0$$

所以，如果 r 是 $P(x)$ 的一个实根，那么 $r > b$.

例 4.19(Belarusan Mathematical Olympiad 2000) (解决这个问题需要用到导数的概念，如果你不熟悉它，不用担心，你可以跳过它.)

实数 a, b, c 满足等式 $2a^3 - b^3 + 2c^3 - 6a^2b + 3ab^2 - 3c^2a - 3c^2b + 6abc = 0$. 如果 $a < b$，求 $\max\{b, c\}$.

解 设 $f(x) = 2x^3 - 3(a+b)x^2 + 6abx + 2a^3 - b^3 - 6a^2b + 3ab^2$，则 $f(c) = 0$. 注意到

$$f'(x) = 6(x^2 - (a+b)x + ab) = 6(x-a)(x-b)$$

所以 $f'(a) = f'(b) = 0$. 此外

$$f(a) = (a-b)^3 < 0, f(b) = 2\,(a-b)^3 < 0$$

这就是说函数的局部极小值和极大值的 y 坐标是负值. 函数的图像如图 4.4 所示，$f(x)$ 只有一个实根，从而得出 $c > b > a$ 的结论.

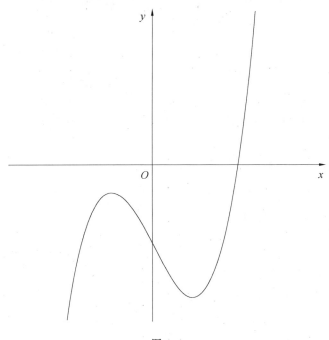

图 4.4

5 四次多项式

5.1 解 方 程

在本节中,我们提供了两个求解四次多项式方程的例子,这需要某些初等代数的知识.

例 5.1 求解下列方程:

(i) $(x^2 + x + 3)(x^2 + 3x + 3) = 3x^2$;

(ii) $(x^2 - 12x - 64)(x^2 + 30x + 125) + 8\,000 = 0$.

解 (i) 我们有

$$(x^2 + x + 3)(x^2 + 3x + 3) = (x^2 + 2x + 3 - x)(x^2 + 2x + 3 + x)$$
$$= (x^2 + 2x + 3)^2 - x^2$$

所以 $(x^2 + 2x + 3)^2 = 4x^2$,即 $x^2 + 2x + 3 = \pm 2x$,由此可得 $x^2 + 3 = 0$,或 $x^2 + 4x + 3 = 0$.

这样,方程有四个根 $x_1 = \mathrm{i}\sqrt{3}$,$x_2 = -\mathrm{i}\sqrt{3}$,$x_3 = -1$,$x_4 = -3$.

(ii) 把方程改写成如下形式

$$(x + 4)(x - 16)(x + 5)(x + 25) + 8\,000 = 0$$

所以

$$(x^2 + 9x + 20)(x^2 + 9x - 400) + 8\,000 = 0$$

即

$$(x^2 + 9x)^2 - 380(x^2 + 9x) = 0$$

则 $(x^2 + 9x)(x^2 + 9x - 380) = 0$.这样,我们就得到方程的四个根

$$x_1 = \frac{-9 - \sqrt{1\,601}}{2},x_2 = \frac{-9 + \sqrt{1\,601}}{2},x_3 = 0,x_4 = -9$$

5.2 Vieta 公式

设 x_1, x_2, x_3, x_4 是多项式 $a_4 x^4 + a_3 x^3 + a_2 x^2 + a_1 x + a_0$ 的四个根.正如前几章学过的,我们可以推出下列结果

$$\sum_{i=1}^{4} x_i = -\frac{a_3}{a_4}$$

$$\sum_{1\leqslant i<j\leqslant 4} x_i x_j = \frac{a_2}{a_4}$$

$$\sum_{1\leqslant i<j<k\leqslant 4} x_i x_j x_k = -\frac{a_1}{a_4}$$

$$x_1 x_2 x_3 x_4 = \frac{a_0}{a_4}$$

例 5.2　求所有实数 a,使得方程 $P(x)=x^4+ax^2+a^2x-1$ 的所有根的模数相等.

解　设 x_1,x_2,x_3,x_4 是多项式 $P(x)$ 的根,则 $|x_1|=|x_2|=|x_3|=|x_4|$. 由 Vieta 公式,有

$$1=|x_1 x_2 x_3 x_4| = |x_1|^4$$

所以

$$1=|x_1|=|x_2|=|x_3|=|x_4|$$

现在,我们来证明,多项式 $P(x)$ 有两个实根.因为 $P(0)=-1, \lim_{x\to-\infty} P(x) = \lim_{x\to+\infty} P(x) = +\infty$,所以多项式 $P(x)$ 有两个实根,一个在区间 $(-\infty,0)$ 内,另一个在区间 $(0,+\infty)$ 内.因为它们的绝对值都等于 1,所以 $P(1)=P(-1)=0$.因此

$$1+a+a^2-1=1+a-a^2-1=0$$

所以 $a=0$.因此,$P(x)=x^4-1=(x-1)(x+1)(x+\mathrm{i})(x-\mathrm{i})$,显然满足题设条件.

例 5.3　多项式 $x^4+ax^3+3x^2+bx+1$ 有四个非实数根,其绝对值都等于 1.证明 $2<|a|<\dfrac{5}{2}$,并且 $a=b$.

证明　假设多项式的四个根为 $x_1=p+\mathrm{i}q, x_2=p-\mathrm{i}q, x_3=r+\mathrm{i}s, x_4=r-\mathrm{i}s$,其中 p,q,r,s 是实数.因为根的绝对值都等于 1,所以 $p^2+q^2=r^2+s^2=1$.另外

$$(x-x_1)(x-x_2)=x^2-2px+1, (x-x_3)(x-x_4)=x^2-2rx+1$$

因此

$$(x^2-2px+1)(x^2-2rx+1)=x^4+ax^3+3x^2+bx+1$$

比较两边 x^3,x^2,x 的系数,我们有 $a=b=-2(p+r), pr=\dfrac{1}{4}$.所以

$$|a|=2|p+r|=2\left|p+\frac{1}{4p}\right|$$

由于 $p,r\in(-1,1)$,所以 $\dfrac{1}{4}=pr=|pr|<|p|$,从而 $p\in\left(\dfrac{1}{4},1\right)\cup\left(-1,-\dfrac{1}{4}\right)$.函数 $f(x)=x+\dfrac{1}{4x}$ 在前面的取值区间是 $\left[1,\dfrac{5}{4}\right)\cup\left(-\dfrac{5}{4},-1\right]$,所以 $1\leqslant\left|p+\dfrac{1}{4p}\right|<\dfrac{5}{4}$,从而 $2\leqslant 2\left|p+\dfrac{1}{4p}\right|=|a|<\dfrac{5}{2}$.相等的情况是 $a=\pm2$,这不会出现.因为,在这种情况下,有

$$x^4\pm2x^3+3x^2\pm2x+1=(x^2\pm x+1)^2$$

因此它有两个重根而不是四个根. 所以

$$2 < |a| < \frac{5}{2}$$

证毕.

例 5.4(Great Britain,IMO Longlisted 1987) 证明:如果方程 $x^4 + ax^3 + bx + c = 0$ 的所有根都是实数,那么 $ab \leqslant 0$.

证明 设 x,y,z,t 是给定方程的四个实根. 由 Vieta 公式,我们有

$$xy + xz + xt + yz + yt + zt = 0$$

不失一般性,假设 $x + y + z \neq 0$(否则,三个根的和等于零,那么就有 $a = 0$,命题显然成立). 由

$$xy + yz + xz + t(x + y + z) = 0$$

可得

$$t = -\frac{xy + yz + zx}{x + y + z}$$

由 Vieta 公式,我们有

$$a = -t - (x + y + z) = \frac{xy + yz + zx}{x + y + z} - (x + y + z)$$

$$b = -t(xy + yz + zx) - xyz = \frac{(xy + yz + zx)^2}{x + y + z} - xyz$$

所以

$$ab = \frac{1}{(x + y + z)^2}\left[(xy + yz + zx)^2 - xyz(x + y + z)\right]\left[xy + yz + zx - (x + y + z)^2\right]$$

注意到

$$xy + yz + zx - (x + y + z)^2 = -(xy + yz + zx + x^2 + y^2 + z^2)$$

$$= -\frac{1}{2}\left[(x + y)^2 + (y + z)^2 + (z + x)^2\right]$$

$$\leqslant 0$$

此外,用 yz,zx,xy 来替换上述不等式中的 x,y,z,得到

$$(xy + yz + zx)^2 - xyz(x + y + z) \geqslant 0$$

所以

$$ab = \frac{1}{(x + y + z)^2}\underbrace{\left[(xy + yz + zx)^2 - xyz(x + y + z)\right]}_{\geqslant 0}\underbrace{\left[xy + yz + zx - (x + y + z)^2\right]}_{\leqslant 0}$$

$$\leqslant 0$$

证毕.

5.3 实根的个数与图像

首项系数为正的四次多项式的图像如图 5.1 所示. 在图 5.1 左图中,我们有两个局部极小值和一个局部极大值,图 5.1 右边的图形有一个绝对最小值,根据这些局部极大值和极小值的坐标,四次多项式可以有 4,3,2,1 个实根(观察图像,并注意水平线与图像的交点).

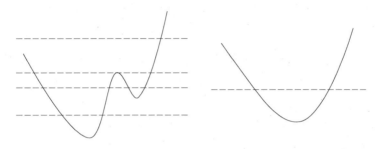

图 5.1

例 5.5 是否存在一个正整数 d 以及实数 $a_0, a_1, \cdots, a_d$,使得函数 $f(x) = |a_d x^d + \cdots + a_0| - |a_0 x^d + \cdots + a_d|$ 的图像如图 5.2 所示?

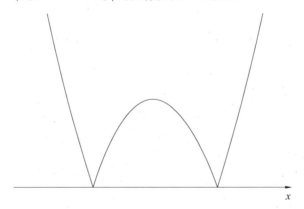

图 5.2

解 设 $g(x) = a_d x^d + \cdots + a_0, h(x) = a_0 x^d + \cdots + a_d$. 如果 d 是偶数,我们有 $f(-1) = g(-1)$;如果 d 是奇数,我们有 $f(-1) = -g(-1)$. 无论哪种情况,都有 $f(-1) = |g(-1)| - |h(-1)| = 0$. 类似可得 $f(1) = |g(1)| - |h(1)| = 0$.

根据图像,我们发现 $f(x)$ 正好有两个根,即 $-1, 1$,因此,根据图像,函数在区间 $(-1, 1)$ 上处处为正,所以

$$f(0) = |a_0| - |a_d| > 0$$

此外,因为

$$\lim_{x \to \pm\infty} f(x) = \lim_{x \to \pm\infty} (|a_d| - |a_0|) x^d = +\infty$$

则 $|a_d|-|a_0|>0$,矛盾.

例 5.6(Sergei Berlov-Russian Mathematical Olympiad 1993)   方程 $x^2+ax+b=0$ 有两个不同的实根. 证明:方程 $x^4+ax^3+(b-2)x^2-ax+1=0$ 有四个不同的实根.

证明   我们先来证明一个引理.

引理:设 c 是一个实数,则方程 $x-\dfrac{1}{x}=c$ 有两个实根.

引理的证明:方程可以改写成 $x^2-cx-1=0$ 的形式,它的判别式是 $D=4+c^2>0$, 所以它有两个实根.

设 r,s 是方程 $x^2+ax+b=0$ 的两个实根. 由引理可知,方程 $x-\dfrac{1}{x}=r,x-\dfrac{1}{x}=s$ 中的每一个都有两个实根. 因为 $r^2+ar+b=0,s^2+as+b=0$,这些都是二次方程 $\left(x-\dfrac{1}{x}\right)^2+a\left(x-\dfrac{1}{x}\right)+b=0$ 的根.

用 x^4 来乘,我们得到 $x^4+ax^3+(b-2)x^2-ax+1=0$. 因此,有四个不同的实数满足上述方程.

例 5.7(Saint Petersburg Mathematical Olympiad 2010)   设 $f(x)$ 是一个任意多项式. 是否存在一个四次多项式 $g(x)$ 使得 $f(G(x))$ 没有实数根?

解   存在这样的多项式. 如果 $f(G(x))$ 有实根 r,那么 $g(r)$ 必是 $f(x)$ 的根. 如果 $f(x)$ 没有实根,那么命题得证. 假设 $f(x)$ 的实根是 $x_1,\cdots,x_s,a$ 是其中的最大者. 现在, 考查多项式 $g(x)=x^4+1+a$. 那么对任意实数 x,我们有 $g(x)>a\geqslant x_1,\cdots,x_s$. 所以 $f(G(x))$ 没有实根.

如你所见,具有实数系数的二次和三次多项式可以看成其系数的函数,这些函数描述了多项式是否具有实根以及有多少实根. 一个自然的问题是四次多项式是否存在相似的多项式. 很明显,多项式 $\prod(x_i-x_j)^2$ 不起作用. 例如,考虑多项式

$$x^4+2x^3-x-2=(x^2+x+1)(x^2+x+2)$$

它有四个复根,但令人惊讶的是 $\prod(x_i-x_j)^2$ 的值是正的. (为什么? 这是一个简单的复数练习,它利用了复数共轭的性质. 试试看看!)另外,当多项式有四个实根时,上述值明显为正,因此这个函数不起作用. 在下一个例子中,我们说明了这样的函数根本不存在.

例 5.8(Iranian Mathematical Olympiad 2012)   证明:当且仅当 $P(a,b,c,d)\geqslant 0$ 时,不存在四元多项式 $P(a,b,c,d)$,使得具有实系数的四次多项式 $x^4+ax^3+bx^2+cx+d$ 可以写成四个线性多项式的乘积.

证明   采用反证法. 若不然,如果设 $a=c=0$,那么多项式 x^4+bx^2+d 可以写成四个线性多项式的乘积,当且仅当多项式 t^2+bt+d 有两个非负实根,所以 $P(0,b,0,d)\geqslant 0$,当且仅当 $b\leqslant 0,d\geqslant 0,b^2-4d\geqslant 0$. 固定 $b\leqslant 0$. 考虑 $Q(d)=P(0,b,0,d)\geqslant 0$ 是非负

的,当且仅当 $0 \leqslant d \leqslant \dfrac{b^2}{4}$. 所以,对所有 $b \leqslant 0, Q\left(\dfrac{b^2}{4}\right) = 0$. 因此,它必定是零,即

$P\left(0, b, 0, \dfrac{b^2}{4}\right) = 0$,但这就意味着,对所有的 b,多项式 $x^4 + bx^2 + \dfrac{b^2}{4}$ 必有四个实根,这是矛

盾的,因为 $x^4 + bx^2 + \dfrac{b^2}{4} = \left(x^2 + \dfrac{b}{2}\right)^2$,所以可以选择一个正数 b,使之没有实根.

5.4 杂　　题

在本章的最后一节中,我们提供了一些具有挑战性的问题,需要综合我们在本章提出的方法. 在任何数学竞赛中,读者都有可能面临这样的问题,研究这些问题有助于读者更好地评估学习水平.

例 5.9　设 $P(x) = x^4 + ax^3 + bx^2 + cx + 1$,其中 $|a|, |b|, |c| < \dfrac{2}{3}$. 证明:对所有实数 x,都有 $P(x) > 0$.

证明　观察到 $P(1) = 2 + a + b + c > 0, P(-1) = 2 - a + b - c > 0$. 如果 $|x| \neq 1$,我们有

$$
\begin{aligned}
|P(x)| &= |x^4 + ax^3 + bx^2 + cx + 1| \\
&\geqslant |x^4 + 1| - |ax^3 + bx^2 + cx| \\
&\geqslant x^4 + 1 - |a||x^3| - |b||x^2| - |c||x| \\
&\geqslant x^4 + 1 - \frac{2}{3}(|x^3| + |x^2| + |x|) \\
&= (|x| - 1)^2 \left(|x^2| + \frac{4}{3}|x| + 1\right) \\
&> 0
\end{aligned}
$$

例 5.10(Dorin Andrica-Mathematical Reflections J410)　设 a, b, c, d 是实数,满足 $a^2 \leqslant 2b, c^2 < 2bd$. 证明对所有实数 x,都有 $x^4 + ax^3 + bx^2 + cx + d > 0$.

证明 1　注意到 $2b \geqslant a^2 \geqslant 0, 2bd > c^2 \geqslant 0$,所以 $b > 0$. 设

$$P(x) = x^2 + ax + \frac{b}{2}$$

$$Q(x) = \frac{b}{2}x^2 + cx + d$$

P 的判别式是非正的,所以,$P \geqslant 0 \Rightarrow P \cdot x^2 \geqslant 0$. Q 的判别式是负的,所以,$Q > 0$. 把上述结果相加即得所证结论.

证明 2　注意到 $2b \geqslant a^2 \geqslant 0, 2bd > c^2 \geqslant 0$. 所以,对任意实数 x,我们有

$$x^4 + ax^3 + bx^2 + cx + d = x^2\left(\left(x + \frac{a}{2}\right)^2 + \frac{2b - a^2}{4}\right) + \frac{b}{2}\left(x + \frac{c}{b}\right)^2 + \frac{2bd - c^2}{2b} > 0$$

例 5.11（Vladimir Cerbu-Mathematical Reflections S455） 设 a,b 是实数，多项式

$f(x) = x^4 - x^3 + ax + b$ 的根都是实数，证明 $f\left(-\dfrac{1}{2}\right) \leqslant \dfrac{3}{16}$.

证明 设 x_1, x_2, x_3, x_4 是给定多项式的根. 由 Vieta 公式，我们有

$$x_1 + x_2 + x_3 + x_4 = 1$$

$$x_1x_2 + x_1x_3 + x_1x_4 + x_2x_3 + x_2x_4 + x_3x_4 = 0$$

$$-x_1x_2x_3x_4\left(\frac{1}{x_1} + \frac{1}{x_2} + \frac{1}{x_3} + \frac{1}{x_4}\right) = a$$

$$x_1x_2x_3x_4 = b$$

由第一个和第二个方程，得到 $x_1^2 + x_2^2 + x_3^2 + x_4^2 = 1$.

利用 Cauchy-Schwarz 不等式，有

$$
\begin{aligned}
1 &= x_1^2 + (x_2^2 + x_3^2 + x_4^2) \\
&\geqslant x_1^2 + \frac{1}{3}(x_2 + x_3 + x_4)^2 \\
&= x_1^2 + \frac{1}{3}(1 - x_1)^2
\end{aligned}
$$

所以 $-\dfrac{1}{2} \leqslant x_1 \leqslant 1$. 类似可得 $-\dfrac{1}{2} \leqslant x_2, x_3, x_4 \leqslant 1$. 因此，我们有

$$f(1) \geqslant 0 \Leftrightarrow a + b \geqslant 0$$

所以，只需证明 $f\left(-\dfrac{1}{2}\right) \leqslant \dfrac{3}{16} \Leftrightarrow a \geqslant 2b$.

设 $b \leqslant 0$. 由 $a + b \geqslant 0$，有 $a \geqslant 0$. 在这种情况下 $a \geqslant 2b$ 是成立的. 设 $b > 0$，则 $x_1x_2x_3x_4 > 0$，我们有

$$a \geqslant 2b \Leftrightarrow \frac{1}{x_1} + \frac{1}{x_2} + \frac{1}{x_3} + \frac{1}{x_4} \leqslant -2 \tag{1}$$

在这种情况下，有两个根是正的，有两个根是负的. 假设 $x_1, x_2 > 0, x_3, x_4 < 0$. 因为 $-\dfrac{1}{2} \leqslant x_4 \leqslant 1$，所以

$$2x_4 + 1 \geqslant 0, 1 - x_4 \geqslant 0$$

以及 $x_1x_2x_3 < 0$. 我们有

$$
\begin{aligned}
& x_4^2(1 - x_4) \geqslant x_1x_2x_3(2x_4 + 1) \\
\Leftrightarrow & x_4^2(x_1 + x_2 + x_3) - x_1x_2x_3 \geqslant 2x_1x_2x_3x_4 \\
\Leftrightarrow & \frac{x_4(x_1 + x_2 + x_3)}{x_1x_2x_3} - \frac{1}{x_4} \geqslant 2 \\
\Leftrightarrow & \frac{-x_1x_2 - x_1x_3 - x_2x_3}{x_1x_2x_3} - \frac{1}{x_4} \geqslant 2
\end{aligned}
$$

$$\Leftrightarrow \frac{1}{x_1}+\frac{1}{x_2}+\frac{1}{x_3}+\frac{1}{x_4}\leqslant -2$$

结合式(1),命题得证.

6 关于多项式根的初等问题

6.1 Vieta 公式的一般形式

设 $x_1, x_2, \cdots, x_d$ 是多项式 $a_d x^d + \cdots + a_0$ 的根,类似于我们已经使用过的方法,有

$$\sum_{i=1}^{d} x_i = -\frac{a_{d-1}}{a_d}$$

$$\sum_{1 \leqslant i < j \leqslant d} x_i x_j = \frac{a_{d-2}}{a_d}$$

$$\sum \prod_{i_1, \cdots, i_k} x_{i_1} x_{i_2} \cdots x_{i_k} = (-1)^k \frac{a_{d-k}}{a_k}$$

$$x_1 \cdots x_d = (-1)^d \frac{a_0}{a_d}$$

备注 上述关系左侧的多项式称为 k 次初等对称多项式.

例 6.1(Polish Mathematical Olympiad 2004) 设 c 是一个实数,多项式 $P(x) = x^5 - 5x^3 + 4x - c$ 有 5 个不同的实根 x_1, x_2, x_3, x_4, x_5,根据 c 确定下列多项式系数的绝对值之和

$$Q(x) = (x - x_1^2)(x - x_2^2)(x - x_3^2)(x - x_4^2)(x - x_5^2)$$

解 由多项式 $Q(x)$,我们有

$$
\begin{aligned}
Q(x^2) &= (x^2 - x_1^2)(x^2 - x_2^2)(x^2 - x_3^2)(x^2 - x_4^2)(x^2 - x_5^2) \\
&= (x - x_1)(x - x_2)(x - x_3)(x - x_4)(x - x_5)(x + x_1)(x + x_2) \cdot \\
& \quad (x + x_3)(x + x_4)(x + x_5) \\
&= P(x)(-P(-x)) \\
&= (x^5 - 5x^3 + 4x - c)(x^5 - 5x^3 + 4x + c) \\
&= (x^5 - 5x^3 + 4x)^2 - c^2 \\
&= x^{10} - 10x^8 + 33x^6 - 40x^4 + 16x^2 - c^2
\end{aligned}
$$

所以 $Q(x) = x^5 - 10x^4 + 33x^3 - 40x^2 + 16x - c^2, \forall x \geqslant 0$.

等式两边的表达式都是多项式,因此,所得公式对任何实数 x 都是正确的. 因此,$Q(x)$ 的系数的绝对值之和是 $1 + 10 + 33 + 40 + 16 + c^2 = 100 + c^2$.

例 6.2(Mathematics In School Journal) 设 $a_1, \cdots, a_{100}$ 是多项式 $P(x) = (x^2 - a_1 x + a_2)(x^2 - a_3 x + a_4) \cdots (x^2 - a_{99} x + a_{100})$ 的实根(包括重根),求这 100 个数.

解 由题设,我们有

$$P(x) = (x - a_1) \cdots (x - a_{100})$$

比较多项式 $P(x)$ 两边 x^{99}, x^{98} 的系数,我们得到

$$\sum_{k=1}^{50} a_{2k} = 0, \quad \sum_{1 \leqslant k < l \leqslant 50} a_{2k-1} a_{2l-1} = \sum_{1 \leqslant i < j \leqslant 100} a_i a_j$$

把第一个等式改写成 $\sum_{k=1}^{50} a_{2k-1} = \sum_{j=1}^{100} a_j$,两边平方,有

$$\sum_{k=1}^{50} a_{2k-1}^2 + 2\sum_{1 \leqslant k < l \leqslant 50} a_{2k-1} a_{2l-1} = \sum_{j=1}^{100} a_j^2 + 2\sum_{1 \leqslant i < j \leqslant 100} a_i a_j$$

所以 $\sum_{k=1}^{50} a_{2k}^2 = 0$,从而 $a_2 = a_4 = \cdots = a_{100} = 0$,因此,$P(x)$ 可以写成

$$P(x) = x^{50} (x - a_1)(x - a_3) \cdots (x - a_{99})$$

由此可见 $a_1, a_3, \cdots, a_{99}$ 是多项式 $P(x)$ 的根. 所以,答案是 $a_2 = a_4 = \cdots = a_{100} = 0$($a_1, a_3, \cdots, a_{99}$ 可以任意选择).

例 6.3 设 $a_1, \cdots, a_n$ 是方程 $x^n - \binom{n}{1} a_1 x^{n-1} + \cdots + (-1)^k \binom{n}{k} a_k^k x^{n-k} + \cdots + (-1)^n a_n^n = 0$ 的根,证明

$$a_1 = \cdots = a_n$$

证明 设 k 是最大值 $|a_k|$ 的下标. 因为 $a_1, \cdots, a_n$ 是给定多项式的根,由 Vieta 公式,我们有

$$\sum \prod a_{i_1} \cdot a_{i_2} \cdots a_{i_k} = \binom{n}{k} a_k^k$$

由三角不等式,有

$$\binom{n}{k} |a_k^k| = \left| \sum \prod a_{i_1} \cdot a_{i_2} \cdots a_{i_k} \right|$$
$$\leqslant \sum \prod |a_{i_1} \cdot a_{i_2} \cdots a_{i_k}|$$
$$= \sum \prod |a_{i_1}| \cdot |a_{i_2}| \cdots |a_{i_k}|$$
$$\leqslant \binom{n}{k} |a_k^k|$$

通过上面的论证过程可知,必有 $|a_1| = |a_2| = \cdots = |a_n|$. 因为根的和是 $a_1 + a_2 + \cdots + a_n = na_1$,所以 $a_1, \cdots, a_n$ 必有相同的符号.

例 6.4(Crux Mathematicorum) 设多项式 $P(x) = x^n - 2nx^{n-1} + 2n(n-1) \cdot x^{n-2} + \cdots + a_0$ 只有实根,求该多项式的所有实根.

解 设 $r_1, \cdots, r_n$ 是给定多项式的根(包括重根). 由 Vieta 公式,我们有

$$\sum r_i = 2n, \sum r_i r_j = 2n(n-1)$$

则

$$\sum r_i^2 = \left(\sum r_i\right)^2 - 2\sum r_i r_j = 4n$$

所以

$$\sum_{i=1}^{n} (r_i - 2)^2 = \sum r_i^2 - 4\sum r_i + 4n = 0$$

因为 $r_1, \cdots, r_n$ 都是实数，所以 $r_1 = \cdots = r_n = 2$.

例 6.5（Nguyen Viet Hung-Mathematical Reflections S369） 设多项式 $P(x) = x^n + a_1 x^{n-1} + \cdots + a_{n-1} x + a_n$ 在区间 $[0,1]$ 内有 n 个实根（可以相同），证明 $3a_1^2 + 2a_1 - 8a_2 \leqslant 1$.

证明 设 $x_1, x_2, \cdots, x_n$ 是多项式 $P(x)$ 的根，则由 Vieta 公式，有

$$a_1 = -(x_1 + x_2 + \cdots + x_n)$$

$$a_2 = \frac{(x_1 + x_2 + \cdots + x_n)^2 - (x_1^2 + x_2^2 + \cdots + x_n^2)}{2}$$

所以，所证的不等式可以改写成

$$3(x_1 + x_2 + \cdots + x_n)^2 - 2(x_1 + x_2 + \cdots + x_n) -$$
$$4((x_1 + x_2 + \cdots + x_n)^2 - (x_1^2 + x_2^2 + \cdots + x_n^2)) \leqslant 1$$

这等价于

$$4(x_1^2 + x_2^2 + \cdots + x_n^2) - 2(x_1 + x_2 + \cdots + x_n) \leqslant 1 + (x_1 + x_2 + \cdots + x_n)^2$$

因为 $x_1, x_2, \cdots, x_n \in [0,1]$，所以 $x_1^2 + x_2^2 + \cdots + x_n^2 \leqslant x_1 + x_2 + \cdots + x_n$，从而

$$4(x_1^2 + x_2^2 + \cdots + x_n^2) - 2(x_1 + x_2 + \cdots + x_n)$$
$$\leqslant 4(x_1 + x_2 + \cdots + x_n) - 2(x_1 + x_2 + \cdots + x_n)$$
$$= 2(x_1 + x_2 + \cdots + x_n)$$
$$\leqslant (x_1 + x_2 + \cdots + x_n)^2 + 1$$

其中，最后这个不等式可由 $(x_1 + x_2 + \cdots + x_n - 1)^2 \geqslant 0$ 得到. 当 $x_1 = 1, x_2 = x_3 = \cdots = x_n = 0$ 时，等式成立.

例 6.6 形式为 $x^n \pm x^{n-1} \pm \cdots \pm x \pm 1$ 的多项式，其根都是实数吗？

解 当 $n = 1$ 时，是显然的. 假设 $n > 1, r_1, r_2, \cdots, r_n$ 是多项式的根. 由 Vieta 公式，我们有

$$\sum r_i^2 = \left(\sum r_i\right)^2 - 2\sum r_i r_j = 1 \pm 2$$

所以 $\sum r_i^2 = 3, \sum r_i r_j = -1$. 另外，$r_1^2 r_2^2 \cdots r_n^2 = (\pm 1)^2 = 1$. 由 AM $-$ GM 不等式，有

$$\frac{3}{n} = \frac{\sum r_i^2}{n} \geqslant \sqrt[n]{r_1^2 r_2^2 \cdots r_n^2} = 1$$

由此可得 $n \leqslant 3$. 当 $n=3$ 时, AM $-$ GM 不等式的等号成立, 所以 $r_1^2=r_2^2=r_3^2=1$. 从而, 所求多项式是 $(x^2-1)(x\pm 1)$. 当 $n=2$ 时, 得到多项式 $x^2\pm x-1$, 而当 $n=1$ 时, 多项式为 $x\pm 1$.

6.2　系数与根之间的不等式

在这一节中, 我们将 Vieta 公式和多项式根的一些基本事实与著名的不等式, 如 AM $-$ GM 不等式、Cauchy-Schwarz 不等式和其他基本不等式结合起来.

例 6.7　设多项式 $P(x)=a_0 x^{2\,008}+a_1 x^{2\,007}+\cdots+a_{2\,008}$ 有 2 008 个不同的正实根. 证明 $2\,007a_1^2 > 4\,016a_2a_0$.

证明　设 $P(x)=a_0(x-r_1)\cdots(x-r_{2\,008})$, 其中 $r_1,\cdots,r_{2\,008} > 0$. 所证不等式可以写成

$$2\,007\left(\frac{a_1}{a_0}\right)^2 > 4\,016\frac{a_2}{a_0}$$

由 Vieta 公式, 上述不等式变成 $2\,007\left(\sum\limits_{i=1}^{2\,008} r_i\right)^2 > 4\,016\sum\limits_{1\leqslant i<j\leqslant 2\,008} r_i r_j$, 这等价于

$$2\,007\sum_{i=1}^{2\,008} r_i^2 > 2\sum_{1\leqslant i<j\leqslant 2\,008} r_i r_j$$

上面的不等式两边同时加上 $\sum\limits_{i=1}^{2\,008} r_i^2$, 得到

$$2\,008\sum_{i=1}^{2\,008} r_i^2 > \left(\sum_{i=1}^{2\,008} r_i\right)^2$$

由 Cauchy-Schwarz 不等式可知, 这是成立的 (易见, 等号不可能成立).

例 6.8　设多项式 $P(x)=a_0 x^d+\cdots+a_d$ 的根都是正数, 证明 $\dfrac{\sum\limits_{k=1}^{d-1} a_k a_{d-k}}{a_0 a_d} \geqslant \dbinom{2d}{d}-2$.

证明　假设 $r_1,\cdots,r_d$ 是多项式 $P(x)$ 的正实根. 由 Vieta 公式, 我们有

$$\sum \frac{1}{r_{i_1}\cdots r_{i_k}} = \frac{(-1)^{d-k}a_{d-k}}{a_d}$$

由 AM $-$ GM 不等式, 得到

$$\frac{(-1)^k a_k}{a_0}\cdot\frac{(-1)^{d-k}a_{d-k}}{a_d} = \frac{a_k a_{d-k}}{a_0 a_d} = \sum r_{i_1}\cdots r_{i_k}\sum\frac{1}{r_{i_1}\cdots r_{i_k}} \geqslant \dbinom{d}{k}^2$$

令 $k=1,2,\cdots,d$, 将上述不等式相加, 得到

$$\frac{\sum\limits_{k=1}^{d-1} a_k a_{d-k}}{a_0 a_d} \geqslant \sum_{k=1}^{d-1}\dbinom{d}{k}^2 = \dbinom{2d}{d}-2$$

例 6.9 设 d 是偶数,多项式 $P(x) = a_d x^d + a_{d-1} x^{d-1} + \cdots + a_0$,满足

$$a_d, a_0 > 0, a_1^2 + \cdots + a_{d-1}^2 \leqslant \frac{4 \min\{a_0^2, a_d^2\}}{d-1}$$

证明:对所有非负实数 x,$P(x) \geqslant 0$.

证明 由 Cauchy-Schwarz 不等式,有

$$|a_{d-1} r^{d-1} + \cdots + a_1 r| \leqslant \sqrt{a_1^2 + \cdots + a_{d-1}^2} \cdot \sqrt{r^2 + r^4 + \cdots + r^{2d-2}}$$

所以

$$
\begin{aligned}
P(r) &= a_d r^d + a_0 + (a_{d-1} r^{d-1} + \cdots + a_1 r) \\
&\geqslant a_d r^d + a_0 - |a_{d-1} r^{d-1} + \cdots + a_1 r| \\
&\geqslant \min\{a_d, a_0\}(1 + r^d) - \sqrt{a_1^2 + \cdots + a_{d-1}^2} \cdot \sqrt{r^2 + r^4 + \cdots + r^{2d-2}} \\
&\geqslant \min\{a_d, a_0\}(1 + r^d) - \frac{2 \min\{a_d, a_0\} \sqrt{r^2 + r^4 + \cdots + r^{2d-2}}}{\sqrt{d-1}} \\
&= \min\{a_d, a_0\}\left(1 + r^d - \frac{2}{\sqrt{d-1}} \cdot \sqrt{r^2 + r^4 + \cdots + r^{2d-2}}\right)
\end{aligned}
$$

现在,对所有的实数 r,我们来证明

$$1 + r^d \geqslant \frac{2}{\sqrt{d-1}} \cdot \sqrt{r^2 + r^4 + \cdots + r^{2d-2}}$$

因为 d 是偶数,上面不等式两边都是正数,所以将不等式两边平方得到

$$(d-1)(1 + r^d)^2 \geqslant 4(r^2 + r^4 + \cdots + r^{2d-2})$$

设 $d = 2m, r^2 = s$,不等式变成

$$(2m-1)(1 + s^m)^2 \geqslant 4(s + s^2 + \cdots + s^{2m-1})$$

这可由不等式 $2(1 + s^m)^2 \geqslant 2(s^k + s^{m-k} + s^{m+k} + s^{2m-k})$ $(k = 1, 2, \cdots, m-1)$ 相加得到. (这个不等式成立,是因为 $2(1 + s^m)(1 - s^k)(1 - s^{m-k}) \geqslant 0$,以及不等式 $(1 + s^m)^2 \geqslant 4s^m$).

接下来的两个问题使用了处理不等式问题的技巧,需要更多的关注.

例 6.10 设多项式 $P(x) = x^d - a_1 x^{d-1} + \cdots + (-1)^d a_d$ 的根都在区间 $[\alpha, \beta]$ $(\alpha \geqslant -1)$ 中. 证明

$$(1 + \alpha)^d \leqslant (-1)^d P(-1) \leqslant (1 + \beta)^d$$

证明 设 $r_1, \cdots, r_d$ 是多项式 $P(x)$ 的根,则 $P(x) = \prod_{i=1}^{d} (x - r_i)$,所以

$$(1 + \alpha)^d \leqslant (-1)^d P(-1) = \prod_{i=1}^{d} (1 + r_i) \leqslant (1 + \beta)^d$$

例 6.11 设多项式 $P(x) = x^d + a_{d-1} x^{d-1} + \cdots + a_0$ 的根都在区间 $(2, +\infty)$ 内,证明: $(-1)^d P(1) + a_{d-1} \geqslant 1 - 2d$. 此外,如果多项式的所有根都在区间 $(0, 2)$ 内,证明:

$$\frac{2^d + 2^{d-2}a_{d-2} + 2^{d-4}a_{d-4} + \cdots}{2^{d-1}a_{d-1} + 2^{d-3}a_{d-3} + \cdots} < -1.$$

证明　假设 $r_1, \cdots, r_d$ 是多项式 $P(x)$ 的根,则 $P(x) = (x - r_1) \cdots (x - r_d)$. 从而

$$(-1)^d P(1) = (r_1 - 1) \cdots (r_d - 1)$$
$$= (1 + (r_1 - 2)) \cdots (1 + (r_d - 2))$$
$$\geqslant 1 + r_1 - 2 + \cdots + r_d - 2$$
$$= \sum_{i=1}^d r_i - 2d + 1$$
$$= -a_{d-1} + 1 - 2d$$

其中,最后一个不等式是由 Vieta 公式得来的,所以 $(-1)^d P(1) + a_{d-1} \geqslant 1 - 2d$.

对于第二部分,注意到所有根都在区间 $(0, 2)$ 内,则 $P(2) > 0$(如果你没有看出来的话,请留意 $P(2) = (2 - r_1) \cdots (2 - r_d) > 0$). 所以 $2^d + 2^{d-2}a_{d-2} + 2^{d-4}a_{d-4} + \cdots > -(2^{d-1}a_{d-1} + 2^{d-3}a_{d-3} + \cdots)$,这样,我们就得到所证的不等式(注意 $a_{d-1}, a_{d-3}, \cdots$ 都是负的).

接下来的两个问题需要更深入地研究根的概念和 Vieta 公式.

例 6.12(IMC 2017)　设 $P(x)$ 是具有实系数的非常数多项式,对于正整数 n,令 $q_n(x) = (x - 1)^n p(x) + x^n p(x + 1)$.

证明:只有有限多个正整数 n,使得多项式 $q_n(x)$ 的所有根是实数.

证明　我们将用到一个很好的观察结果. 假设多项式 $r(x) = \sum_{k=0}^d a_k x^k$ 只有实根,不妨设为 $x_1, \cdots, x_d$,则

$$x_1^2 + \cdots + x_d^2 = \frac{a_{d-1}^2 - 2a_d a_{d-2}}{a_d^2} \geqslant 0$$

所以 $a_{d-1}^2 - 2a_d a_{d-2} \geqslant 0$.

假设 $p(x) = ax^k + bx^{k-1} + cx^{k-2} + \cdots$,不失一般性,设 $a > 0$,否则用 -1 乘之. 由此可得

$$q_n(x) = 2ax^{n+k} + (a(k-n) + 2b)x^{n+k-1} +$$
$$\left(\frac{n(n-1) + k(k-1)}{2}a + (k - n - 1)b + 2c \right) x^{n+k-2} + \cdots$$
$$= Ax^{n+k} + Bx^{n+k-1} + Cx^{n+k-2} + \cdots$$

采用反证法. 假设对无限多个 n,多项式 $q_n(x)$ 的所有根都是实数. 则从我们前面的观察结果,有

$$B^2 - 2AC \geqslant 0$$

把上面的不等式,对所有的 $k = 1, 2, \cdots, n$ 相加,有

$$B^2 - 2AC = -an^2 + dn + e$$

其中 d, e 是常数. 这样一来，对于充分大的 n，我们有 $B^2 - 2AC < 0$，这就是说，多项式 $q_n(x)$ 对无限多的 n 没有实根.

例 6.13(Plamen Penchev-Bulgarian Mathematical Olympiad 2013)　设 $n \geqslant 2$ 是正整数，$a_1 < a_2 < \cdots < a_{2n}$ 是实数. 设 $S = \sum\limits_{i=1}^{2n} a_i$，$A_1 = \sum\limits_{i<j} a_{2i} a_{2j}$，$A_2 = \sum\limits_{i<j} a_{2i-1} a_{2j-1}$. 证明：$(n-1)S^2 > 4n(A_1 + A_2)$.

证明　首先，我们来证明一个引理.

引理：设多项式 $P(x) = b_n x^n + b_{n-1} x^{n-1} + \cdots + b_0$ 有 n 个实根，则 $(n-1)b_{n-1}^2 \geqslant 2nb_n b_{n-2}$.

引理的证明：不等式两边同除以 b_n^2，有

$$(n-1)\left(\frac{b_{n-1}}{b_n}\right)^2 \geqslant 2n \cdot \frac{b_{n-2}}{b_n}$$

设 $x_1, x_2, \cdots, x_n$ 是多项式的根. 由 Vieta 公式，我们只需证明

$$(n-1)(x_1 + \cdots + x_n)^2 \geqslant 2n \sum_{1 \leqslant i < j \leqslant n} x_i x_j$$

即

$$(n-1)\sum_{i=1}^{n} x_i^2 \geqslant 2n \sum_{1 \leqslant i < j \leqslant n} x_i x_j$$

把下列 $n-1$ 个不等式相加即可得到

$$\sum_{i=1}^{n} x_i^2 \geqslant x_1 x_2 + x_2 x_3 + \cdots + x_n x_1$$

$$\sum_{i=1}^{n} x_i^2 \geqslant x_1 x_3 + x_2 x_4 + \cdots + x_n x_2$$

$$\vdots$$

$$\sum_{i=1}^{n} x_i^2 \geqslant x_1 x_n + x_2 x_1 + \cdots + x_n x_{n-1}$$

当所有的根都相等时，等式成立.

回到我们的问题，设

$$P(x) = (x - a_1)(x - a_3) \cdots (x - a_{2n-1}) + (x - a_2)(x - a_4) \cdots (x - a_{2n})$$

这是一个有 n 个实根的 n 次多项式(检查 $P(a_{2i})$ 和 $P(a_{2i-1})$ 的符号)，这满足引理的条件. 所以，由引理中的不等式，将推出不等式 $(n-1)S^2 > 4n(A_1 + A_2)$.

我们去掉了等号，是因为多项式有 n 个不同的实根，相等是不可能的.

6.3　杂　　题

在最后这一节中，我们将提供一些具有挑战性的问题，这些问题需要综合我们之前

学过的方法. 在任何数学竞赛中,读者都有可能遇到这样的问题. 研究这些问题有助于读者更好地评估自己的学业能力.

例 6.14(Mathematics In School Journal)   设 $P(x)$ 是一个 54 次多项式. 是否存在 37 次多项式 $Q(x)$,使得数 $1,2,\cdots,1\,998$ 是多项式 $P(Q(x))$ 的根?

解   假设存在这样的多项式. 设 $x_1,\cdots,x_m$ 是 $P(x)$ 的根,其中 $m\leqslant 54$. 因为多项式 $Q(x)$ 是 37 次的,所以数 $1,2,\cdots,1\,998$ 必定是方程 $Q(x)=x_k(1\leqslant k\leqslant m)$ 的根,并且至多有 $37m\leqslant 37\cdot 54=1\,998$ 个实根. 因为的确有 $1\,998$ 个实根,所以 $m=54$. 而且每一个方程 $Q(x)=x_k(1\leqslant k\leqslant m)$ 在集合 $\{1,2,\cdots,1\,998\}$ 中恰有 37 个实根. 假设 $Q(x)=a_{37}x^{37}+a_{36}x^{36}+\cdots+a_0$,则由 Vieta 公式,方程 $Q(x)=x_k$ 所有根的和是 $-\dfrac{a_{36}}{a_{37}}$,这是一个整数(因为方程 $Q(x)=x_k$ 的根是整数). 因此,数 $1,2,\cdots,1\,998$ 可以用相等的和分成 54 个不相交的集合,这就是说 $\dfrac{1+2+\cdots+1\,998}{54}=\dfrac{1\,998\cdot 1\,999}{54\cdot 2}=\dfrac{37\cdot 1\,999}{2}$ 必定是一个整数,矛盾. 所以,这样的多项式是不存在的.

例 6.15(Crux Mathematicorum)   证明对所有的正整数 $n\geqslant 2$,方程 $x^n+x^{-n}=1+x$ 有一个根在区间 $\left(1,1+\dfrac{1}{n}\right)$ 内.

证明   设 $f(x)=x^n+x^{-n}-x-1$. 首先,我们来证明 $f\left(1+\dfrac{1}{n}\right)>0$. 当 $n=2$ 时,显然成立. 假设 $n\geqslant 3$,则

$$\left(1+\frac{1}{n}\right)^n=1+n\cdot\frac{1}{n}+\frac{n(n-1)}{2}\cdot\frac{1}{n^2}+\cdots>2+\frac{n-1}{2n}\geqslant 2+\frac{1}{n}$$

因此可见

$$f\left(1+\frac{1}{n}\right)>\left(1+\frac{1}{n}\right)^n-\left(1+\frac{1}{n}\right)-1>0$$

下面,我们定义 $g(x)=x^n f(x)=x^{2n}-x^{n+1}-x^n+1=(x-1)h(x)$,其中

$$h(x)=x^{2n-1}+x^{2n-2}+\cdots+x^{n+1}-x^{n-1}-x^{n-2}-\cdots-x-1$$

因为 $f\left(1+\dfrac{1}{n}\right)>0$,所以 $g\left(1+\dfrac{1}{n}\right)$,$h\left(1+\dfrac{1}{n}\right)>0$,且 $h(1)=-1<0$. 所以,$h(x)$ 有一个根在区间 $\left(1,1+\dfrac{1}{n}\right)$ 内,从而 $f(x)$ 也有一个根在区间 $\left(1,1+\dfrac{1}{n}\right)$ 内.

例 6.16   设 $P(x),Q(x)$ 是实系数多项式,至少有一个实根,且满足

$$P\left(\frac{1}{2\,017}+x+Q(x)^4\right)=Q\left(\frac{1}{2\,017}+x+P(x)^4\right)$$

证明:$P(x)=Q(x)$.

证明   假设 $P(r)=0,Q(s)=0$,考虑多项式 $R(x)=P(x)^4-Q(x)^4$.

因为 $R(r) = -Q(r)^4 \leqslant 0, R(s) = P(s)^4 \geqslant 0$，所以存在实数 t_0 使得 $R(t_0) = 0$. 令 $x = t_0$，则由题设方程，有

$$P\left(\frac{1}{2\,017} + t_0 + Q(t_0)^4\right) = Q\left(\frac{1}{2\,017} + t_0 + P(t_0)^4\right)$$

设 $t_1 = \dfrac{1}{2\,017} + t_0 + Q(t_0)^4 > t_0$，则 $R(t_1) = 0$. 继续这种方式，我们得到了一个满足 $P(t_n) = Q(t_n)$ 的增加的实数序列 t_n（n 是正整数）. 因此可见，方程 $P(x) = Q(x)$ 有无限多个实根. 所以，对所有的实数 x，有 $P(x) = Q(x)$.

例 6.17（Nguyen Viet Hung-Mathematical Reflections U412） 设 $P(x)$ 是实系数首一 n 次多项式，有 n 个实根. 证明如果 $a > 0, P(c) \leqslant \left(\dfrac{b^2}{a}\right)^n$，那么 $P(ax^2 + 2bx + c)$ 至少有一个实根.

证明 如果 $P(x)$ 是实系数首一 n 次多项式，其 n 个实根为 $\alpha_1, \cdots, \alpha_n$，那么

$$P(x) = (x - \alpha_1)(x - \alpha_2) \cdots (x - \alpha_n)$$

所以

$$P(c) = (c - \alpha_1)(c - \alpha_2) \cdots (c - \alpha_n) \leqslant \left(\frac{b^2}{a}\right)^n$$

且

$$P(ax^2 + 2bx + c) = (ax^2 + 2bx + c - \alpha_1)(ax^2 + 2bx + c - \alpha_2) \cdots$$
$$(ax^2 + 2bx + c - \alpha_n)$$

采用反证法. 如果 $P(ax^2 + 2bx + c)$ 没有实根，那么每一个因子的判别式都是负的，即

$$\begin{cases} b^2 - a(c - \alpha_1) < 0 \\ b^2 - a(c - \alpha_2) < 0 \\ \vdots \\ b^2 - a(c - \alpha_n) < 0 \end{cases} \Leftrightarrow \begin{cases} b^2 < a(c - \alpha_1) \\ b^2 < a(c - \alpha_2) \\ \vdots \\ b^2 < a(c - \alpha_n) \end{cases}$$

把这些不等式相乘，我们有

$$(b^2)^n < a^n (c - \alpha_1)(c - \alpha_2) \cdots (c - \alpha_n)$$

即

$$\left(\frac{b^2}{a}\right)^n < (c - \alpha_1)(c - \alpha_2) \cdots (c - \alpha_n)$$

矛盾.

例 6.18（Belarusan Mathematical Olympiad 2016） 设 $P(x), Q(x)$ 是两个次数相同的多项式. 我们定义多项式 $P_Q(x)$，其 x^{2k} 和 x^{2k+1} 项的系数分别取 $P(x)$ 和 $Q(x)$ 的相应项的次数. 例如，令

$$P(x) = x^3 + 2x^2 + 4x + 1, Q(x) = 3x^3 + x^2 + 2$$

则

$$P_Q(x) = 3x^3 + 2x^2 + 1, Q_P(x) = x^3 + x^2 + 4x + 2$$

证明:

(i) 多项式 $P(x), Q(x)$ 没有实根,但多项式 $P_Q(x), Q_P(x)$ 至少有一个实根.

(ii) 满足(i)的多项式 $P(x), Q(x)$ 的最小次数是多少?

证明 (i) 考虑 $P(x) = 4x^4 + 4x^3 + 1, Q(x) = x^4 + 4x + 4$. 易证,$Q(x), P(x) > 0$(事实上,由 AM−GM 不等式有 $4x^4 + 1 \geqslant 3x^4 + 1 \geqslant 4\,|x|^3$,第一个不等式仅在 $x = 0$ 时等号成立,第二个不等式仅在 $|x| = 1$ 时,等号成立,所以,两个不等式不能同时等号成立,因此 $P(x) > 0$. 类似地 $x^4 + 4 > x^4 + 3 \geqslant 4\,|x|$,从而 $Q(x) > 0$). 这就是说,它们都没有实根. 现在,我们有

$$P_Q(x) = 4x^4 + 4x + 1, Q_P(x) = x^4 + 4x^3 + 4$$

因此,$P_Q\left(-\dfrac{1}{2}\right) < 0, P_Q(0) > 0$. 此外,$Q_P(-2) < 0, Q_P(0) > 0$,所以,$P_Q(x), Q_P(x)$ 都有实根.

(ii) 因为,多项式 $P(x), Q(x)$ 都没有实根,因此多项式的次数都是偶数. 下面我们来证明它们不可能都是二次的. 事实上,如果 $P(x) = a_1 x^2 + b_1 x + c_1, Q(x) = a_2 x^2 + b_2 x + c_2$,那么它们的判别式都是负的.

由定义,有

$$P_Q(x) = a_1 x^2 + b_2 x + c_1, Q_P(x) = a_2 x^2 + b_1 x + c_2$$

不失一般性,假设 $|b_2| \geqslant |b_1|$. 因此

$$\Delta_{P_Q} = b_2^2 - 4a_1 c_1, \Delta_{Q_P} = b_1^2 - 4a_2 c_2$$

最后,我们有

$$0 > \Delta_Q = b_2^2 - 4a_2 c_2 \geqslant b_1^2 - 4a_2 c_2$$

7 数论和多项式

7.1 数论与低次多项式

在这一节中,利用前面我们已经学过的低次多项式的相关知识,来解决我们提出的一些问题.

例 7.1 求正整数对 (a,b),使其满足 $a^2+b^2<2\,018, a^2b\mid(b^3-a^3)$.

解 设 $k=\dfrac{b^3-a^3}{a^2b}=\left(\dfrac{b}{a}\right)^2-\dfrac{a}{b}$,则 $\left(\dfrac{a}{b}\right)^3+k\cdot\left(\dfrac{a}{b}\right)^2-1=0$,因此,首一多项式 x^3+kx^2-1 有一个有理根 r,且这个根能被 -1 整除. 由此可见 $r=1$(因为 $r=\dfrac{a}{b}>0$). 所以 $a=b$,且 $a^2+b^2=2a^2<2\,018$,即 $a^2<1\,009$. 从而 $1\leqslant a\leqslant 31$. 这样,我们就得到 31 对满足题中关系的 (a,b).

例 7.2(Titu Andreescu-Mathematical Reflections O433) 设 q,r,s 是正整数,满足 $s^2-s+1=3qr$. 证明 $q+r+1$ 整除 $q^3+r^3-s^3+3qrs$.

证明 因为 $s^2-s+1=3qr$,所以 $s^3=3qrs+3qr-1$. 我们有
$$n=q^3+r^3-s^3+3qrs=q^3+r^3-3qr+1$$
考虑多项式 $f(x)=x^3-3xr+(r^3+1)$. 显然,$f(q)=n, f(-r-1)=0$. 这就是说,存在 $g\in\mathbf{Z}[x]$,满足 $f(x)=(x+r+1)g(x)$. 特别地
$$n=f(q)=(q+r+1)g(q)$$

例 7.3(Alexander Ivanov-Bulgarian Mathematical Olympiad 2005) 设 a,b,c 是正整数,满足 $ab\mid c(c^2-c+1), (c^2+1)\mid(a+b)$,证明:$\{a,b\}=\{c,c^2-c+1\}$.

证明 这个问题对许多学生来说是个噩梦. 我们将在深入理解二次多项式的基础上提供一个优美的解法.

假设 $a\leqslant b$. 则 $a+b=k(c^2+1)\Rightarrow b=k(c^2+1)-a\geqslant a$,这就是说,$a\leqslant\dfrac{k(c^2+1)}{2}$. 从而
$$ab=a(k(c^2+1)-a)\leqslant c(c^2-c+1)$$
函数 $f(x)=x(k(c^2+1)-x)$ 在区间 $\left(-\infty,\dfrac{k(c^2+1)}{2}\right]$ 上是增加的. 我们也有

$\dfrac{k(c^2+1)}{2} \geqslant c.$ 由此可见，a,c 属于区间 $\left(-\infty, \dfrac{k(c^2+1)}{2}\right]$. 如果 $a > c$，那么

$$a(k(c^2+1)-a) = f(a) > f(c) = c(k(c^2+1)-c) \geqslant c(c^2-c+1)$$

矛盾. 所以 $a \leqslant c$，且

$$b \mid (bc - kc(c^2-c+1)) = c(k(c^2+1)-a) - kc(c^2-c+1) = kc^2 - ac$$

但

$$b = k(c^2+1) - a > kc^2 - a \geqslant kc^2 - ac \geqslant kc^2 - c^2 \geqslant 0$$

因为 $kc^2 - ac \geqslant 0$，且它能被 b 整除，所以有 $b \leqslant kc^2 - ac$.

无论如何，上面的不等式与此矛盾. 除非 $kc^2 - ac = 0$，从而 $a = kc \leqslant c$. 所以，$k=1$，$a = c$. 因此

$$b = k(c^2+1) - a = c^2 + 1 - c$$

证毕.

下一个例子更一般，它只需要处理线性多项式即可.

例 7.4（Alessandro Ventullo-Mathematical Reflections O422） 设 $P(x)$ 是整系数多项式，有一个非零整数根. 证明如果 p,q 是不同的奇素数，满足 $P(p) = p < 2q-1$，$P(q) = q < 2p-1$，那么 p,q 是孪生素数.

证明 设 $r \neq 0$ 是多项式 $P(x)$ 的一个非零整数根，则多项式可以写成

$$P(x) = (x-r)Q(x)$$

其中 $Q(x)$ 是整系数多项式. 由此可见

$$P(p) = (p-r)Q(p) = p$$
$$P(q) = (q-r)Q(q) = q$$

这就是说，$p-r \in \{\pm 1, \pm p\}$，$q-r \in \{\pm 1, \pm q\}$，因为 p,q 是素数，所以

$$r \in \{p-1, p+1, 2p\} \bigcap \{q-1, q+1, 2q\}$$

由此我们推出，或者 $p-1 = q+1$ 或者 $p+1 = q-1$，因为 $p < 2q-1$，$q < 2p-1$. 所以 $p - q = \pm 2$，即，p,q 是孪生素数.

7.2 $P(a) - P(b)$

在第一章中，我们证明了整系数多项式 $P(x)$ 对任何 $a \neq b$ 的整数，商 $\dfrac{P(a)-P(b)}{a-b}$ 是整数. 这个事实还有另外一个说法，即对于任何整系数多项式 $P(x)$，如果 $a \equiv b \pmod{m}$，那么 $P(a) \equiv P(b) \pmod{m}$. 例如，因为 $a \equiv b \pmod{a-b}$，则 $P(a) \equiv P(b) \pmod{a-b}$.

备注 对于整系数多项式 $P(x)$ 以及任意整数 n,k，利用上面的公式，我们建立了两

个重要的同余关系式：

(i) $P(n+kP(n)) \equiv 0 \pmod{P(n)}$.

(ii) $P(nP(n)) \equiv P(0) \pmod{P(n)}$.

例 7.5 设 $P(x)$ 是整系数多项式，满足对所有整数 m, n，$P(m)-P(n)$ 能被 m^2-n^2 整除. 如果 $P(0)=1, P(1)=2$，求 $P(100)$ 的最大可能值.

解 因为 $P(0)=1$，所以对所有整数 m，$(P(m)-1) \mid m^2$. 所以，对所有整数 x，$|P(x)-1| \leqslant x^2$. 从而 $\deg P(x) \leqslant 2$. 设 $P(x)=ax^2+bx+1$，则 $|a| \leqslant 1$. 因为 $P(1)=2$，所以 $a+b=1$，我们发现，$P(x)$ 必定是三个多项式 $-x^2+2x+1, x+1, x^2+1$ 其中之一. 第一个多项式不满足题设条件，后两个可以. 因此可见，$P(100)$ 的最大可能值是 $P(100)=100^2+1=10\,001$.

例 7.6（Titu Andreescu-Mathematical Reflections U421） 求所有的不同正整数对 (a, b)，使得整系数多项式 $P(x)$ 满足 $P(a^3)+7(a+b^2)=P(b^3)+7(b+a^2)$.

解 把等式改写成如下形式

$$P(a^3)-P(b^3)=7(b+a^2-a-b^2)=7(a-b)(a+b-1)$$

我们知道

$$(a^3-b^3) \mid (P(a^3)-P(b^3))$$

这就是说

$$(a^3-b^3) \mid 7(a-b)(a+b-1)$$

对于 $a \neq b$，我们有 $(a^2+ab+b^2) \mid 7(a+b-1)$. 假设 $a > b$，则

$$7(a+b-1) \geqslant a^2+ab+b^2=(a+b-1)(a+1)+b^2-b+1 > (a+b-1)(a+1)$$

由此可见，$7 > a+1 \Rightarrow 6 > a$，从而 $b < a < 6$.

经过简单的计算，我们得到 $(a, b) \in \{(2,1),(5,3)\}$.

当 $(a, b) \in \{(1,2),(2,1)\}$ 时，$P(x)=2x$；当 $(a, b) \in \{(3,5),(5,3)\}$ 时，$P(x)=x$. 所以 $(a, b) \in \{(1,2),(2,1),(3,5),(5,3)\}$.

例 7.7 设 $P(x)$ 是整系数多项式，满足对所有正整数 n，$P(P(n))$ 除以 n 的余数是 $n-1$. 证明该多项式没有整数根.

证明 因为 $P(n) \equiv P(0) \pmod{n}$，所以 $n-1 \equiv P(P(n)) \equiv P(P(0)) \equiv -1 \pmod{n}$. 因此 $1+P(P(0))$ 能被 n 整除，从而 $P(P(0))=-1$.

假设整数 r 是多项式 $P(x)$ 的根，即 $P(r)=0$，则 $P(x)=(x-r)Q(x)$，其中 $Q(x)$ 是某个整系数多项式. 于是，$P(0)=-rQ(0)$.

另外，$-1=P(P(0))=(P(0)-r)Q(P(0))=-r(1+Q(0))Q(P(0))$，所以，$1+Q(0)=\pm 1$. 这就是说，$Q(0)$ 是偶数，从而 $P(0)=-rQ(0)$ 也是偶数.

假设 $P(0)=b$，则 $Q(P(0))=Q(b)=\pm 1$，但 $Q(b) \equiv Q(0) \pmod 2$，所以 $1 \equiv 0 \pmod 2$，矛盾. 因此，多项式 $P(x)$ 没有整数根.

例 7.8　设 $P_1(x),P_2(x),\cdots,P_n(x)$ 是非常数整系数多项式. 证明存在无限多个正整数 a, 满足 $P_1(a),P_2(a),\cdots,P_n(a)$ 都是合数.

证明　选取一个正整数 n_0, 使得对于 $i=1,2,\cdots,n$, 有 $c_i=|P_i(n_0)|>1$. 设 $a=n_0+Tc_1c_2\cdots c_n$, 则对所有的 i, 有 $P_i(a)\equiv 0(\bmod\ c_i)$. 通过取充分大的 T, 得到对所有的 $i,|P_i(a)|>c_i$, 从而 $P_i(a)$ 是合数.

例 7.9　证明: 存在次数至少为 2 的整系数多项式 $P(x)$, 满足对于所有整数 n, 下列序列两两互素

$$P(n),P(P(n)),\cdots$$

证明　设 $P(x)=x(x-1)Q(x)+1$, 其中 $Q(x)$ 是次数为 $d-2$ 次的整系数多项式. 又设 $P^{(k)}(x)$ 表示与其自身的 k 重复合. 我们来证明, 对于任意整数 n 以及 $k\geqslant 1$, 有 $\gcd(n,P^{(k)}(n))=1$(实际上, 我们证明了更强的命题 $P^{(k)}(n)\equiv 1(\bmod\ n)$). 把这个结论应用到 $P^{(m)}(n)$ 上, 我们推出 $\gcd(P^{(m)}(n),P^{(m+k)}(n))=1$, 从而, 给定序列的任意两项都是互素的.

选取任意的整数 n. 我们对 $k\geqslant 1$ 采用归纳法, 来证明 $P^{(k)}(n)\equiv 1(\bmod\ n)$.

当 $k=1$ 时, 有 $P(n)=n(n-1)Q(n)+1\equiv 1(\bmod\ n)$.

由归纳假设, 我们有

$$\begin{aligned}P^{(k+1)}(n)&=P(P^{(k)}(n))\\&=P^{(k)}(n)(P^{(k)}(n)-1)Q(P^{(k)}(n))+1\\&\equiv 0+1\equiv 1(\bmod\ n)\end{aligned}$$

这就完成了证明.

例 7.10(Tournament of Towns)　求所有正整数 n, 使得 n 次整系数多项式 $P(x)$, 存在无限多的正整数数对 (a,b) 满足 $P(a)+P(b)$ 能被 $a+b$ 整除.

解　我们来证明所有的偶数满足给定的条件. 先来证明如果 n 是奇数, 那么它不能满足题设条件.

取 $P(x)=1+x^n$, 其中 n 是奇数, 则

$$P(a)+P(b)=2+a^n+b^n\equiv 2(\bmod\ a+b)$$

所以, $a+b\leqslant 2$, 我们看到此时只有有限多的数对 (a,b). 所以, n 不满足题设条件. 现在, 设 n 是偶数. 记 $P(x)=Q(x)+R(x)$, 其中 $Q(x)=\dfrac{P(x)+P(-x)}{2},R(x)=\dfrac{P(x)-P(-x)}{2}$.

因为由于 $R(a)+R(b)$ 可被 $a+b$ 整除, 所以仍需考虑 $Q(a)+Q(b)$. 注意到, $Q(x)$ 的次数 $n>1$. 不失一般性, 假设 $Q(x)$ 的首项系数是正的(否则, 可以考虑多项式 $-Q(x)$), 则存在无限多正整数 m, 使得

$$Q(m) > 2m$$

现在，假设 $a = m, b = Q(m) - m > m$，则 $a + b = Q(m)$. 因为 $Q(x)$ 是偶次多项式，我们有

$$\begin{aligned} Q(a) + Q(b) &= Q(m) + Q(Q(m) - m) \\ &= Q(m) + Q(-m) \\ &= 2Q(m) \\ &\equiv 0 \pmod{Q(m)} \end{aligned}$$

这样，我们就找到了无限多满足题设条件的数对 (a, b).

例 7.11 设 a_n 是一个由整数组成的几何级数，其公比不等于 ± 1. 对于任何具有整数系数的非常数多项式 $P(x)$，证明：存在无限多个正整数 n，使得 $P(a_n)$ 为合数.

证明 采用反证法. 若不然，即对于所有 $n \geqslant M$，$|P(a_n)|$ 都是素数. 选取 $m > M$ 并令 $|P(a_m)| = q$ 是一个素数. 又设 r 是公比，则有

$$(a_{mq^t})^k = (a_0 r^{mq^t})^k = a_0^k r^{kmq^t} \equiv a_0^k r^{km} \pmod{q}$$

所以对所有正整数 k, r，有

$$(a_{mq^t})^k \equiv (a_m)^k \pmod{q}$$

因此可见

$$P(a_{mq^t}) \equiv P(a_m) \equiv 0 \pmod{q}$$

取 t 充分大，我们得到

$$|P(a_{mq^t})| > |P(a_m)| = q$$

所以 $|P(a_{mq^t})|$ 必是合数.

例 7.12 设 $f(n) = 1 + 2n + 3n^2 + \cdots + 2\,016n^{2\,015}$，$(t_0, t_1, \cdots, t_{2\,016})$，$(s_0, s_1, \cdots, s_{2\,016})$ 是 $(0, 1, 2, \cdots, 2\,016)$ 的两个排列. 证明在集合

$$A = \{s_0 f(t_0), s_1 f(t_1), \cdots, s_{2\,016} f(t_{2\,016})\}$$

中存在两个不同的数，使得它们的差能被 $2\,017$ 整除.

证明 注意到 $2\,017 = p$ 是一个素数. 考虑多项式 $f(n) = 1 + 2n + \cdots + (p-1)n^{p-2}$. 由于

$$(n-1)^2 f(n) = pn^p - pn^{p-1} - (n^p - 1)$$

所以

$$(n-1)^2 f(n) \equiv -(n^p - 1) \pmod{p}$$

由 Fermat 小定理（FLT），如果 $\gcd(n, p) = 1$，那么

$$(n-1)^2 f(n) \equiv -(n-1) \pmod{p}$$

如果 $n \not\equiv 1 \pmod{p}$，那么 $f(n) \equiv -\dfrac{1}{n-1} \pmod{p}$. 所以，如果

$$f(m) \equiv f(k) \pmod{p}, \quad k, m \not\equiv 1 \pmod{p}$$

那么 $k \equiv m \pmod p$.

最后，$f(1) = 1 + 2 + \cdots + p - 1 \equiv 0 \pmod p$.

这就证明了 $\{f(0), \cdots, f(p-1)\}$ 是一个完整的模 p 剩余系.

现在，考虑集合 $A = \{s_0 f(t_0), s_1 f(t_1), \cdots, s_{p-1} f(t_{p-1})\}$，采用反证法. 若不然，这个集合形成一个完整的模 p 剩余系. 则余数为 0 的只有一个元素. 不失一般性，假设 $s_0 = 0$，$t_0 = 1$，则

$$\{s_1 f(t_1), \cdots, s_{p-1} f(t_{p-1})\} \equiv \{1, 2, \cdots, p-1\} \pmod p$$

所以

$$s_1 f(t_1) \cdots s_{p-1} f(t_{p-1}) \equiv 1 \cdot 2 \cdots (p-1) = (p-1)! \equiv -1 \pmod p$$

另外

$$\{f(t_1), \cdots, f(t_{p-1})\}, \{s_1, \cdots, s_{p-1}\} \equiv \{1, 2, \cdots, p-1\} \pmod p$$

所以

$$s_1 f(t_1) \cdots s_{p-1} f(t_{p-1}) = s_1 \cdots s_{p-1} \cdot f(t_1) \cdots f(t_{p-1}) \equiv ((p-1)!)^2 \pmod p$$

矛盾.

例 7.13 设 $P(x) = 20x^2 - 11x + 2016$. 证明存在一个整数 n 使得 $2^{2016^{2016}} \mid P(n)$.

证明 1 我们来证明对所有正整数 n，存在一个 c_n，使得 $2^n \mid P(c_n)$. 当 $n=1$ 时，$c_1 = 2$. 假设结论对所有小于或者等于 n 的正整数是成立的. 特别地，我们有 $2^n \mid P(c_n) = D_n$. 设 $c_{n+1} = c_n + D_n$，则

$$P(c_{n+1}) = P(c_n + D_n) = 10 D_n (2 D_n + 4 c_n - 1)$$

所以 $2^{n+1} \mid P(c_{n+1})$.

证明 2 设 $n = 2^k$，其中 k 是某个正整数. 我们来证明 $P(1), \cdots, P(n)$ 关于模 n 有不同的余数. 若不然，则存在 $1 \leqslant a < b \leqslant n$，使得 $P(a) - P(b)$ 能被 n 整除，即

$$P(a) - P(b) = (a-b)(20(a+b) - 11)$$

因为 $20(a+b) - 11$ 是奇数，我们得到 $a-b$ 必能被 n 整除. 但 $a-b < n$. 所以，存在一个正整数 $1 \leqslant m \leqslant n$，使得 $P(m) \equiv 0 \pmod n$. 现在，取 $n = 2^{2016^{2016}}$ 即得证.

下面给出一个重要的定理. 它在数学竞赛中，经常用来解决相关的问题，这就是 Schur(舒尔) 定理. 这个宝贵的定理陈述了下列事实.

Schur 定理 设 $P(x)$ 是一个非常数整系数多项式，则序列 $x_n = P(n)$ 的素因子集是无限的.

这个定理的证明有许多种方法. 一个比较容易理解的方法是，把多项式写成 $P(x) = a_d x^d + \cdots + a_0$ 的形式，考虑序列 $P(a_0 x) = a_0 (a_d a_0^{d-1} x^d + \cdots + 1)$. 然后利用 Euclid(欧几里得) 方法证明素数的无限性. 假设只存在有限多个素数 $p_1, \cdots, p_m$，令 $x = p_1 \cdots p_m$ 得出一个矛盾.

例 7.14(Adrian Beker) 求所有整系数多项式 $P(x)$，使得 $P(0) \neq 0$，对任何非负整

数 m,n，$P^{(n)}(m) \cdot P^{(m)}(n)$ 是一个整数的平方.

（注意我们这里复合迭代 $P^{(k)}(n)$ 的定义为：$P^{(0)}(n)=n$，当整数 $k>0$ 时，$P^{(k)}(n)=P(P^{(k-1)}(n))$.）

解 显然多项式 $P(x)=1+x$ 满足要求. 现在，我们来证明没有其他的多项式满足要求.

设 $a_n=P^{(n)}(0)$，在题设条件中令 $m=0$，则对所有 $n \geqslant 0$，na_n 必定是一个平方数. 我们现在证明下列引理.

引理：设 $P(x)$ 是一个整系数多项式，且 $P(0) \neq 0$. 定义 $a_n=P^{(n)}(0)$，如果对所有 n，na_n 是一个平方数，那么对于充分大的素数 p，序列 $a_n \pmod p$ 是周期序列，其最小周期是 p.

引理的证明 1：取 $p > \max\{2,|P(0)|\}$. 由鸽笼原理可知，必存在某个 $j>i$，使得 $a_j \equiv a_i \pmod p$. 所以，如果令 $t=j-i$，那么对所有 $m \geqslant 0$，$k \geqslant i$，有 $a_{k+mt}=a_k \pmod p$. 这样一来，序列 $a_n \pmod p$ 是周期序列. 令 T 为最小周期（基本的）的长度. 显然 $T \leqslant p$. 我们需要证明 $T=p$. 若不然，因为 $0<|P(0)|<p$，模 p 的这个循环，不能都是 $0 \pmod p$（如果 $a_r \equiv 0 \pmod p$，那么 $a_{r+1} \equiv P(0) \not\equiv 0 \pmod p$）. 所以，在循环中我们可以选出一个 $a_r \not\equiv 0 \pmod p$. 取任意一个正整数 n，存在一个正整数 k，使得 $n+kp \equiv r \pmod T$. 因为 $(n+kp)a_{n+kp}$ 是一个平方数，得到 $(n+kp)a_{n+kp}$ 必定是模 p 的二次剩余，但 $n+kp \equiv n \pmod p$ 且 $a_{n+kp}=a_r \pmod p$. 这就是说，对所有的 n，na_r 必定是模 p 的二次剩余，矛盾. 所以 $T=p$. 这迫使循环通过每个模 p 为同余类，特别地，包括 $0 \pmod p$. 所以序列是周期的.

在求解本题之前，我们再给出引理的另外一个证明方法.

引理的证明 2：如上所述，序列 $a_n \pmod p$ 最终是周期性的，最小周期是 T. 很明显，任何其他周期长度都必须可以被 T 整除.（如果 M 是另外一个周期的长度，则 $M=Tq+r$，其中 $0<r<T$. 因为 M 是周期，所以对所有充分大的 s，$a_{s+M} \equiv a_s \pmod p$. 因为 T 也是周期，所以对所有充分大的 s，$a_{s+T} \equiv a_s \pmod p$. 但 T 的最小性说明 $r=0$，从而 M 是 T 的倍数.）现在，选取一个素数 $p>|P(0)|$. 因为 pa_p 是一个平方数，所以 a_p 能被 p 整除. 因此，对所有 $n \geqslant 0$，有 $a_{n+p}=P^{(n)}(a_p) \equiv P^{(n)}(0) \equiv a_n \pmod p$. 所以，$a_n$ 是模 p 周期的，其周期是 p，这就是说，T 必定能被 p 整除. 从而 $T \in \{1,p\}$. 如果 $T=1$，那么对于充分大的 n，$P(a_n) \equiv a_n \pmod p$. 所以序列 $a_n \pmod p$ 最终只取一个值. 但是我们已经有了 $a_{kp} \equiv 0 \pmod p$，值 0 必定在循环中. 无论如何，我们有 $0 \equiv P(a_p) \equiv P(0) \pmod p$，矛盾. 因为 $p>|P(0)|>0$. 可见 $T=p$.

现在，我们回到本题中. 取素数 $p>2|P(0)|$，则序列 $a_n \pmod p$ 是长度为 p 的周期序列. 因为循环 $a_n \pmod p$ 必定包含每一个模 p 剩余类，仅仅将循环中的这些值应用于 P，可见 $\{P(0),P(1),\cdots,P(p-1)\}$ 必定是一个完整的模 P 剩余系. 由引理有

$\deg P(x) \leqslant 1$. 若不然,考虑次数为 $\deg P(x) - 1$ 的多项式 $Q(x) = P(x+1) - P(x)$. 由 Schur 定理,存在无限多个素数整除 $Q(x)$. 取整除 $Q(x)$ 的充分大的素数 q,则对某个 $n \in \{0, 1, \cdots, q-1\}$,有 $P(n+1) \equiv P(n) \pmod{q}$,这与上面证明的满射性相矛盾. 由此可见 $P(x) = b + ax$,其中 a, b 是整数. 经过某些计算以及数论知识可得 $a = b = 1$(留给读者).

例 7.15(Iranian Mathematical Olympiad 2010) 求整系数多项式 $P(x)$,使得对所有素数 q 以及正整数 u, v,如果有 $q \mid (uv - 1)$,那么 $q \mid (P(u)P(v) - 1)$.

证明 1 我们知道整除序列的 $x_n = P(n)$ 素数集合是无限的. 假设 $P(x) = a_0 + \cdots + a_d x^d$ 非常数,且 $a_0 \neq 0$. 设 $q > |a_0|$ 是整除 $x_u = P(u)$ 的素数. 因为 q 不能整除 a_0,可见 q 不能整除 u. 因为 $\gcd(u, q) = 1$,存在一个整数 v,使得 $q \mid (uv - 1)$. 但 $P(u)P(v) - 1 \equiv -1 \pmod{q}$,与题设矛盾. 这就是说 $a_0 = 0$. 假设 $P(x) = x^k Q(x)$,其中 $Q(0) \neq 0$. 很容易检验 $Q(x)$ 是否仍然满足题设条件. 事实上,如果 $uv \equiv 1 \pmod{q}$,那么 $P(u)P(v) - 1 = (uv)^k Q(u)Q(v) - 1 \equiv Q(u)Q(v) - 1 \pmod{q}$. 所以,依据上面的论述,$Q(x)$ 必是一个常数(即 $Q(x) = c$). 在这种情况下,对于充分大的 q,$Q(u)Q(v) - 1 = c^2 - 1 \equiv \pmod{q}$. 所以 $c = \pm 1$,从而得到 $P(x) = \pm x^d$.

证明 2 设 $R(x) = x^d P\left(\dfrac{1}{x}\right)$,其中 d 是 P 的次数,设 y 是 x 模 q 的乘法逆. 我们有

$$P(y) \equiv P\left(\frac{1}{x}\right) \pmod{q}$$

因为 q 整除 $P(x)P(y) - 1$,所以

$$x^d \equiv x^d P(x)P(y) \equiv x^d P(x)P\left(\frac{1}{x}\right) \equiv P(x)R(x) \pmod{q}$$

因此,对任何满足 $\gcd(x, q) = 1$ 的 x,有 $q \mid P(x)R(x) - x^d$. 现在,让 q 足够大,我们有

$$P(x)R(x) = x^d P(x)P\left(\frac{1}{x}\right) = x^d$$

因为 $P(x)$ 整除 x^d,可见存在某个 k 使得 $P(x) = \pm x^k$,又 P 的次数是 d,所以 $P(x) = \pm x^d$.

8 入 门 问 题

1. （High School Math Journal 2015）　设 x,y 是正整数,使得 $2014 \mid \sum\limits_{i=0}^{16} x^{16-i} y^i$. 证明 $2014^{16} \mid \sum\limits_{i=0}^{16} x^{16-i} y^i$.

2. （Chinese Western Mathematical Olympiad 2010）　设 $a_1,\cdots,a_n$ 和 $b_1,\cdots,b_n$ 都是非负实数,满足

$$\sum_{i=1}^{n} (a_i + b_i) = 1, \sum_{i=1}^{n} i(a_i - b_i) = 0, \sum_{i=1}^{n} i^2 (a_i + b_i) = 10$$

求证 $\max\{a_k, b_k\} \leqslant \dfrac{10}{k^2 + 10}$.

3. 如果 $P(x) = (1-x)(1+2x)(1-3x)\cdots(1+14x)(1-15x)$,求 $P(x)$ 中项 x^2 系数的绝对值.

4. （Aleksander Khrabrov-Saint Petersburg Mathematical Olympiad 2001）　设 $f(x),g(x)$ 为二次多项式,使得对于所有整数 n, $f(n)g(n)$ 为整数. 问:对所有整数 n, $f(n),g(n),f(n)+g(n)$ 也都是整数吗?

5. （Murray Klamkin-Crux Mathematicorum）　设 $P(x),Q(x)$ 是非负实系数首一多项式,满足 $P(x)Q(x) = 1 + x + \cdots + x^{m+n}$,其中 $\deg P(x) = m, \deg Q(x) = n$. 证明:

(i) 如果 m,n 都是奇数,那么不存在这样的多项式.

(ii) 如果 $m = n$,那么不存在这样的多项式.

(iii) 对每一个 m,存在无限多个 n,使得这样的多项式存在.

(iv) $P(x),Q(x)$ 的系数是 0 或 1.

6. （Moscow Mathematical Olympiad 2015）　是否存在两个系数为整数的多项式,其中每一个多项式都有一个绝对值大于 2 015 的系数,但这两个多项式的乘积的所有系数的绝对值都不超过 1?

7. （Moscow Mathematical Olympiad 1997）　黑板上写了三个函数

$$f_1(x) = x + \frac{1}{x}, f_2(x) = x^2, f_3(x) = (x-1)^2$$

允许你对这些函数进行加、减、乘(也可以对它们进行平方、立方等运算)、乘任意数、加任意数,并对由此获得的表达式执行同样的操作. 通过这些操作来构造函数 $\dfrac{1}{x}$. 证明如果我

们从黑板上擦除任何函数 $f_1(x),f_2(x),f_3(x)$,那么函数 $\dfrac{1}{x}$ 将不再是可构造的.

8.(Mathematics and Youth 2006) 设 a,b,c 是非负实数,满足 $a+b+c=1$.求下列多项式的最大值和最小值
$$f(a,b,c)=a(b-c)^3+b(c-a)^3+c(a-b)^3$$

9.(Ivan Borsenco-Mathematical Reections J124) 设 a,b 是整数,且 $|b-a|$ 是奇素数.证明多项式 $P(x)=(x-a)(x-b)-p$,对任何素数 p,在 $\mathbf{Z}[x]$ 上是不可约的.

10.(Vietnamese Mathematical Olympiad) 求所有整系数多项式 $P(x)$,使得
$$P(1+\sqrt[3]{2})=1+\sqrt[3]{2},P(1+\sqrt{5})=2+3\sqrt{5}$$

11.(Vietnamese Mathematical Olympiad 1997)

(i)求所有最低次数的有理系数多项式 $P(x)$,使其满足 $P(\sqrt[3]{3}+\sqrt[3]{9})=3+\sqrt[3]{3}$.

(ii)是否存在整系数多项式 $P(x)$,满足 $P(\sqrt[3]{3}+\sqrt[3]{9})=3+\sqrt[3]{3}$?

12.(Mongolian Mathematical Olympiad 2014) 求所有多项式 $P(x)$,使其具有性质:对所有正整数 k,存在一个正整数 m,满足 $P(2^k)=2^m$.

13.(Moscow Mathematical Olympiad 2008) 设 $k\geqslant 6$ 是自然数.证明如果整系数多项式在 k 个整点上的值位于从 1 到 $k-1$ 中,则这些值是相等的.

14.(Andy Liu-Tournament of Towns 2009) 考虑格点 (x,y),其中 $0\leqslant y\leqslant 10$.我们构造一个 20 次的整系数多项式.多项式图像上的那些格点最多有多少个?

15.(G. Zhukov-Kvant M2427) 在黑板上写有 N 个实数,在每一步,我们用黑板上的数字构造一个多项式,并把它的实根(如果有的话)写在黑板上.经过一个有限步的运算之后,我们发现黑板上写的数字中囊括了从 $-2\,016$ 到 $2\,016$ 中所有的整数.问:N 的最小值是多少?

16.(Vietnamese Mathematical Olympiad 2015) 定义一个多项式序列如下
$$f_0(x)=2,f_1(x)=3x$$
当 $n\geqslant 2$ 时
$$f_n(x)=3xf_{n-1}(x)+(1-x-2x^2)f_{n-2}(x)$$
如果 $f_n(x)$ 能被 x^3-x^2+x 整除,求 n.

17.(Mongolian Mathematical Olympiad 2016) 多项式 $P(x),Q(x)$ 满足 $P(x)^2=1+Q(x)^3$.证明两个多项式都是常数.

18.(Bogdan Enescu-Mathematical Reflections S40) 设 f,g 是有理系数的不可约多项式,a,b 是满足 $f(a)=g(b)=0$ 的两个复数.证明如果 $a+b$ 是有理数,那么多项式 f,g 有相同的次数.

19.(Czech-Polish-Slovak Match 2012) 整系数多项式 $P(x)$ 具有下列性质:

对所有整系数多项式 $F(x),G(x),Q(x)$ 满足 $P(Q(x))=F(x)G(x)$，多项式 $F(x)$，$G(x)$ 中有一个是常数. 证明 $P(x)$ 必定是常数.

20. (Aleksander Khrabrov-Saint Petersburg Mathematical Olympiad 2013) 给定二次多项式 $f(x),g(x)$. 已知方程 $f(x)g(x)=0$ 只有一个实根，方程 $f(x)+g(x)=0$ 有两个实根. 证明方程 $f(x)-g(x)=0$ 没有实根.

21. (Fedor Petrov-Kvant M2433) 设 $f(x)$ 是一个三次多项式. 如果 $f(a)=b$，$f(b)=c,f(c)=a$，那么我们称三元组 (a,b,c) 是一个循环. 我们知道 8 个循环包含 24 个不同的数，对每一个循环 (a_i,b_i,c_i) $(i=1,2,\cdots,8)$，计算 $a_i+b_i+c_i$ 的值，得到 8 个值. 证明这 8 个值之间有：

(a) 至少三个数不同.

(b) 至少四个数不同.

22. (D. Petrovsky-Ukrainian Mathematical Olympiad) 考虑实系数多项式 $P(x),Q(x)$. 已知多项式 $S(x)=P(x)Q(x)$ 只有一个正系数. 如果 $P(0)>0$，证明对所有 $x>0$，我们有

$$S(x^2)-S(x)^2 \leqslant \frac{1}{4}\left[P(x^3)^2+Q(x^3)\right]$$

23. (P. Kozhenskov-Kvant M2438) 设 $g_0(x)$ 是一个 n 次多项式，有 n 个不同的实根 $x_1,\cdots,x_n$. 我们采用下列方式构造多项式 $g_1(x),g_2(x),\cdots,g_n(x)$

$$g_0(x)=a_0x^n+a_1x^{n-1}+\cdots+a_{n-1}x+a_n$$
$$g_1(x)=a_1x^n+\cdots+a_{n-1}x^2+a_nx+a_0$$
$$\vdots$$
$$g_n(x)=a_nx^n+a_0x^{n-1}+\cdots+a_{n-2}x+a_{n-1}$$

定义 $b_i=g_i(x_1)$ $(i=1,2,\cdots,n)$. 证明如果 $b_1 \neq 0$，那么多项式 $f(x)=b_1x^{n-1}+\cdots+b_{n-1}x+b_n$ 有根 $x_2,\cdots,x_n$.

24. (Dorin Andrica-Mathematical Reflections S81) 考虑多项式 $P(x)=\sum_{k=0}^{n}\frac{1}{n+k+1}x^k$ $(n \geqslant 1)$. 证明方程 $P(x^2)=P(x)^2$ 没有实根.

25. (I. Bogdanov-Russian Mathematical Olympiad 2011) 非零实数 a,b,c 满足三个方程

$$ax^{11}+bx^4+c=0, bx^{11}+cx^4+a=0, cx^{11}+ax^4+b=0$$

中任何两个有一个公共根. 证明三个方程有一个公共根.

26. (Mathematics and Youth) 设 n 是一个正整数，$p>n+1$ 是一个素数. 证明方程

$$1+\frac{x}{n+1}+\frac{x^2}{2n+1}+\cdots+\frac{x^p}{pn+1}=0$$

没有整数解.

27. (Baltic Way 2016)　求所有满足下列方程组的实数四元组 (a,b,c,d)

$$\begin{cases} a^3 + c^3 = 2 \\ a^2 b + c^2 d = 0 \\ b^3 + d^3 = 1 \\ ab^2 + cd^2 = -6 \end{cases}$$

(提示:定义一个多项式 $P(x) = (ax+b)^3 + (cx+d)^3$).

28. (A. Golovanov-Russian Mathematical Olympiad 2012)　给定多项式 $P(x)$ 以及实数 $a_1, a_2, a_3, b_1, b_2, b_3 (a_1 a_2 a_3 \neq 0)$. 假设对每一个实数 x, 有 $P(a_1 x + b_1) + P(a_2 x + b_2) = P(a_3 x + b_3)$. 证明多项式 $P(x)$ 至少有一个实根.

29. (Czech-Slovakia Mathematical Olympiad 1995)　求所有的实系数多项式 $f(x)$,使其对于任何实数 x,下列不等式成立

$$xf(x)f(1-x) + x^3 + 100 \geqslant 0$$

30. (I. Bogdanov-Russian Mathematical Olympiad 2010)　求所有实系数奇次多项式 $P(x)$,满足对任何实数 x, 有 $P(P(x)) \leqslant P'(x)^3$,且 $P(x)$ 的 x^2 项的系数是零.

31. 设 $P(x) = x^d + a_{d-1} x^{d-1} + \cdots + a_0$ 的所有根都在区间 $[-1,1]$ 内. 证明如果 $|P(x)| \geqslant 1 (x \in [0,1])$,那么

$$|P(x)| \leqslant 1 \quad (x \in (-1,0])$$

32. (Polish Mathematical Olympiad 2013)　设 b,c 是整数,$f(x) = x^2 + bx + c, k_1, k_2, k_3$ 是整数,且

$$n \mid f(k_1), n \mid f(k_2), n \mid f(k_3)$$

证明:$n \mid (k_1 - k_2)(k_2 - k_3)(k_3 - k_1)$.

33. 设 $f(x) = a^{2016} x^2 + bx + a^{2016} c - 1$,其中 a,b,c 是整数. 假设方程 $f(x) = -2$ 有两个正整数根. 证明:$\dfrac{f(1)^2 + f(-1)^2}{2}$ 是合数.

34. 设整系数多项式 $P(x) = ax^2 + bx + c$ 满足 $P(1) < P(2) < P(3), P(1)^2 + P(2)^2 + P(3)^2 = 22$,求这样的多项式的个数.

35. (Edward Barbeau)　设 $f(x)$ 是二次多项式,证明存在二次多项式 $h(x), g(x)$ 满足 $f(x)f(x+1) = g(h(x))$.

36. (I. Robanov-Russian Mathematical Olympiad 2003)　设 $P(x) = x^2 + ax + b$, $Q(x) = x^2 + cx + d$ 满足方程 $P(Q(x)) = Q(P(x))$ 没有实根. 证明 $b \neq d$.

37. (A. Khrabrov-Saint Petersburg Mathematical Olympiad 2001)　设 $f(x)$, $g(x)$ 是整系数二次多项式,满足对任意实数 $x, f(x) > 0, g(x) > 0$. 如果对任意实数 x,

$\dfrac{f(x)}{g(x)} \geqslant \sqrt{2}$,证明对任意实数 x,$\dfrac{f(x)}{g(x)} > \sqrt{2}$.

38.（A. Kanel-Belov-Moscow Mathematical Olympiad 2010）三个三项式 $x^2 + ax + b, x^2 + cx + d, x^2 + ex + f$ 任意两个之和没有实数根,问这三个多项式之和是否有实根?

39.（P. Kozhlov-Russian Mathematical Olympiad 2010）设多项式
$$(x^2 + 20ax + 10b)(x^2 + 20bx + 10a)$$
没有实根,其中 a,b 是不同的实数. 证明 $20(b-a) \notin \mathbf{Z}$.

40.（Saint Petersburg Mathematical Olympiad 2005）在下面图 8.1 的图像中,有四个点在多项式
$$f(x) = x^3 + bx^2 + cx + a, g(x) = x^3 + ax^2 + bx + c$$
的图像上,是否存在实数 a,b,c 使得点 M, P, Q 在 $f(x)$ 的图像上,点 M, N 在多项式 $g(x)$ 的图像上?

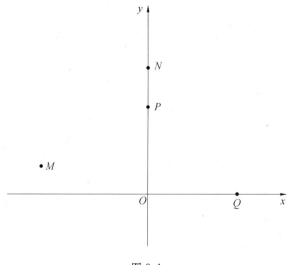

图 8.1

41. 求所有整数 m 使得方程 $x^3 + (m+1)x^2 - (2m-1)x - (2m^2 + m + 4) = 0$ 有一个整数根.

42.（V. Brayman）是否存在整数 $a,b,c,d (a \neq 0)$ 使得下列方程正整数根的个数与其次数相等
$$ax^3 + bx^2 + cx + d = 0, bx^2 + cx + d = 0, cx + d = 0$$

43.（Saint Petersburg Mathematical Olympiad 2012）如果 a,b,c 是不同的实数,证明方程组

$$\begin{cases} x^3 - ax^2 + b^3 = 0 \\ x^3 - bx^2 + c^3 = 0 \\ x^3 - cx^2 + a^3 = 0 \end{cases}$$

没有实根.

44.（Saint Petersburg Mathematical Olympiad 2012）　设实数 a,b,c 使得三个方程

$$x^3 - ax^2 + b = 0, x^3 - bx^2 + c = 0, x^3 - cx^2 + a = 0$$

任意两个有一个公共根. 证明 $a = b = c$.

45. 设多项式 $x^3 + ax^2 + bx + c$ 有三个实根, 如果 $a^2 = 2(b+1)$, 证明 $|a - c| \leqslant 2$.

46.（Belarusan Mathematical Olympiad 2011）　设 a,b,c 是非零整数, 多项式

$$f(x) = ax^2 + bx + c, g(x) = x^3 + bx^2 + ax + c$$

有两个公共实根, 求 a,b,c.

47. 设实数 $a \neq 0$, 多项式 $P(x) = ax^4 + bx^3 + cx^2 - 2bx + 4a$ 有两个实根 x_1, x_2, 并且 $x_1 x_2 = 1$. 求证

$$2b^2 + ac = 5a^2$$

48.（Moldova Mathematical Olympiad 2008）　多项式 $P(x) = x^4 - 4x^3 + 4x^2 + ax + b$ 有两个正根 x_1, x_2, 并且 $x_1 + x_2 = 2x_1 x_2$. 求 $a + b$ 的最大值.

49. 如果多项式 $P(x) = x^4 + ax^3 + bx^2 + cx + 1, Q(x) = x^4 + cx^3 + bx^2 + ax + 1$ 有两个公共根, 求解方程 $P(x) = 0$ 和 $Q(x) = 0$.

50. 求次数至多为 $n - 3$ 的多项式 $Q(x)$, 使得多项式 $P(x) = x^n + nx^{n-1} + \dfrac{n(n-1)}{2} x^{n-2} + Q(x)$ 的根都是实根.

51. 一个整系数多项式, 如果其首项系数为 1, 其他系数 (包括常数项) 的集合与其重根的集合重合, 即如果有 m 个系数等于 a, 那么 a 就是多项式的 m 重根, 这样的多项式称为经济多项式. 求出在下列情况下所有的 n 次经济多项式:

(a) $n = 2$;

(b) $n = 3$;

(c) $n = 4$.

52.（Ukrainian Mathematical Olympiad 2016）　设多项式

$$P(x) = x^{2016} + 2016x^{2015} + a_{2014}x^{2014} + a_{2013}x^{2013} + \cdots + 1$$

可以表示为 $P(x) = (x - x_1) \cdots (x - x_{2016})$, 实数 $x_1, \cdots, x_{2016}$ 中至少有 2015 个是负数 (可以相同). 求多项式 $P(x)$ 的所有系数.

53.（Belarusan Mathematical Olympiad 2009）　设 $P(x), Q(x)$ 是非常数整系数多项式, 多项式 $R(x) = P(x)Q(x) - 2009$ 至少有 25 个不同的整数根. 证明 $\deg P(x) > 2$,

$\deg Q(x) > 2$.

54. 设 $P(x)$ 是实系数多项式,且 $P(x)^3 = x^9 + a_8 x^8 + a_7 x^7 + \cdots + 15x + 1$. 已知多项式 $P(x)^3$ 的系数之和是 216. 求多项式 $P(x)$ 所有根的平方之和.

55. (N. Aghakhanov-Russian Mathematical Olympiad 2004) 设 $P(x) = x^d + \cdots + a_0$ 是整系数多项式,且有 d 个不同的整数根. 证明如果任何两个根是互素的,则 $\gcd(a_0, a_1) = 1$.

56. 设 $x_1, \cdots, x_{48}$ 是多项式 $P(x) = 18x^{48} + 3x + 2\,006$ 的根. 求表达式 $\sum_{i=1}^{48} \dfrac{x_i}{1+x_i}$ 的值.

57. (Canadian Mathematical Olympiad 2010) 设 $P(x), Q(x)$ 是整系数多项式. 令 $a_n = n! + n$. 证明:如果对每一个整数 n, $\dfrac{P(a_n)}{Q(a_n)}$ 是整数,那么对每一个整数 n, $\dfrac{P(n)}{Q(n)}$ $(Q(n) \neq 0)$ 是整数.

58. (Canadian Mathematical Olympiad 2016) 求所有整系数多项式 $P(x)$ 使得对无限多个整数 n, $P(P(n)+n)$ 是素数.

59. (Kürschák Competition 2004) 求与 $2\,004$ 不同的最小正整数,满足存在整系数多项式 $f(x)$,使得方程 $f(x) = 2\,004$ 至少有一个整数解,方程 $f(x) = n$ 至少有 $2\,004$ 个不同的整数解.

9 高 级 问 题

1. 多项式 $a_k x^k + a_{k+1} x^{k+1} + \cdots + a_{n-k-1} x^{n-k-1} + a_{n-k} x^{n-k}$ 称为是回文结构的. 如果对于 $k \leqslant i < \dfrac{n}{2}$, 有 $0 < a_k, a_i = a_{n-i}, a_i \leqslant a_{i+1}$. 证明任意两个回文结构的多项式的乘积是回文结构的.

2. (Mathematics and Youth Journal 2002) 设 n 是正偶数. 求次数为 n 的多项式 $P_n(x)$ 的个数, 使其满足:

(i) $P_n(x)$ 的所有系数属于集合 $\{-1, 0, 1\}$, 且 $P_n(x) \neq 0$.

(ii) 系数属于集合 $\{-1, 0, 1\}$ 的多项式 $Q(x)$, 满足 $P_n(x) = (x^2 - 1)Q(x)$.

3. (Vietnamese Mathematical Olympiad 2015) 设 α 是方程 $x^2 + x = 5$ 的正根, c_0, $c_1, \cdots, c_n$ 是非负整数, 满足

$$c_0 + c_1 \alpha + \cdots + c_n \alpha^n = 2\,015$$

(i) 证明 $c_0 + c_1 + \cdots + c_n \equiv 2 \pmod 3$.

(ii) 求 $c_0 + c_1 + \cdots + c_n$ 的最小值.

4. (Czech-Polish-Slovak Match 2005) 求所有 $n \geqslant 3$ 的值, 满足多项式 $P(x) = x^n - 3x^{n-1} + 2x^{n-2} + 6$ 在 $\mathbf{Z}[x]$ 上是可约的.

5. (China Training Camps) 设 $n \geqslant 3$, p 是奇素数. 证明多项式 $f(x) = x^n + p^2 x^{n-1} + \cdots + p^2 x + p^2$ 不能表示为两个非常数整系数多项式的乘积.

6. (Mongolian Mathematical Olympiad 2010) 设 $P(x)$ 是首一不可约的整系数多项式, 满足 $|P(0)| = 2\,010$. 证明多项式 $Q(x) = P(x^{2^{2\,010}})$ 是不可约的.

7. (Mircea Becheanu-Mathematical Reflections O134) 设 p 是素数, $n > 4$ 是整数. 证明如果 a 是不能被 p 整除的整数, 则多项式 $f(x) = ax^n - px^2 + px + p^2$ 在 $\mathbf{Z}[x]$ 上是不可约的.

8. (Erdos) 如果 $f(x) = (x - x_1) \cdots (x - x_n)$, 其中 $x_i \in [-1, 1]$, 证明不存在 $a \in (-1, 0)$, $b \in (0, 1)$ 使得

$$|f(a)| \geqslant 1, \ |f(b)| \geqslant 1$$

9. (Oleksandr Rybak-Ukrainian Mathematical Olympiad 2008) 设 $n \geqslant 2$. 考察多项式 $P_0(x), P_1(x), \cdots, P_n(x)$, 满足 $\deg P_i(x) = n - i$, $P_n(x) \neq 0$. 当 $2 \leqslant i \leqslant n$ 时, 存在多项式 $Q_i(x)$, 满足 $P_i = P_{i-2} + P_{i-1} Q_i(x)$. 证明: 如果 $P_0(x)R(x) + P_1(x)S(x) = 1$, 那么 $\deg R(x) \geqslant n - 2$, $\deg S(x) \geqslant n - 1$.

10. (USATST TST 2014)　设 $P(x),Q(x)$ 是两个实系数多项式，$\deg P(x)=d$. 证明存在多项式 $A(x),B(x),C(x)$，满足：

(i) $\deg A(x),\deg B(x)\leqslant \dfrac{d}{2}$；

(ii) 它们之中至多有一个是零；

(iii) $\dfrac{A(x)+Q(x)B(x)}{P(x)}=C(x)$.

11. (Mircea Becheanu-Romanian TST 1981)　设 $p>2$ 是素数，多项式 $P(x)=x^{p-1}+x^{p-2}+\cdots+x+1$，证明：对任何正偶数 n，多项式 $-1+\displaystyle\prod_{k=0}^{n-1}P(x^{p^k})$ 能被 x^2+1 整除.

12. (Aleksander Ivanov-Bulgarian Mathematical Olympiad 2014)　求所有自然数 n，使得存在整系数多项式序列
$$f_1(x),f_2(x),\cdots,f_n(x),g(x)$$
满足
$$(x^{2013}+n)\mid g(x),(f_1(x)^2-1)\cdots(f_n(x)^2-1)=g(x)^2-1$$

13. (Navid Safaei-Mathematical Reflections U448)　设 $p\geqslant 5$ 是素数. 证明多项式 $2x^p-p3^px+p^2$ 在 $\mathbf{Z}[x]$ 上是不可约的.

14. (George Stoica-AMM 11822)　设 $P(x),Q(x)$ 是复系数多项式，满足多项式 $P(Q(x))$ 的所有系数都是实数. 证明：如果多项式 $Q(x)$ 的首项系数和常数项都是实数，那么两个多项式 $P(x),Q(x)$ 的系数都是实数.

15. (Kürschák Competition 2017)　设 $P(P(x))=Q(x)^2$. 证明存在多项式 $R(x)$，满足 $P(x)=R(x)^2$.

16. (M. Dadarlat and G. Eckstein-Romanian TST 1989)　求所有的整系数首一多项式 $P(x),Q(x)$，使得
$$Q(0)=0,P(Q(x))=(x-1)\cdots(x-15)$$

17. (Belarusan Mathematical Olympiad 2017)　如果 $k\geqslant 2,65^k=\overline{a_n\cdots a_0}$，证明多项式 $P(x)=a_nx^n+\cdots+a_0$ 没有有理根.

18. 求所有的整系数首一多项式 $P(x)$，使得 $P(0)=2\,017$，对所有有理数 r，方程 $P(x)=r$ 有一个有理根.

19. 是否存在四个实系数多项式 $P_1(x),P_2(x),P_3(x),P_4(x)$，使得其中任何三个之和总有实根，但任何两个之和没有实根？

20. 求所有实系数多项式 $P(x)$，使得如果对实数 x,y,z 有 $P(x)+P(y)+P(z)=0$，那么 $x+y+z=0$.

21. (Czech-Slovak Mathematical Olympiad 1998)　整系数多项式 $P(x)$，其次数 $n\geqslant 5$，有

n 个不同的整数根,且 $P(0) = 0$. 试根据 $P(x)$ 的整数根求出 $P(P(x))$ 的整数根.

22. (O. N. Kochikhin — Moscow Mathematical Olympiad 2016) 设 $P(x) = x^d + a_{d-1}x^{d-1} + \cdots + a_0$,多项式

$$\underbrace{P(P(\cdots P(x)\cdots))}_{m} = P^{(m)}(x) \quad (m \geqslant 2)$$

的所有实根都是正的. 证明多项式 $P(x)$ 的所有实根是正的.

23. (Putnam 2014) 证明对所有正整数 n,多项式 $P(x) = \sum_{k=0}^{n} 2^{k(n-k)} x^k$ 的所有根都是实数.

24. (Chinese TST 2017) 证明存在多项式 $P(x) = x^{58} + a_1 x^{57} + \cdots + a_{58}$ 恰有 29 个正根和 29 个负根,且 $\log_{2\,017}|a_i|$ 都是正整数.

25. (Polish Mathematical Olympiad 1977) 多项式 w_n 由下列关系定义

$$w_1(x) = x^2 - 1, w_{n+1}(x) = w_n(x)^2 - 1 \quad (n = 1, 2, \cdots)$$

a 是实数,问:方程 $\omega_n(x) = a$ 有多少不同的实根?

26. (Alexander Khrabrov-Tuymada 2005) 设 $f(x) = x^2 + ax + b$ 是整系数多项式,满足对任意实数 x 成立,$f(x) \geqslant -\dfrac{9}{10}$. 证明对任意实数 x 有 $f(x) \geqslant -\dfrac{1}{4}$.

27. 设 p, q 是满足 $\dfrac{p^2}{8} < q < p^2$ 的自然数,a, b 是区间 $\left[\dfrac{q}{p}, p\right]$ 内的互素的整数,考虑多项式 $f(x) = x^2 - px + q$,且 $\dfrac{f(a)}{b}, \dfrac{f(b)}{a}$ 都是整数. 证明 $f(a) + f(b) = q$.

28. (Cristinel Mortici) 设 $f(x) = ax^2 + bx + c$,其中 c 是整数. 对无限多自然数 n 有

$$f\left(n + \frac{1}{n}\right) > n^2 - n + 1, f\left(n + \frac{n-1}{n}\right) < n^2 + n - 1$$

求这个多项式 $f(x)$.

29. 求所有实数对 (a, b),满足下列性质:

如果对任意实数对 (c, d),方程 $x^2 + ax + 1 = c, x^2 + bx + 1 = d$ 都有实根,那么方程 $x^2 + (a+b)x + 1 = cd$ 也有实根.

30. (German Mathematical Olympiad 2004) 设 x_0 是多项式 $ax^2 + bx + c$ 的非零实根,其中 a, b, c 是整数,b, c 中至少有一个非零. 证明 $|x_0| \geqslant \dfrac{1}{|a| + |b| + |c| - 1}$.

31. 求所有的 α,使得方程组 $\dfrac{a^3}{b+c+\alpha} = \dfrac{b^3}{a+c+\alpha} = \dfrac{c^3}{b+a+\alpha}$ 有一个解 (a, b, c),其中 a, b, c 是区间 $[-1, 1]$ 内的不同实数.

32. (Czech-Slovak Mathematical Olympiad 2008) 求所有实数 a, b, c,使其满足下列性质:

下列每一个方程都有三个不同的实根，且不同实根的和是 5

$$x^3 + (a+1)x^2 + (b+3)x + (c+2) = 0$$

$$x^3 + (a+2)x^2 + (b+1)x + (c+3) = 0$$

$$x^3 + (a+3)x^2 + (b+2)x + (c+1) = 0$$

33. （Hong Kong Mathematical Olympiad 2015） 设 a, b, c 是不同的非零实数. 如果方程

$$ax^3 + bx + c = 0, bx^3 + cx + a = 0, cx^3 + ax + b = 0$$

有一个公共根，证明这些方程至少有一个有三个实根（可以相同）.

34. 设 $P(x) = ax^3 + (b-a)x^2 - (c+b)x + c, Q(x) = x^4 + (b-1)x^3 + (a-b)x^2 - (c+a)x + c$，其中 a, b, c 是非零实数，且 $b > 0$. $P(x)$ 有三个不同的实根 x_0，x_1, x_2，它也是多项式 $Q(x)$ 的根.

证明：$abc > 28$. 并求 a, b, c 的所有可能的整数值.

35. （United Kingdom-Romanian Masters of Mathematics 2016） 设 $a_n = n^3 + bn^2 + cn + d$，其中 b, c, d 都是整数.

(i) 证明有一个序列仅有 a_{2015} 和 a_{2016} 是完全平方项.

(ii) 对于满足(i)的序列，确定 $a_{2015} \cdot a_{2016}$ 的可能值.

36. 设 a, b, c, d 是正实数，多项式 $ax^4 - ax^3 + bx^2 - cx + d$ 在区间 $\left(0, \dfrac{1}{2}\right)$ 内有四个根. 证明：$21a + 164c \geqslant 80b + 320d$.

37. （Mathematics Magazine） 求满足

$$r_1 r_5 = 1, r_1 r_4 + r_2 r_5 = 2, r_1 r_3 + r_2 r_4 + r_3 r_5 = 3$$

$$r_1 r_2 + r_2 r_3 + r_3 r_4 + r_4 r_5 = 4, r_1^2 + r_2^2 + r_3^2 + r_4^2 + r_5^2 = 5$$

的所有有理数 r_1, r_2, r_3, r_4, r_5.

38. （Alexandru Lupas） 设 $P(x) = ax^4 + bx^3 + cx^2 + \dfrac{4\sqrt{2} - b}{2}x + \dfrac{8 - a - 2c}{8}$. 当 $x \in [-1, 1]$ 时，有 $P(x) \geqslant 0$. 求 a, b, c 的值.

39. 多项式 $ax^4 + bx^3 + cx^2 + dx + e$ 的系数满足 $a, e > 0, ad^2 + b^2 e - 4ace < 0$. 证明这个多项式没有实根.

40. （Nikolai Nikolov-Bulgarian Mathematical Olympiad 2012） 设 $a \neq 0, 1$. Jim 和 Tom 玩下列游戏. 从 Jim 开始，交替进行，每个玩家用一个 a^n 替换下面表达式中的一个 $*$，其中 $n \in \mathbf{Z}$. 如果得到的多项式没有实根，Jim 就赢了，否则，Tom 就赢了. 制胜的策略是什么？

$$*x^4 + *x^3 + *x^2 + *x + * = 0$$

41. （A. Golovanov-Tuymada 2013） 证明对任意四次多项式 $A(x)$，存在二次多项

式 $P(x),Q(x),S(x),R(x)$,满足 $A(x)=P(Q(x))+R(S(x))$.

42. (Bulgarian Mathematical Olympiad 1995) 设 $P(x)=x^d+a_{d-1}x^{d-1}+\cdots+a_0(a_0\neq 0)$ 是整系数多项式.假设 $P(x)$ 的根是系数 $a_i(i=0,1,2,\cdots,d-1)$.求 $P(x)$.

43. (Feng Zhigang-Chinese Western Mathematical Olympiad 2009) 设 M 是从 **R** 中删除有限多个实数得到的 **R** 的子集.证明对于任意给定的正整数 n,存在一个 $\deg f(x)=n$ 的多项式 $f(x)$,使得它的所有系数和 n 个实根都在 M 中.

44. (Ye. Malinnikova-Russian Mathematical Olympiad 1996) 是否存在一个非零实数的有限集 M,使得对于任何 $n\in\mathbf{N}$,存在一个至少 n 次的多项式,其系数在 M 中,所有根都属于 M?

45. 是否存在 2 000 个不全为零的实数(可以相同),满足如果将其中任意 1 000 个作为 1 000 次首一多项式的根,那么它的系数(首项系数除外)是剩余 1 000 个数的一个排列?

46. (Russian Mathematical Olympiad) 设 $n\geqslant 3$ 是正整数,$x_1<x_2<\cdots<x_n$ 是 n 次多项式 $P(x)$ 的根.进一步假设 $x_2-x_1<x_3-x_2<\cdots<x_n-x_{n-1}$.证明 $|P(x)|$ 在区间 $[x_1,x_n]$ 上的两个最大根之间达到最大值(即在区间 $[x_{n-1},x_n]$ 上).

47. (Polish Mathematical Olympiad 1998) 设 $g(k)$ 表示一个整数 k 的最大素因子,其中 $|k|\geqslant 2,g(-1)=g(0)=g(1)=1$.是否可以找到整系数非常数多项式 $W(x)$,使得集合 $\{g(W(x))\mid x\in\mathbf{Z}\}$ 是有限的?

48. (Marian Tetiva) 设 $f(x)$ 是整系数非常数多项式,k 是正整数.证明存在无限多的正整数 n 满足 $f(n)$ 可以写成形式 $d_1d_2\cdots d_{k+1}$,其中 $1\leqslant d_1<d_2<\cdots<d_k<n$.

49. (Titu Andreescu-Mathematical Reflections U450) 设 $P(x)$ 是整系数非常数多项式.证明对每一个正整数 n,存在两两互素的正整数 $k_1,k_2,\cdots,k_n$,满足 $k_1k_2\cdots k_n=|P(m)|$,其中 m 是某个正整数.

50. (Crux Mathematicorum) 设 $P(x)$ 是整系数多项式,满足对所有正整数 n,有 $P(n)>n$.对于所有正整数 m,在序列 $P(1),P(P(1)),\cdots$ 中存在能被 m 整除的一项.证明 $P(x)=1+x$.

51. (Vlad Matei) 求所有整系数多项式 $P(x)$,使得对任何正整数 a,b,c,满足
$$(a^2+b^2+c^2)\mid(P(a)+P(b)+P(c))$$

52. 设 $P(x)$ 是整系数多项式,满足对任意正整数 r,s,$(r^{2^{2017}}-s^{2^{2017}})\mid(P(r)-P(s))$.证明存在整系数多项式 $Q(x)$,使得 $P(x)=Q(x^{2^{2017}})$.

53. (Polish Mathematical Olympiad 2009) 整数序列由下列条件定义
$$f_0=0,f_1=1,f_n=f_{n-1}+f_{n-2},n=2,3,\cdots$$
求所有整系数多项式 W 使其具有下列性质:

对于每一个自然数 n,都存在一个整数 k,满足 $W(k)=f_n$.

54. (Korean Mathematical Olympiad 2008) 求所有整系数多项式 $P(x)$，使得存在无限多正整数 a,b，满足

$$\gcd(a,b)=1,(a+b)\mid(P(a)+P(b))$$

55. (Fedor Petrov-Saint Petersburg Mathematical Olympiad 2002) 设 $P(x)$ 是实系数多项式，使得对所有整数 $n,k\geqslant0,\dfrac{P(n+1)\cdots P(n+k)}{P(1)\cdots P(k)}$ 是整数. 证明 $P(0)=0$.

56. 设 $P(x)=x^3+3x^2+6x+1\,975$. 在区间 $[1,3^{2\,017}]$ 内求整数 a，使得 $P(n)$ 能被 $3^{2\,017}$ 整除.

57. 设 $Q(x)=(p-1)x^p-x-1$，其中 p 是一个奇素数. 证明存在无限多正整数 a，使得 $Q(a)$ 能被 p^p 整除.

58. (Oleksiy Klurman-Ukrainian Mathematical Olympiad 2016) 设 $x_n=2\,016^{P(n)}+Q(n)$，其中 $P(x),Q(x)$ 是整系数非常数多项式. 证明存在无限多个素数 p，使得存在一个无平方因子的整数 m，满足 $p\mid x_m$.

10   入门问题的解答

1. (High School Math Journal 2015)   设 x,y 是正整数,使得 $2014 \mid \sum\limits_{i=0}^{16} x^{16-i} y^i$. 证明 $2\,014^{16} \mid \sum\limits_{i=0}^{16} x^{16-i} y^i$.

证明   我们先来证明比较强的引理.

引理:设 $p = 2 + k(2n+1)$ 是素数,其中 k,n 是非负整数,且 $\sum\limits_{i=0}^{2n} x^{2n-i} y^i$ 能被 p 整除,则 x,y 能被 p 整除.

引理的证明:很明显,如果 x 和 y 中的一个可以被 p 整除,那么另一个也可以被 p 整除,所以假设

$$\gcd(p, xy) = 1$$

由 $p \mid \sum\limits_{i=0}^{2n} x^{2n-i} y^i$ 可知 $p \mid (x^{2n+1} - y^{2n+1})$,从而 $p \mid x^{k(2n+1)} - y^{k(2n+1)}$.

此外,由 Fermat 小定理我们有 $p \mid x^{p-1} - y^{p-1} = x^{k(2n+1)+1} - y^{k(2n+1)+1}$. 所以

$$p \mid (x^{k(2n+1)+1} - y^{k(2n+1)+1}) - y(x^{k(2n+1)} - y^{k(2n+1)}) = (x-y) x^{k(2n+1)}$$

因为 $p \nmid x$,可见 $p \mid x - y$,所以 $x \equiv y \pmod{p}$,从而 $\sum\limits_{i=0}^{2n} x^{2n-i} y^i \equiv (2n+1) x^{2n} \equiv 0 \pmod{p}$,矛盾. 因为 $\gcd((2n+1)x, p) = 1$. 所以 x,y 能被 p 整除.

回到我们的问题,注意到 $2\,014 = 2 \cdot 19 \cdot 53$. 所以 $19 = 17 \cdot 1 + 2, 53 = 17 \cdot 3 + 2$. 由引理我们有 $2, 19, 53$ 整除 x, y,所以 $2\,014$ 也能被它们整除,证毕.

2. (Chinese Western Mathematical Olympiad 2010)   设 $a_1, \cdots, a_n$ 和 $b_1, \cdots, b_n$ 都是非负实数,满足

$$\sum_{i=1}^{n} (a_i + b_i) = 1, \quad \sum_{i=1}^{n} i(a_i - b_i) = 0, \quad \sum_{i=1}^{n} i^2 (a_i + b_i) = 10$$

求证 $\max\{a_k, b_k\} \leqslant \dfrac{10}{k^2 + 10}$.

证明   当 $k = 1, 2, \cdots, n$ 时,我们有

$$\begin{aligned}
(k a_k)^2 &\leqslant \Big(\sum_{i=1}^{n} i a_i\Big)^2 = \Big(\sum_{i=1}^{n} i b_i\Big)^2 \\
&\leqslant \Big(\sum_{i=1}^{n} i^2 b_i\Big) \Big(\sum_{i=1}^{n} b_i\Big)
\end{aligned}$$

$$= \left(10 - \sum_{i=1}^{n} i^2 a_i\right)\left(1 - \sum_{i=1}^{n} a_i\right)$$
$$\leqslant (10 - k^2 a_k)(1 - a_k)$$
$$= 10 - (10 + k^2)a_k + k^2 a_k^2$$

所以 $a_k \leqslant \dfrac{10}{k^2 + 10}$,类似可证 $b_k \leqslant \dfrac{10}{k^2 + 10}$. 证毕.

3. 如果 $P(x) = (1-x)(1+2x)(1-3x)\cdots(1+14x)(1-15x)$,求 $P(x)$ 中项 x^2 系数的绝对值.

解法 1 注意到 x^2 的系数是

$$\sum_{1 \leqslant i < j \leqslant 15} (-1)^i i \cdot (-1)^j j = \sum_{1 \leqslant i < j \leqslant 15} (-1)^{i+j} ij$$
$$= \frac{1}{2}\left(\sum_{i=1}^{15}\sum_{j=1}^{15} (-1)^{i+j} ij - \sum_{i=1}^{15} (-1)^{2i} i^2\right)$$
$$= \frac{1}{2}\left(\left(\sum_{i=1}^{15} (-1)^i i\right)^2 - \sum_{i=1}^{15} i^2\right)$$
$$= \frac{1}{2}(64 - 1\ 240)$$
$$= -588$$

所以 $P(x)$ 中项 x^2 系数的绝对值是 588.

解法 2 注意到

$$P(x) = 1 + (-1 + 2 - 3 + \cdots + 14 - 15)x + ax^2 + \cdots$$
$$= 1 - 8x + ax^2 + \cdots$$

我们有 $P(-x) = 1 + 8x + ax^2 + \cdots$,则

$$P(x)P(-x) = (1-x)(1+x)\cdots(1-15x)(1+15x)$$
$$= (1-x^2)(1-4x^2)\cdots(1-225x^2)$$
$$= 1 - (1 + 4 + \cdots + 225)x^2$$

另外,在表达式中项 x^2 的系数等于 $2a - 64$,所以 $2a - 64 = -1\ 240 \Rightarrow a = -588$.

所以 $P(x)$ 中项 x^2 系数的绝对值是 588.

4. (Aleksander Khrabrov-Saint Petersburg Mathematical Olympiad 2001) 设 $f(x), g(x)$ 为二次多项式,使得对于所有整数 n,$f(n)g(n)$ 为整数. 问:对所有整数 n,$f(n), g(n), f(n) + g(n)$ 也都是整数吗?

解 设 $f(x) = x^2 + x + a, g(x) = x^2 + x + b$,其中 $a + b = \dfrac{1}{2}$,则

$$f(x)g(x) = (x^2 + x)^2 + \frac{x(x+1)}{2} + ab$$

选取 a, b 使得 $ab = -1$,则 a, b 是三项式 $x^2 - \dfrac{x}{2} - 1$ 的两个根. 这个三项式有两个有

理根,所以对所有正整数 n,我们有 $f(n)g(n)$ 是整数,但 $f(n),g(n)$ 和 $f(n)+g(n)$ 都不是整数.

解法2　构造 $f(x)=(x-\sqrt{2})(x-\sqrt{3}),g(x)=(x+\sqrt{2})(x+\sqrt{3})$,则 $f(x)g(x)=(x^2-2)(x^2-3)$,且对所有整数 n,我们有 $f(n)g(n)$ 是一个整数,但 $f(n),g(n)$ 和 $f(n)+g(n)$ 都不是整数.

5. (Murray Klamkin-Crux Mathematicorum)　设 $P(x),Q(x)$ 是非负实系数首一多项式,满足 $P(x)Q(x)=1+x+\cdots+x^{m+n}$,其中 $\deg P(x)=m,\deg Q(x)=n$.证明

(i) 如果 m,n 都是奇数,那么不存在这样的多项式.

(ii) 如果 $m=n$,那么不存在这样的多项式.

(iii) 对每一个 m,存在无限多个 n,使得这样的多项式存在.

(iv)$P(x),Q(x)$ 的系数是 0 或 1.

证明　设 $R_t(x)=1+x+\cdots+x^t$,则 $(x-1)R_t(x)=x^{t+1}-1$.我们知道 $R_t(x)$ 的所有的根都是单位根.如果 t 是奇数,那么 $R_t(x)$ 有一个实根,也就是 -1.如果 t 是偶数,那么 $R_t(x)$ 的所有的根都是复根(非实数).设 $P(x)$ 是能被 $R_t(x)$ 整除的实系数首一多项式,则 $P(x)$ 的所有根都是单位根的 t 次方.如果 z 是 $P(x)$ 的一个根,那么共轭复数 $\bar{z}$ 也是 $P(x)$ 的根,因为 z 是单位根,其共轭复数就是 $\dfrac{1}{z}$.这样,$P(x),x^dP\left(\dfrac{1}{x}\right)$ 都是 d 次多项式,它们有相同的根,从而只差一个常数倍.假设 $P(x)=a_0+a_1x+\cdots+a_dx^d$ 是 d 次多项式,则 $P(x)$ 的根是复共轭对(乘积等于1)以及 -1(如果 d 是奇数的话).这样所有根的乘积就是 $(-1)^d$.这就给出了 $a_d=a_0$ 以及

$$P(x)=x^dP\left(\frac{1}{x}\right)$$

从而当 $j=0,1,\cdots,d$ 时,$a_j=a_{d-j}$.所以,如果

$$P(x)=a_0+\cdots+a_mx^m$$
$$Q(x)=b_0+\cdots+b_nx^n$$

则 $a_0=a_m=b_0=b_n=1$.

(i) 如果 m,n 都是奇数,那么两者都有一个实根,但 $m+n$ 是偶数,$R_{m+n}(x)$ 没有实根,矛盾.

(ii) 设 $m=n$,则 x^m 的系数是 $1=\displaystyle\sum_{j=0}^{m+n}a_jb_{m-j}\geqslant a_0b_m+b_0a_m=2$,矛盾.

(iii) 设 $n=r(m+1)$,其中 r 是某个整数,则 $P(x)=1+x+\cdots+x^m,Q(x)=1+x^{m+1}+x^{2(m+1)}+\cdots+x^{r(m+1)}$,所以

$$P(x)Q(x)=1+x+\cdots+x^{r(m+1)+m}=R_{m+n}(x)$$

(iv) 不失一般性,假设 $m < n$. 则 x^m 的系数是 $1 = \sum_{j=0}^{m} a_{m-j} b_j = 1 + \sum_{j=1}^{m} a_{m-j} b_j$. 所以,当 $j = 1, 2, \cdots, m$ 时,至少有一对 (a_{m-j}, b_j) 是零. 因为 $a_{m-j} = a_j$,可见至少有一个对 (a_j, b_j) 是零. 注意,当 $m < j \leqslant n$ 时,也是成立的. 当 $j > m$ 时,解释为 $a_j = 0$. 设 $1 \leqslant k \leqslant n$,假设当 $0 \leqslant i, j < k$,每一个 a_j, b_j 都是 0 或 1. x^k 的系数是 $1 = \sum_{j=0}^{k} a_j b_{k-j} = a_k + b_k + \sum_{j=1}^{k-1} a_j b_{k-j}$,由假设 $\sum_{j=1}^{k-1} a_j b_{k-j}$ 是一个整数,所以,它不是 0 就是 1. 这样一来,$a_k + b_k \in \{0, 1\}$. 如果 $a_k + b_k = 0$,那么 $a_k = b_k = 0$. 如果 $a_k + b_k = 1$,那么因 $a_k b_k = 0$,其中一个是 1,另一个就是 0. 利用归纳法,我们就得到了期望的结论.

6. (Moscow Mathematical Olympiad 2015) 是否存在两个系数为整数的多项式,其中每一个多项式都有一个绝对值大于 2 015 的系数,但这两个多项式的乘积的所有系数的绝对值都不超过 1?

解法 1 存在这样的两个多项式.

如果多项式的系数都是 0 或 1,那么我们称这样的多项式是好多项式. 注意到一个次数为 n 的好多项式与多项式 $x^m + 1 (m > n)$ 的乘积仍然是好多项式. 用多项式 $x + 1$ 与 2 019 个多项式 $x^{n_1} + 1, x^{n_2} + 1, \cdots, x^{n_{2019}} + 1$ 相乘,其中 $n_k > \sum_{j=1}^{k-1} n_j$,$n_k$ 是奇数 $(k = 1, 2, \cdots, 2\,019)$,则我们得到一个好多项式 $f(x)$,它能被多项式 $(x+1)^{2020}$ 整除. 所以,$f(x) = (x^{2020} + 2\,020 x^{2019} + \cdots + 1)(x^k + ax^{k-1} + \cdots + 1)$.

其中项 x^{2020+k} 的系数是 $2\,020 + a$,并且 $2\,020 + a \leqslant 1$,所以 $a \leqslant -2\,019$,这就给出了所要的结论.

解法 2 考虑多项式
$$h(x) = (x+1)^4 (x^2 + x + 1)(x^4 + x^3 + x^2 + x + 1)(x^8 + \cdots + x + 1)$$
$$g(x) = h(x)(1 + x + \cdots + x^{18})$$
因为 $\deg h(x) = 18$,我们发现 $g(x)$ 的项 x^{18} 的系数是 $h(x)$ 的系数之和,这就是 $h(1) = 2\,160 > 2\,015$. 现在考虑多项式
$$g(x) g(-x) = (1 - x^6)(1 - x^{10})(1 - x^{18})(1 - x^{38})$$
这个多项式所有的系数的绝对值都小于或等于 1.

解法 3 考虑乘积多项式 $P(x) = (1-x)(1-x^2)(1-x^4) \cdots (1 - x^{2^{2016}})$,这个乘积中的任何一个单项式的系数都是 ± 1,因为任何正整数 n 的二进制表示都是唯一的.

实际上,如果 $n = 2^{k_1} + 2^{k_2} + \cdots + 2^{k_m}$,其中 $k_1 < k_2 < \cdots < k_m$,那么单项式 $\pm x^n$ 等于 $(-1)^m x^{2^{k_1}} \cdots x^{2^{k_m}}$. 所以对于 $n < 2^{2017}$,多项式 $P(x)$ 的所有单项式 x^n 的系数的绝对值为 1. 因为 $\deg P(x) = 2^{2017} - 1$,多项式 $P(x)$ 可以写成如下形式

$$P(x) = (1-x)^{2\,017}(1+x)(1+x+x^2+x^3)\cdots(1+x+x^2+\cdots+x^{2^{2\,016}-1})$$

很明显,两个多项式 $(1-x)^{2\,017}$,$(1+x)(1+x+x^2+x^3)\cdots(1+x+x^2+\cdots+x^{2^{2\,016}-1})$ 都有一个绝对值大于 2 015 的系数.

解法 4　设 $P_1(x) = Q_1(x)R_1(x)$,满足 $P_1(x)$ 系数的绝对值小于或等于 1. 假设 $Q_1(x)$ 有一个系数的绝对值大于 2 015. 令 $\deg P_1(x) < n$. 考虑多项式 $Q(x) = Q_1(x^n)R_1(x)$,$R(x) = R_1(x^n)Q_1(x)$,则

$$Q(x)R(x) = P_1(x^n)P_1(x) = P(x)$$

$P(x)$ 的所有系数的绝对值都小于或等于 1. 此外,$Q(x)$,$R(x)$ 至少有一个系数的绝对值大于 2 015.

设 $T_s(x) = 1 + x + \cdots + x^{s-1}$,我们知道,如果 $\gcd(m,n) = 1$,则 $T_m(x)T_n(x) \mid (x^{mn}-1)$,从而

$$T_m(x)T_n(x) = 1 + \cdots + \min\{m,n\}x^{\min\{m,n\}-1} + \cdots$$

设 $m,n > 2\,015$,$\gcd(m,n) = 1$,则 $Q_1(x) = T_m(x)T_n(x)$,$R_1(x) = \dfrac{x^{mn}-1}{Q_1(x)}$,之后,重复使用上述过程,即得所要结论.

7. (Moscow Mathematical Olympiad 1997)　在黑板上写了三个函数

$$f_1(x) = x + \frac{1}{x},\quad f_2(x) = x^2,\quad f_3(x) = (x-1)^2$$

允许你对这些函数进行加、减、乘(也可以对它们进行平方、立方等运算)、乘任意数、加任意数,并对由此获得的表达式执行同样的操作. 通过这些操作来构造函数 $\dfrac{1}{x}$. 证明如果我们从黑板上擦除任何函数 $f_1(x)$,$f_2(x)$,$f_3(x)$,那么函数 $\dfrac{1}{x}$ 将不再是可构造的.

证法 1　注意到 $f_2(x) - f_3(x) = 2x - 1$,所以 $2x$ 是可构造的,同样 $x = \dfrac{1}{2}(f_2(x) - f_3(x) + 1) = \dfrac{1}{2} \cdot 2x$ 是可构造的. 则我们可以构造 $\dfrac{1}{x} = f_1(x) - \dfrac{1}{2}(f_2(x) - f_3(x) + 1)$,显然只用 $f_2(x)$,$f_3(x)$ 是构造不出 $\dfrac{1}{x}$ 的. 因为我们只能以 x 的形式构造多项式. 此外,因为 $f'_1(1) = f'_3(1) = 0$,所以使用 $f_1(x)$,$f_3(x)$ 构造的任何函数在点 $x = 1$ 的导数是 0,但 $\dfrac{1}{x}$ 不具备这个性质(尽管有点棘手,在这种情况下是可以避免使用微积分的. $g'(1) = 0$ 说明 $g(x) = g(1)$ 在点 $x = 1$ 是一个重根. 因此,可以使用它来代替,但所需的检查稍微复杂一些).

最后,使用 $f_1(x)$,$f_2(x)$ 构造的任何函数都具有形式 $\dfrac{f(x)}{x^n}$,其中 n 是非负整数,$f(x)$ 是某个多项式. 我们也可以把它写成形式 $\dfrac{f(x)}{x^{2k}}$,其中 k 是正整数. 定义集合 $A =$

$\left\{\dfrac{f(x)}{x^{2k}}\,\middle|\,\dfrac{f(x)-f(-x)}{1+x^2}\in \mathbf{R}[x]\right\}$，则 $f_1(x)=\dfrac{x(1+x^2)}{x^2}\in A$. 此外，$f_2(x)\in A$，但

$\dfrac{1}{x}\notin A$. 现在，我们来证明 A 中任何两个元素的和与积都在 A 中.

设 $\dfrac{f(x)}{x^{2k}},\dfrac{g(x)}{x^{2l}}\in A$. 显然，$A$ 中任意两个元素的和在 A 中. 下面考察乘积

$$\frac{f(x)}{x^{2k}}\cdot\frac{g(x)}{x^{2l}}=\frac{f(x)g(x)}{x^{2k+2l}}$$

$$f(x)g(x)-f(-x)g(-x)=f(x)(g(x)-g(-x))+g(-x)(f(x)-f(-x))$$

因为 $g(x)-g(-x),f(x)-f(-x)$ 都能被 $1+x^2$ 整除，所以 A 中任意两个元素的积在

A 中. 这样一来，$\dfrac{1}{x}$ 就不能由 A 中的元素表示出来.

证法 2 利用 f_1,f_2 采用第一个证法的构造过程. 注意到，因为 $f_1(i)=0,f_2(i)=1$，

对于使用 f_1,f_2 构造的任何函数 $h(x)$，都有 $h(i)\in\mathbf{R}$，但 $\dfrac{1}{i}\notin\mathbf{R}$.

8. (Mathematics and Youth 2006) 设 a,b,c 是非负实数，满足 $a+b+c=1$. 求下列多项式的最大值和最小值

$$f(a,b,c)=a\,(b-c)^3+b\,(c-a)^3+c\,(a-b)^3$$

解 我们先对多项式 $f(a,b,c)$ 因式分解. 注意到 $f(a,a,c)=f(a,b,b)=f(a,b,a)=0$，则多项式能被 $(a-b)(b-c)(c-a)$ 整除. 所以多项式 $f(a,b,c)$ 可以表示为

$$f(a,b,c)=(a-b)(b-c)(c-a)g(a,b,c)$$

其中 $\deg g(a,b,c)=1$，并且 $g(a,b,c)$ 是对称的，所以只有一种选择，这就是 $g(a,b,c)=K(a+b+c)$，其中 K 是常数. 查看 a^3 的系数，得到 $K=1$，由此可见

$$f(a,b,c)=(a-b)(b-c)(c-a)(a+b+c)$$

因为 $a+b+c=1$，则 $f(a,b,c)=(a-b)(b-c)(c-a)$. 我们这里提供两种不同的方法.

方法 1 注意到 $f(a,c,b)=-f(a,b,c)$. 假设 $\max\{a,b,c\}=a$. 又假设最大值在点 (a,b,c) 取到. 易见最大值是正的，所以，$a>c>b$（如果 a,b,c 之中有两个相等，那么 $f=0$；如果 $a>b>c$，那么 $f<0$）. 令 $a+b=d$，则 $d+c=1$，所以

$$f(a,b,c)=(a-b)(b-c)(c-a)$$
$$=(a-b)(c-b)(a-c)$$
$$\leqslant (a+b)c(a+b-c)$$
$$=dc(d-c)$$

因此

$$f(a,b,c)\leqslant\frac{1}{uv}ud\cdot vc\cdot(d-c)$$

$$\leqslant \frac{1}{uv}\left(\frac{ud+vc+d-c}{3}\right)^{3}$$

$$=\frac{1}{uv}\left(\frac{(u+1)d+(v-1)c}{3}\right)^{3}$$

在上面的过程中,我们使用了 AM－GM 不等式,依据其取等条件,我们来寻找 u,v 的值,使得 $u+1=v-1$(因为这可以使上界独立于 c),即有 $ud=vc=d-c$.这就给出了

$$\frac{1}{u}-\frac{1}{v}=\frac{d}{d-c}-\frac{c}{d-c}=1$$

所以 $v-u=2,uv=2$,解得 $u=-1+\sqrt{3},v=1+\sqrt{3}$.带入 u,v 的值得

$$f(a,b,c)\leqslant \frac{1}{2}\left(\frac{\sqrt{3}(d+c)}{3}\right)^{3}=\frac{\sqrt{3}}{18}$$

当 $d=\frac{1}{2-u}=\frac{1}{3-\sqrt{3}}=\frac{3+\sqrt{3}}{6},c=1-d=\frac{3-\sqrt{3}}{6},b=0,a=\frac{3+\sqrt{3}}{6}$ 时,等号成立.

方法 2　假设最大值在点 (a,b,c) 达到,令 $c=\min\{a,b,c\}$.因为 $f(a,b,c)=f(a-c,b-c,0)$,所以可以假定 $c=0$,从而问题简化为:在条件 $a,b\geqslant 0,a+b\leqslant 1$ 下,求 $f(a,b,0)=ba(b-a)$ 的最大值.

既然是寻找一个最大值,可以假设 $b>a$.在这个区域中就有一个 b 的递增函数,进一步还可以假设 $a+b=1$.因此,我们需要找到下列表达式的最大值

$$ab(b-a)=(1-b)b(2b-1)=-2b^{3}+3b^{2}-b=g(b)$$

其中 $b\geqslant \frac{1}{2}$.因为 $g\left(\frac{1}{2}\right)=g(1)=0$,最大值将出现在临界点.计算得 $g'(b)=-6b^{2}+6b-1$,它仅在区间 $\left[\frac{1}{2},1\right]$ 内的点 $b=\frac{3+\sqrt{3}}{6}$ 处为 0.这样,找到最大值是 $g\left(\frac{3+\sqrt{3}}{6}\right)=\frac{\sqrt{3}}{18}$.

9.(Ivan Borsenco-Mathematical Reflections J124)　设 a,b 是整数,且 $|b-a|$ 是奇素数.证明多项式 $P(x)=(x-a)(x-b)-p$,对任何素数 p,在 $\mathbf{Z}[x]$ 上是不可约的.

证明 1　当且仅当二次多项式 $P(x)=(x-a)(x-b)-p$ 具有有理根(因此 $P(x)$ 有一个整数根,因为 $P(x)$ 是首一的)时,它才是可约的.设 n 是这样一个整数根,则 $(n-a)(n-b)=p$,所以 $\{n-a,n-b\}=\{1,p\}$ 或者 $\{n-a,n-b\}=\{-1,-p\}$.无论哪种情况,都有 $|b-a|=|(n-a)-(n-b)|=p-1$ 是偶数,与题设矛盾.

证明 2　我们来证明当 $|b-a|$ 是奇数,p 是素数时,方程

$$(x-a)(x-b)-p=x^{2}-(a+b)x+ab-p=0$$

没有整数解.其判别式是 $(a+b)^{2}-4ab+4p=q^{2}+4p$,其中 $q=|b-a|$,问题等价于证明 $q^{2}+4p$ 不是一个完全平方数.采用反证法.若不然,存在某个整数 x,使得 $q^{2}+4p=x^{2}$,则 $4p=(x-q)(x+q)$.

为了使 $(x-q)(x+q)$ 能被 4 整除,x,q 必须有相同的奇偶性,所以,设 $x=q+2y$,

其中 y 是某个整数，我们有 $4p=2y(2q+2y)$，即 $p=y(q+y)$. 因为 q 是奇素数，我们得不到 $y=1$（否则，将有 $p=q+1$，这是不可能的，因为 p 是素数，q 是奇素数），所以 $y>1$. 可这也是不可能的，因为这与 p 是素数，矛盾. 因此，判别式不能是完全平方式，从而多项式在 $\mathbf{Z}[x]$ 上是不可约的.

证明 3 采用反证法. 假设对某个素数 p，$P(x)=(x-a)(x-b)-p$ 在 $\mathbf{Z}[x]$ 上是可约的. 因为 $P(x)$ 是一个二次多项式，必有两个整数 r,s，使得 $P(x)=(x-r)(x-s)$. 这样一来，$P(r)=0$ 或者 $(r-a)(r-b)=p$. 然而，因为 $|(r-a)-(r-b)|=|a-b|$ 是奇数，它们的乘积 p 必定是偶数，所以 $p=2$. 设 $x=r-a,y=r-b$，不失一般性，设 $x<y$. 因为 $xy=p>0$，要么 x,y 都是正的，要么 x,y 都是负的. 不失一般性，设它们都是正数，因为 $|x-y|=|a-b|$ 是奇素数，所以 $xy\geqslant 1\cdot(1+3)>2=p$，矛盾.

10. (Vietnamese Mathematical Olympiad) 求所有整系数多项式 $P(x)$，使得

$$P(1+\sqrt[3]{2})=1+\sqrt[3]{2},P(1+\sqrt{5})=2+3\sqrt{5}$$

解 设 $Q(x)=P(x)-x$. 显然，$Q(1+\sqrt[3]{2})=0$. 我们来构造一个最小次数的整系数多项式，使得其根之一是 $1+\sqrt[3]{2}$. 设 $x=1+\sqrt[3]{2}$，则 $(x-1)^3=2$，即 $x^3-3x^2+3x-3=0$. 由此，我们推出 x^3-3x^2+3x-3 整除 $Q(x)$. 事实上，设

$$Q(x)=(x^3-3x^2+3x-3)H(x)+ax^2+bx+c$$

其中 $H(x)$ 是整系数多项式，a,b,c 是整数.

令 $x=1+\sqrt[3]{2}$，我们容易得到 $a=b=c=0$，则 $Q(x)=(x^3-3x^2+3x-3)H(x)$.

此外，$Q(1+\sqrt{5})=1-2\sqrt{5}$，则 $Q(1-\sqrt{5})=1+2\sqrt{5}$. 设 $R(x)=x^3-3x^2+3x-3$. 因为

$$R(1+\sqrt{5})=5\sqrt{5}-2$$

我们有

$$R(1-\sqrt{5})=-5\sqrt{5}-2$$

所以

$$Q(1-\sqrt{5})Q(1+\sqrt{5})=R(1-\sqrt{5})R(1+\sqrt{5})H(1-\sqrt{5})H(1+\sqrt{5})$$

我们发现 $H(1+\sqrt{5})=a+b\sqrt{5}$，其中 a,b 是整数. 所以 $H(1-\sqrt{5})=a-b\sqrt{5}$. 最后，我们有

$$-19=-121(a^2-5b^2)$$

矛盾.

11. (Vietnamese Mathematical Olympiad 1997)

(i) 求所有最低次数的有理系数多项式 $P(x)$，使其满足 $P(\sqrt[3]{3}+\sqrt[3]{9})=3+\sqrt[3]{3}$.

(ii) 是否存在整系数多项式 $P(x)$，满足 $P(\sqrt[3]{3}+\sqrt[3]{9})=3+\sqrt[3]{3}$？

解　我们先来证明一个引理.

引理：如果 $w=u\sqrt[3]{3}+v\sqrt[3]{9}$，其中 $u,v,w\in\mathbf{Q}$，那么 $u=v=w=0$.

引理的证明：利用恒等式

$$a^3+b^3+c^3-3abc=(a+b+c)(a^2+b^2+c^2-ab-bc-ca)$$

将其两边立方，得

$$w^3-3u^3-9v^3+9uvw=0$$

设 N 为 u,v,w 分母的最小公倍数，通过将方程两边同乘以 N^3 的方式，我们总可以假设 $u,v,w\in\mathbf{Z}$. 从而 $3\mid w$，因此存在整数 $w_1\in\mathbf{Z}$，使得 $w=3w_1$. 由此可见 $3\mid u,3\mid v$. 通过这种方式继续下去，我们可以得到 $u=v=w=0$. 这就完成了证明.

(i) 考虑多项式 $P(x)=ax+b(a,b\in\mathbf{Q})$.

如果 $P(x)$ 满足问题的要求，那么 $a(\sqrt[3]{3}+\sqrt[3]{9})+b=3+\sqrt[3]{3}$，即 $(a-1)\sqrt[3]{3}+a\sqrt[3]{9}=3-b\in\mathbf{Q}$，从而 $a=a-1=0$，这是不可能的. 所以，不存在这样的线性多项式. 考虑二次多项式 $P(x)=ax^2+bx+c(a,b,c\in\mathbf{Q})$. 如果 $P(x)$ 满足问题的要求，那么

$$(a+b)\sqrt[3]{9}+(3a+b)\sqrt[3]{3}+6a+c=3+\sqrt[3]{3}$$

由此可见

$$a+b=0$$
$$3a+b=1$$
$$6a+c=3$$

解此方程组，得 $a=\dfrac{1}{2}$，$b=-\dfrac{1}{2}$，$c=0$. 所以 $P(x)=\dfrac{1}{2}(x^2-x)$，是这个问题的唯一解.

(ii) 设 $s=\sqrt[3]{3}+\sqrt[3]{9}$，两边立方我们得到 $s^3=9s+12$. 所以 s 是多项式 $Q(x)=x^3-9x-12$ 的根. 假设存在次数 $n\geqslant 3$ 的整系数多项式 $P(x)$ 满足 $P(s)=3+\sqrt[3]{3}$，则用多项式 $P(x)$ 除以多项式 $Q(x)$，我们有

$$P(x)=Q(x)T(x)+R(x)$$

其中 $T(x),R(x)$ 是整系数多项式，且 $\deg R(x)\leqslant 2$. 所以

$$3+\sqrt[3]{3}=P(s)=Q(s)T(s)+R(s)=R(s)$$

由(i)我们知道，存在唯一一个次数小于或等于 2 的有理系数多项式满足问题的要求，所以不存在这样的多项式 $P(x)$.

12. (Mongolian Mathematical Olympiad 2014)　求所有多项式 $P(x)$，使其具有性质：

对所有正整数 k，存在一个正整数 m，满足 $P(2^k)=2^m$.

解　假设 $P(x)=a_dx^d+\cdots+a_0$，则 $a_d>0$. 令 $2^N\leqslant a_d\leqslant 2^{N+1}-1$. 假设 $|a_k|\leqslant M(k=0,1,\cdots,d)$.

设 $x > 1 + 2M$，由三角不等式，有

$$\left|a_{d-1}x^{d-1} + \cdots + a_0\right| \leqslant M\frac{x^d - 1}{x - 1} < \frac{x^d - 1}{2}$$

当 k 满足 $2^k > 1 + 2M$ 时，我们有

$$P(2^k) \leqslant a_d 2^{kd} + \frac{2^{kd} - 1}{2} \leqslant (2^{N+1} - 1)2^{kd} + \frac{2^{kd} - 1}{2} < 2^{N+kd+1}$$

此外

$$P(2^k) \geqslant a_d 2^{kd} - \frac{2^{kd} - 1}{2} \geqslant 2^N \cdot 2^{kd} - \frac{2^{kd} - 1}{2} > 2^{N+kd-1}$$

所以 $P(2^k) = 2^{N+dk} = 2^N \cdot 2^{kd}$. 方程 $P(x) = 2^N \cdot x^d$ 有无穷多解. 因此对所有的 x, $P(x) = 2^N \cdot x^d$.

13. （Moscow Mathematical Olympiad 2008） 设 $k \geqslant 6$ 是自然数. 证明如果整系数多项式在 k 个整点上的值位于从 1 到 $k - 1$ 中，则这些值是相等的.

证明 设整数 $x_1 < \cdots < x_k$ 是多项式 P 在点 $1, 2, \cdots, k - 1$ 上取值时得到的多项式的值. 注意到 $x_k - x_1 \geqslant k - 1$. 由

$$(x_k - x_1) \mid (P(x_k) - P(x_1))$$

且

$$P(x_k) - P(x_1) \leqslant k - 2$$

所以 $P(x_k) = P(x_1)$.

这样，可以把 $P(x)$ 写成如下形式

$$P(x) = P(x_1) + (x - x_1)(x - x_k)Q(x)$$

其中 $Q(x)$ 是整系数多项式.

如果 $P(x_i) \neq P(x_1)$ $(i = 3, \cdots, k - 2)$，那么 $|Q(x_i)| \neq 0$，所以

$$\left|P(x_i) - P(x_1)\right| \geqslant \left|(x_i - x_1)(x_i - x_k)\right| \geqslant 2(k - 2) > k - 2$$

矛盾. 所以

$$P(x_i) = P(x_1) \quad (i = 3, \cdots, k - 2)$$

从而多项式 $P(x)$ 可以写成

$$P(x) = P(x_1) + (x - x_1)(x - x_3) \cdots (x - x_{k-2})(x - x_k)R(x)$$

如果 $P(x_1) \neq P(x_2)$，那么 $R(x_2) \neq 0$. 因此

$$\left|P(x_2) - P(x_1)\right| \geqslant (k - 4)!\,(k - 2) > k - 2$$

矛盾. 所以

$$P(x_2) = P(x_1)$$

类似可得

$$P(x_{k-1}) = P(x_1)$$

14. （Andy Liu-Tournament of Towns 2009） 考虑格点 (x, y)，其中 $0 \leqslant y \leqslant 10$.

我们构造一个 20 次的整系数多项式. 多项式图像上的那些格点最多有多少?

解法 1 来考虑方程 $P(x)=c(0 \leqslant c \leqslant 10)$ 的整数解. 我们将证明答案是:20. 设 $x_1 < \cdots < x_{21}$ 满足题设条件,则 $a=x_1, b=x_{21}$. 从而 $b-a \geqslant 20$. 但 $|P(b)-P(a)| \leqslant 10$. 因为 $(b-a) \mid (P(b)-P(a))$,所以 $P(b)=P(a)=C(0 \leqslant C \leqslant 10)$.

设 $P(x)=C+(x-a)(x-b)Q(x)$,其中 $Q(x)$ 是 18 次整系数多项式. 对所有 $x_k(2 \leqslant k \leqslant 20)$,我们有

$$(x_k-a)(b-x_k) \geqslant 19$$

但 $|P(x_k)-P(a)| \leqslant 10$,从而 $Q(x_k)=0(k=2, \cdots, 20)$. 但 $P(x)-C$ 是 20 次多项式,且有 21 个不同的根,矛盾. 为了达到有 20 个格点,我们可以取 $P(x)=x(x-1)\cdots(x-19)$.

解法 2 使用之前的记号,当 $i=1,2,\cdots,10$ 时,有 $x_{21}-x_i \geqslant 11$;当 $i=12,13,\cdots,21$ 时,有 $x_i-x_1 \geqslant 11$. 因为 $x_{21}-x_1 \geqslant 11$,所以 $P(x_{21})=P(x_1)=r$. 除了 x_{11} 之外的所有 x_j 都是 $P(x)-r$ 的根,则

$$P(x)=r+a(x-x_1)\cdots(x-x_{10})(x-x_{12})\cdots(x-x_{21})$$

因此 $|P(x_{11})-r| \geqslant (10!)^2$,矛盾. 最后,我们构造了一个 20 次的整系数多项式,它满足上一解中给定的条件.

15. (G. Zhukov-Kvant M2427) 在黑板上写有 N 个实数,在每一步,我们用黑板上的数字构造一个多项式,并把它的实根(如果有的话)写在黑板上. 经过一个有限步的运算之后,我们发现黑板上写的数字中囊括了从 -2016 到 2016 中所有的整数. 问:N 的最小值是多少?

解 注意,我们需要从黑板上的 0 开始,否则永远得不到 0. 进一步地,在黑板上必须至少有一个非零的数字,从而在黑板上必须至少有两个数字时,才能开始. 下面我们将证明,如果从 0 和 2 016! 这两个数字开始,那么我们可以构造从 -2016 到 2016 的所有数字,因此 N 的最小值是 2. 令 $a=2\,016!$,之后,先用 $ax+a$ 构造 -1. 接下来用 ax^2-1 来构造 $\pm\dfrac{1}{\sqrt{a}}$. 然后用多项式 $\dfrac{1}{\sqrt{a}}x-\dfrac{1}{\sqrt{a}}$ 来构造 1. 现在我们看到,如果数字 b 出现在黑板上,那么通过 $x+b$ 可以构造 $-b$. 特别地,可以构造 $-a$.

假设数字 $0,1,\cdots,M-1$ 在黑板上,其中 $M \leqslant 2\,016$,我们可以构造出 M. 为此,把 2 016! 以基数 M 写成 $2\,016!=a_k M^k+\cdots+a_1 M+a_0$,其中 $a_i \in \{0,1,\cdots,M-1\}$. 因为 $M \mid 2\,016!, M \mid (a_k M^k+\cdots+a_1 M)$,所以 a_0 能被 M 整除,所以 $a_0=0$. 现在考虑方程

$$a_k x^k+\cdots+a_1 x-2\,016!=0$$

所有的系数都在黑板上,$x=M$ 是一个解. 因此,通过对 M 的简单的归纳,我们发现 1, 2,$\cdots$,2 016 可以全部写在黑板上,从而 $-1,-2,\cdots,-2\,016$ 也可以全部写在黑板上.

16. (Vietnamese Mathematical Olympiad 2015) 定义一个多项式序列如下

$$f_0(x)=2, f_1(x)=3x$$

当 $n \geqslant 2$ 时

$$f_n(x) = 3x f_{n-1}(x) + (1 - x - 2x^2) f_{n-2}(x)$$

如果 $f_n(x)$ 能被 $x^3 - x^2 + x$ 整除，求 n.

解 由题设我们有

$$f_n(x) - (x+1) f_{n-1}(x) = (2x-1) f_{n-1}(x) - (2x-1)(x+1) f_{n-2}(x)$$

则

$$f_n(x) - (x+1) f_{n-1}(x) = (2x-1)(f_{n-1}(x) - (x+1) f_{n-2}(x))$$

所以

$$f_n(x) - (x+1) f_{n-1}(x) = (2x-1)^{n-1}(x-2)$$

由此可得

$$\begin{aligned} f_n(x) - (2x-1)^n &= (x+1)(f_{n-1}(x) - (2x-1)^{n-1}) \\ &= \cdots \\ &= (x+1)^n (f_0(x) - (2x-1)^0) \\ &= (x+1)^n \end{aligned}$$

所以

$$f_n(x) = (2x-1)^n + (x+1)^n$$

现在我们来求出所有的 n，使得 $(2x-1)^n + (x+1)^n$ 除以 $x(x^2-x+1)$ 的余数等于零. 首先，我们有 $f_n(0) = (-1)^n + 1 = 0$，因此 n 是奇数. 此外 $f_n(-2) = -(1+5^n)$，这就意味着它能被 6 整除. 因此 n 可以写成 $n = 3 + 6m$，其中 m 是某个非负整数. 容易验证对这样的 n，多项式 $f_n(x)$ 能被 $(2x-1)^3 + (x+1)^3 = 9(x^3 - x^2 + x)$ 整除，所以 $n = 3 + 6m(m \in \mathbf{Z})$.

17. (Mongolian Mathematical Olympiad 2016) 多项式 $P(x), Q(x)$ 满足 $P(x)^2 = 1 + Q(x)^3$. 证明两个多项式都是常数.

证明 把题设等式改写成 $(P(x)-1)(P(x)+1) = Q(x)^3$，因为多项式 $P(x)-1$, $P(x)+1$ 没有公共根，所以可设 $P(x)-1 = A(x)^3$, $P(x)+1 = B(x)^3$. 对于多项式 $A(x), B(x)$，我们有 $B(x)^3 - A(x)^3 = 2$. 这样一来，多项式 $B(x) - A(x)$, $B(x)^2 + A(x)B(x) + A(x)^2$ 都是常数. 因为

$$B(x)^2 + A(x)B(x) + A(x)^2 = (B(x) - A(x))^2 + 3A(x)B(x)$$

由此可见，$A(x)B(x)$ 必定是常数. 所以 $A(x), B(x)$ 都是常数，从而 $P(x), Q(x)$ 都是常数.

18. (Bogdan Enescu-Mathematical Reflections S40) 设 f, g 是有理系数的不可约多项式，a, b 是满足 $f(a) = g(b) = 0$ 的两个复数. 证明如果 $a + b$ 是有理数，那么多项式 f, g 有相同的次数.

证明 考虑多项式 $h(x) = g(a + b - x) \in \mathbf{Q}[x]$，显然 $h(a) = g(b) = f(a) = 0$. 因

为 $f(x)$ 是不可约的,所以 $f(x)$ 是 a 的最小多项式,从而 $h(x)$ 必能被 $f(x)$ 整除.因此 $\deg f(x) \leqslant \deg h(x) = \deg g(x)$.类似可得 $\deg g(x) \leqslant \deg f(x)$.所以多项式 f,g 有相同的次数.

19.(Czech-Polish-Slovak Match 2012)　整系数多项式 $P(x)$ 具有下列性质:

对所有整系数多项式 $F(x), G(x), Q(x)$ 满足 $P(Q(x)) = F(x)G(x)$,多项式 $F(x)$,$G(x)$ 中有一个是常数.证明 $P(x)$ 必定是常数.

证明　采用反证法.若不然,即 $P(x)$ 不是常数.设 $P(x) = ax + b(a \neq 0)$.取 $Q(x) = ax^2 + (b+1)x$,则
$$P(Q(x)) = (ax + b)(ax + 1)$$
令 $P(x) = a_d x^d + \cdots + a_0 (d > 1, a_d \neq 0)$.设 $Q(x) = x + P(x)$,则
$$\begin{aligned}P(Q(x)) &= P(x + P(x))\\ &= a_d(x + P(x))^d + \cdots + a_0\\ &= P(x)T(x) + a_d x^d + \cdots + a_0\\ &= P(x)(1 + T(x))\end{aligned}$$
由此可见 $1 + T(x)$ 的次数是 $d(d-1)$,从而不是常数.

20.(Aleksander Khrabrov-Saint Petersburg Mathematical Olympiad 2013)　给定二次多项式 $f(x), g(x)$.已知方程 $f(x)g(x) = 0$ 只有一个实根,方程 $f(x) + g(x) = 0$ 有两个实根.证明方程 $f(x) - g(x) = 0$ 没有实根.

证明 1　我们考虑两种情况.

(i) 两个多项式 $f(x), g(x)$ 只有一个公共根 x_0,则
$$f(x) = a(x - x_0)^2, g(x) = b(x - x_0)^2$$
因此 $f(x) + g(x) = (a+b)(x - x_0)^2$.如果 $a + b = 0$,那么 $f(x) + g(x)$ 有无穷多个根.所以 $a + b \neq 0$,$f(x) + g(x)$ 只有一个实根.这与题设矛盾.

(ii) 多项式 $f(x)$ 有一个重根,而多项式 $g(x)$ 没有实根.不失一般性,假设 $f(x)$ 的图像开口向上(图 10.1),则 $f(x)$ 的图像与 $-g(x)$ 的图像有两个交点.很明显抛物线 $-g(x)$ 的开口向上,并严格地位于 x 轴的上方.若不然,抛物线将与 x 轴相交.因此,$g(x)$ 的图像位于下半平面,它与 $f(x)$ 的图像不相交.这就是说,方程 $f(x) - g(x) = 0$ 没有实根.

证明 2　和前面的证法一样,我们可以简化到 $f(x)$ 只有一个实根,$g(x)$ 没有实根,$f(x) + g(x)$ 有两个实根的情况.从判别式的角度来看,就是 $D_f = 0, D_g < 0, D_{f+g} > 0$.容易证明 $D_{f+g} + D_{f-g} = 2(D_f + D_g)$,由此可见 $D_{f-g} < 0$,所以方程 $f(x) - g(x) = 0$ 没有实根.

21.(Fedor Petrov-Kvant M2433)　设 $f(x)$ 是一个三次多项式.如果 $f(a) = b$,$f(b) = c, f(c) = a$,那么我们称三元组 (a, b, c) 是一个循环.我们知道 8 个循环包含 24 个

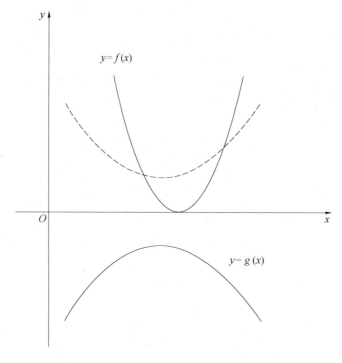

图 10.1

不同的数,对每一个循环(a_i, b_i, c_i) $(i=1,2,\cdots,8)$,计算 $a_i + b_i + c_i$ 的值,得到 8 个值.证明这 8 个值之间有:

(a) 至少三个数不同.

(b) 至少四个数不同.

证明 (a) 假设和 S 出现在几个循环中,则在某个循环中的任意 x,我们有

$$x + f(x) + f(f(x)) = S$$

左边的多项式是 9 次多项式,因此不超过 9 个实根.每个循环由这些根中的三个组成,所以和 S 的出现次数不超过 3 次.

(b) 把上面的等式改写成 $S - x - f(x) = f(f(x))$,则

$$f(S - x - f(x)) = f(f(f(x))) = x$$

所以

$$f(S - x - f(x)) + f(x) + f(f(x)) = S$$

上述方程的次数是 7.实际上,设多项式 $f(x)$ 中 x^3 的系数为 A,则

$$f(S - x - f(x)) + f(x) + f(f(x))$$
$$= A(S - x - f(x))^3 + Ax^3 + Af(x)^3 + \cdots$$
$$= -3Axf(x)^2 + \cdots$$

因此,和 S 的出现都不超过 $\left[\dfrac{7}{3}\right]=2$ 次.

22. (D. Petrovsky-Ukrainian Mathematical Olympiad) 考虑实系数多项式 $P(x),Q(x)$. 已知多项式 $S(x)=P(x)Q(x)$ 只有一个正系数. 如果 $P(0)>0$,证明对所有 $x>0$,我们有

$$S(x^2)-S(x)^2 \leqslant \frac{1}{4}(P(x^3)^2+Q(x^3))$$

证明 如果对于某些 $y>0$,我们有 $P(y)<0$,那么多项式 $S(x)$ 在区间 $(0,y)$ 中必有一根,但这是不可能的,因为 $S(x)$ 的所有系数都是正的. 所以,对任意 $x>0$,我们有 $P(x)>0$. 类似可得 $Q(x)>0$. 设

$$A(x)=2P(x)$$
$$B(x)=2Q(x)$$
$$C(x)=A(x)B(x)=4P(x)Q(x)=4S(x)$$

则原不等式化为 $4C(x^2) \leqslant C(x)^2+A(x^3)^2+2B(x^3)$.

由 AM-GM 不等式,有

$$C(x)^2+A(x^3)^2+2B(x^3)=C(x)^2+A(x^3)^2+B(x^3)+B(x^3)$$
$$\geqslant 4\sqrt[4]{C(x)^2 A(x^3)^2 B(x^3)^2}$$
$$=4\sqrt{C(x)A(x^3)B(x^3)}$$
$$=\sqrt{C(x)C(x^3)}$$

由 Cauchy-Schwarz 不等式,有

$$C(x)C(x^3)=(a_0+a_1x+\cdots+a_dx^d)(a_0+a_1x^3+\cdots+a_dx^{3d})$$
$$\geqslant (a_0+a_1x^2+\cdots+a_dx^{2d})^2$$
$$=C(x^2)^2$$

这样我们就完成了证明.

23. (P. Kozhenskov-Kvant M2438) 设 $g_0(x)$ 是一个 n 次多项式,有 n 个不同的实根 $x_1,\cdots,x_n$. 我们采用下列方式构造多项式 $g_1(x),g_2(x),\cdots,g_n(x)$

$$g_0(x)=a_0x^n+a_1x^{n-1}+\cdots+a_{n-1}x+a_n$$
$$g_1(x)=a_1x^n+\cdots+a_{n-1}x^2+a_nx+a_0$$
$$\vdots$$
$$g_n(x)=a_nx^n+a_0x^{n-1}+\cdots+a_{n-2}x+a_{n-1}$$

定义 $b_i=g_i(x_1)$ $(i=1,2,\cdots,n)$. 证明如果 $b_1 \neq 0$,那么多项式 $f(x)=b_1x^{n-1}+\cdots+b_{n-1}x+b_n$ 有根 $x_2,\cdots,x_n$.

证明 设 $h(x)=(x-x_1)f(x)$,我们来证明 $x_1,x_2,\cdots,x_n$ 是 $h(x)$ 的根. 注意到

$$h(x)=b_1x^n+(b_2-x_1b_1)x^{n-1}+\cdots+(b_n-x_1b_{n-1})x-x_1b_n$$

因为 $b_1 = g_1(x_1) = a_1 x_1^n + \cdots + a_{n-1} x_1^2 + a_n x_1 + a_0$，所以

$$b_1 = a_0 x_1^{n+1} + a_1 x_1^n + \cdots + a_{n-1} x_1^2 + a_n x_1 + a_0 - a_0 x_1^{n+1}$$
$$= a_0 x_1^{n+1} + a_1 x_1^n + \cdots + a_{n-1} x_1^2 + a_n x_1 + a_0(1 - x_1^{n+1})$$
$$= x_1 g_0(x_1) + a_0(1 - x_1^{n+1})$$
$$= a_0(1 - x_1^{n+1})$$

对于 $1 \leqslant k \leqslant n-1$，我们有

$$b_{k+1} - x_1 b_k = (a_{k+1} x_1^n + \cdots + a_k) - (a_k x_1^{n+1} + \cdots + a_{k-1} x_1)$$
$$= a_k(1 - x_1^{n+1})$$

此外

$$-x_1 b_n = -a_n x_1^{n+1} - (a_0 x_1^n + \cdots + a_{n-1} x_1)$$
$$= a_n(1 - x_1^{n+1}) - g_0(x_1)$$
$$= a_n(1 - x_1^{n+1})$$

因此 $h(x)$ 的系数是由 $g_0(x)$ 乘以 $1 - x_1^{n+1}$ 得到的,这就完成了证明.

24. (Dorin Andrica-Mathematical Reflections S81) 考虑多项式 $P(x) = \sum_{k=0}^{n} \frac{1}{n+k+1} x^k$ $(n \geqslant 1)$. 证明方程 $P(x^2) = P(x)^2$ 没有实根.

证明 1 假设方程存在一个实根 t. 因为 $P(t^2) \geqslant \frac{1}{1+n} > 0$, 由此可见 $P(t^2) = P(t)^2 > 0$. 由 Cauchy-Schwarz 不等式, 有

$$\left(\sum_{k=0}^{n} \frac{1}{n+k+1}\right) \left(\sum_{k=0}^{n} \frac{1}{n+k+1} t^{2k}\right) \geqslant \left(\sum_{k=0}^{n} \frac{1}{n+k+1} t^k\right)^2$$

从而 $\sum_{k=0}^{n} \frac{1}{n+k+1} \geqslant 1$. 但是, $\sum_{k=0}^{n} \frac{1}{n+k+1} < (n+1) \frac{1}{n+1} = 1$, 矛盾. 所以 $P(x^2) = P(x)^2$ 没有实根.

证明 2 考虑多项式 $Q(x) = P(x^2) - P(x)^2$, 因为 $Q(0) = \frac{1}{n+1} - \frac{1}{(n+1)^2} > 0$, 所以问题等价于证明

$$P(x^2) > P(x)^2$$

定义向量 $V(x) = \left(\frac{x^n}{\sqrt{2n+1}}, \frac{x^{n-1}}{\sqrt{2n}}, \cdots, \frac{1}{\sqrt{n+1}}\right)$. 利用内积,我们有

$$P(x^2) = V(x) \cdot V(x) = |V(x)|^2$$

以及

$$P(x) = V(x) \cdot V(1) = |V(x)| \cdot |V(1)| \cdot \cos \alpha$$

其中 α 是向量 $V(x)$ 和 $V(1)$ 之间的夹角. 因为 $\cos^2 \alpha \leqslant 1$, 如果我们能够证明 $|V(1)|^2 < 1$, 那么结论成立. 实际上

$$|V(1)|^2 = V(1) \cdot V(1) = \frac{1}{2n+1} + \frac{1}{2n} + \cdots + \frac{1}{n+1} < (n+1) \cdot \frac{1}{n+1} = 1$$

25.（I. Bogdanov-Russian Mathematical Olympiad 2011）　非零实数 a,b,c 满足三个方程

$$ax^{11} + bx^4 + c = 0, \quad bx^{11} + cx^4 + a = 0, \quad cx^{11} + ax^4 + b = 0$$

中任何两个有一个公共根. 证明这三个方程有一个公共根.

证明　假设 $x=r$ 是多项式 $ax^{11} + bx^4 + c, bx^{11} + cx^4 + a$ 的公共根. 显然 $r \neq 0$，否则 $a = c = 0$，矛盾. 则

$$br^{11} + cr^4 + a = 0$$
$$ar^{11} + br^4 + c = 0$$

第一个方程乘以 a，第二个方程乘以 b，再相减，然后第一个方程乘以 b，第二个方程乘以 c，再相减，我们有

$$r^4(b^2 - ac) - (a^2 - bc) = r^{11}(b^2 - ac) - (c^2 - ba) = 0$$

如果 $b^2 - ac = 0$，那么 $a^2 - bc = c^2 - ba = 0$，从而 $a = b = c$，则命题是显然的. 假设 $b^2 - ac \neq 0$，则

$$|r^4| = \left|\frac{a^2 - bc}{b^2 - ac}\right|, \quad |r^{11}| = \left|\frac{c^2 - ba}{b^2 - ac}\right|$$

不失一般性，假设 $|b^2 - ac|$ 是 $|a^2 - bc|$，$|b^2 - ac|$，$|c^2 - ba|$ 的中间值. 因此 $|r^4|$，$|r^{11}|$ 之间的某个小于 1，而另一个大于 1，矛盾，除非 $|r| = 1$. 则 $|a^2 - bc| = |b^2 - ac| = |c^2 - ba|$.

同样，另外两个公共根 s 和 t 的绝对值等于 1，即 $|s| = |t| = 1$. 因为 r,s,t 是实数，所以至少有两个是相等的，比如说是 $r = s$，则这三个方程有一个公共根.

26.（Mathematics and Youth）　设 n 是一个正整数，$p > n+1$ 是一个素数. 证明方程

$$1 + \frac{x}{n+1} + \frac{x^2}{2n+1} + \cdots + \frac{x^p}{pn+1} = 0$$

没有整数解.

证明　方程两边同乘以 $(1+n)(1+2n)\cdots(1+pn)$，则得到多项式 $P(x) = a_p x^p + \cdots + a_0$，其中

$$a_i = \frac{(1+n)(1+2n)\cdots(1+pn)}{1+in}$$

因为 $\gcd(n,p) = 1$，所以存在唯一的 $i \in \{1,2,\cdots,p-1\}$，使得 $1+in$ 能被 p 整除. 此外，因为 $p > n+1$，所以 $i \neq 1$. 无论如何，对这样的 i，我们有

$$1 + in < 1 + (p-1)n < 1 + (p-1)^2 < p^2$$

所以，$1+in$ 不能被 p^2 整除. 这就是说，除了 x^i 的系数外，所有系数 $a_0, \cdots, a_p$ 都能被 p 整除，而不能被 p^2 整除. 假设有一个整数 s，满足 $P(s) = 0$，则 $a_p s^p + \cdots + a_0 = 0$.

但是项 $a_i s^i$ 必能被 p 整除. 因为 $p \nmid a_i$, 则必有 $p \mid s$. 所以, 所有的项 $a_k s^k$ 都能被 p^2 整除(注意到, 因为 $i \neq 1, a_1$ 能被 p 整除), 但 a_0 不能被 p^2 整除. 因此左边不是 p^2 的倍数, 矛盾. 因此方程不存在整数解.

27. (Baltic Way 2016)　求所有满足下列方程组的实数四元组 (a,b,c,d)

$$\begin{cases} a^3 + c^3 = 2 \\ a^2 b + c^2 d = 0 \\ b^3 + d^3 = 1 \\ ab^2 + cd^2 = -6 \end{cases}$$

(提示：定义一个多项式 $P(x) = (ax+b)^3 + (cx+d)^3$.)

解　令 $P(x) = (ax+b)^3 + (cx+d)^3 = (a^3+c^3)x^3 + 3(a^2b+c^2d)x^2 + 3(ab^2+cd^2)x + b^3+d^3$, 则 $P(x) = 2x^3 - 18x + 1$. 因为 $P(0) > 0, P(1) < 0, P(3) > 0$, 所以多项式 $P(x)$ 有三个不同的实根. 但

$$P(x) = ((a+c)x+b+d)((ax+b)^2 - (ax+b)(cx+d) + (cx+d)^2)$$

第二个因子是正的, 除非 $ax+b = cx+d = 0$. 在这种情况下, 多项式至多有两个实根. 否则, 多项式有一个实根, 即第一个因子的根. 因此, 方程组没有实数解.

28. (A. Golovanov − Russian Mathematical Olympiad 2012)　给定多项式 $P(x)$ 以及实数 $a_1, a_2, a_3, b_1, b_2, b_3 (a_1 a_2 a_3 \neq 0)$. 假设对每一个实数 x, 有 $P(a_1 x + b_1) + P(a_2 x + b_2) = P(a_3 x + b_3)$. 证明多项式 $P(x)$ 至少有一个实根.

证明1　设 $P(x)$ 是一个常数多项式. 则 $P(x) = 0$, 命题成立. 若不然, 则多项式 $P(x)$ 的符号不改变. 不妨设对任意实数 $x, P(x) > 0$(否则用 -1 乘以 $P(x)$), 则存在一个实数 s, 使得对任意实数 x, 有

$$P(x) \geqslant P(s) = T > 0$$

存在一个实数 r, 满足 $a_3 r + b_3 = s$, 当 $x = r$ 时, 我们有

$$P(a_1 r + b_1) + P(a_2 r + b_2) \geqslant 2T > T = P(a_3 r + b_3)$$

矛盾.

证明2　如果 a_1, a_2 之中有一个不等于 a_3, 不妨设说 $a_1 \neq a_3$, 那么存在一个实数 r, 满足 $a_1 r + b_1 = a_3 r + b_3$

令 $x = r$, 则原等式变成 $P(a_2 r + b_2) = 0$. 否则, $a_1 = a_2 = a_3 = a$. 假设 a_d 是 $P(x)$ 的首项系数. 比较两边 x^d 的系数($\deg P(x) = d$), 我们有 $a_d(a^d + a^d) = a_d a^d$, 矛盾.

29. (Czech-Slovakia Mathematical Olympiad 1995)　求所有的实系数多项式 $f(x)$, 使其对于任何实数 x, 下列不等式成立

$$xf(x)f(1-x) + x^3 + 100 \geqslant 0$$

解　令 $n = \deg f$(显然 $f \not\equiv 0$). 记 $f(x) = ax^n + g(x)$, 其中 $\deg g \leqslant n-1$ 或者 $g \equiv 0$.

$xf(x)f(1-x)$ 的首项是 $(-1)^n a^2 x^{2n+1}$. 因为左边不能是奇数次多项式(否则对于大正数或大负数 x,它将有负值),则 $2n+1=3$,即 $n=1$,从而 $(-1)a^2=-1 \Rightarrow a=\pm 1$. 因此,得到 $f(x)=x+b$ 或者 $f(x)=-x+b$,其中 $b\in \mathbf{R}$.

如果 $f(x)=x+b$,那么左边的多项式变成了 $x^2+(b^2+b)x+100$,它非负当且仅当 $(b^2+b)^2-400 \leqslant 0$,即 $|b^2+b| \leqslant 20$,由此可得 $b\in [-5,4]$. 如果 $f(x)=-x+b$,那么左边的多项式变成了 $x^2+(b^2-b)x+100$,它非负当且仅当 $(b^2-b)^2-400 \leqslant 0$,即 $|b^2-b| \leqslant 20$,由此可得 $b\in [-4,5]$. 总之,所求的多项式为 $f(x)=x+b$,其中 $b\in [-5,4]$,或者 $f(x)=-x+b$,其中 $b\in [-4,5]$.

30. (I. Bogdanov-Russian Mathematical Olympiad 2010)　求所有实系数奇次多项式 $P(x)$,满足对任何实数 x,有 $P(P(x)) \leqslant P(x)^3$,且 $P(x)$ 的 x^2 项的系数是零.

解　设 $P(x)=a_0+a_1 x+\cdots+a_d x^d (a_d \neq 0)$,则 $\deg(P(P(x)))=d^2$, $\deg(P(x)^3)=3d$. 如果 $d^2 \neq 3d$,多项式 $P(x)^3-P(P(x))$ 将是一个奇数次多项式,次数为 $\max\{d^2,3d\}$. 但是,奇数次多项式对于充分大的正 x 或充分大的负 x 总是负值. 因此,这个多项式不能处处是非负值. 假设 $d^2=3d$,则 $d=3$. 多项式 $P(P(x))$,$P(x)^3$ 的首项 x^9 的系数必定是相等的,所以 $a_3^4=a_3^3$. 因此 $a_3=1$. 对于多项式 $P(x)=x^3+ax+b(a,b\in \mathbf{R})$,有

$$P(P(x))-P(x)^3=ax^3+a^2 x+ab+b \leqslant 0$$

基于同样的道理,必有 $a=0$. 由此可得 $b\leqslant 0$. 因此,所求多项式 $P(x)=x^3+b(b\leqslant 0)$.

31. 设 $P(x)=x^d+a_{d-1}x^{d-1}+\cdots+a_0$ 的所有根都在区间 $[-1,1]$ 内. 证明如果 $|P(x)| \geqslant 1(x\in [0,1])$,那么

$$|P(x)| \leqslant 1 \quad (x\in (-1,0))$$

证明　设 $P(x)=(x-x_1)\cdots(x-x_d)(x_1,x_2,\cdots,x_d \in [-1,1])$. 假设存在一个实数 $r\in (0,1)$,满足 $|P(-r)|>1$,则

$$|P(r)P(-r)|=|(r-x_1)\cdots(r-x_d)| \cdot |(r+x_1)\cdots(r+x_d)|$$
$$=|(r^2-x_1^2)\cdots(r^2-x_d^2)|$$

因为 $r^2 \in (0,1)$,$x_i^2 \in [0,1]$,所以 $|r^2-x_1^2|<1$. 由此可得 $|P(r)P(-r)|<1$,因为 $|P(-r)|>1$,所以 $|P(r)|<1$,矛盾.

余下的情况是 $r=0$. 此时,有 $|P(0)|=|x_1\cdots x_d| \leqslant 1$.

32. (Polish Mathematical Olympiad 2013)　设 b,c 是整数,$f(x)=x^2+bx+c$,k_1, k_2,k_3 是整数,且

$$n \mid f(k_1),n \mid f(k_2),n \mid f(k_3)$$

证明:$n \mid (k_1-k_2)(k_2-k_3)(k_3-k_1)$.

证明 1　设

$$A = k_1^2(k_2 - k_3) + k_2^2(k_3 - k_1) + k_3^2(k_1 - k_2)$$
$$B = bk_1(k_2 - k_3) + bk_2(k_3 - k_1) + bk_3(k_1 - k_2)$$
$$C = c(k_2 - k_3) + c(k_3 - k_1) + c(k_1 - k_2)$$

很明显 $B = C = 0$,且

$$A + B + C = (k_2 - k_3)f(k_1) + (k_3 - k_1)f(k_2) + (k_1 - k_2)f(k_3) = A$$

所以,n 整除 $A = -(k_1 - k_2)(k_2 - k_3)(k_3 - k_1)$.

证明 2　设 $M = (k_1 - k_2)(k_2 - k_3)(k_3 - k_1)$,$p$ 是能整除 M 的一个素数.假设

$$v_p(k_1 - k_2) = x, v_p(k_2 - k_3) = y, v_p(k_3 - k_1) = z, v_p(n) = t$$

所以,只需证明 $x + y + z \geqslant t$.

如果 $\min\{x, y, z\} \geqslant t$,那么证明完成.所以,假设 $\max\{x, y, z\} < t$.注意到

$$n \mid f(k_1) - f(k_2) = (k_1 - k_2)(k_1 + k_2 + b)$$

所以

$$v_p((k_1 - k_2)(k_1 + k_2 + b)) = x + v_p(k_1 + k_2 + b) \geqslant t$$

因此,$p^{t-x} \mid (k_1 + k_2 + b)$.类似可证,$p^{t-y} \mid (k_3 + k_2 + b)$,所以 $p^{\min\{t-x, t-y\}} \mid (k_3 - k_1)$.
因此

$$v_p(k_3 - k_1) = z \geqslant \min\{t - x, t - y\} = t - \max\{x, y\}$$

这就是说

$$x + y + z \geqslant z + \max\{x, y\} \geqslant t$$

译者注　本题中涉及的函数 $v_p(n)$ 表示整数 n 的质因数分解中素数 p 的幂次.

33. 设 $f(x) = a^{2016}x^2 + bx + a^{2016}c - 1$,其中 a, b, c 是整数.假设方程 $f(x) = -2$ 有两个正整数根.证明:$\dfrac{f(1)^2 + f(-1)^2}{2}$ 是合数.

证明　假设方程 $a^{2016}x^2 + bx + a^{2016}c + 1 = 0$ 的两个正整数根是 r, s,则由 $rs = c - \dfrac{1}{a^{2016}}$ 可得 $a^{2016} = 1$.所以方程简化为 $x^2 + bx + c + 1 = 0$,于是 $f(x) = x^2 + bx + c + 1 = (x - r)(x - s)$,我们有

$$f(1) = (1 - r)(1 - s), f(-1) = (1 + r)(1 + s)$$

所以

$$\frac{f(1)^2 + f(-1)^2}{2} = \frac{(1 - r)^2(1 - s)^2 + (1 + r)^2(1 + s)^2}{2} = (1 + r^2)(1 + s^2)$$

因为 $1 + r^2, 1 + s^2$ 都是大于 1 的整数,所以 $\dfrac{f(1)^2 + f(-1)^2}{2}$ 是合数.

34. 设整系数多项式 $P(x) = ax^2 + bx + c$ 满足 $P(1) < P(2) < P(3)$,$P(1)^2 + P(2)^2 + P(3)^2 = 22$,求这样的多项式的个数.

解　显然 $P(1), P(2), P(3)$ 都是整数.此外,因为它们的平方和是 22,我们有

$$P(1)^2 + P(2)^2 + P(3)^2 = 4 + 9 + 9 = 22$$

由不等式 $P(1) < P(2) < P(3)$,我们得到 $P(1) = -3, P(2) \in \{-2, 2\}, P(3) = 3$,则

$$(P(1), P(2), P(3)) \in \{(-3, -2, 3), (-3, 2, 3)\}$$

然后,我们来求解方程组

$$\begin{cases} a + b + c = P(1) \\ 4a + 2b + c = P(2) \\ 9a + 3b + c = P(3) \end{cases}$$

通过 $P(1), P(2), P(3)$ 的值,我们得到两个不同的多项式,它们是问题的解

$$P(x) = 2x^2 - 5x \ \text{或} \ P(x) = -2x^2 + 11x - 12$$

35. (Edward Barbeau) 设 $f(x)$ 是二次多项式,证明存在二次多项式 $h(x), g(x)$ 满足 $f(x)f(x+1) = g(h(x))$.

证明 1 令 $f(x) = ax^2 + bx + c$,则

$$f(x)f(x+1) = (ax^2 + bx + c)(a(x+1)^2 + b(x+1) + c)$$
$$= a^2(x^2 + x)^2 + b^2(x^2 + x) + ab(x(x+1))(2x+1) +$$
$$ac(x^2 + (x+1)^2) + 2bcx + bc + c^2$$

将上面的表达式变形,得

$$a^2(x^2 + x)^2 + \frac{b^2}{4}(2x+1)^2 + ab(x(x+1))(2x+1) +$$

$$2c\left(ax^2 + (a+b)x + \frac{b}{2}\right) + ac + c^2 - \frac{b^2}{4}$$

$$= \left(ax^2 + ax + \frac{b}{2}(2x+1)\right)^2 + 2c\left(ax^2 + (a+b)x + \frac{b}{2}\right) + ac + c^2 - \frac{b^2}{4}$$

所以

$$h(x) = ax^2 + (a+b)x + \frac{b}{2}, g(x) = x^2 + 2cx + ac + c^2 - \frac{b^2}{4}$$

证明 2 设 $f(x) = a(x-r)(x-s)$,则

$$f(x)f(x+1) = a^2(x-r)(x+1-s)(x-s)(x+1-r)$$
$$= a^2(x^2 - (r+s-1)x + rs - r)(x^2 - (r+s-1)x + rs - s)$$

取 $h(x) = x^2 - (r+s-1)x + rs, g(x) = a^2(x-r)(x-s)$ 即可.

36. (I. Robanov-Russian Mathematical Olympiad 2003) 设 $P(x) = x^2 + ax + b$, $Q(x) = x^2 + cx + d$ 满足方程 $P(Q(x)) = Q(P(x))$ 没有实根. 证明:$b \neq d$.

证明 由等式 $P(Q(x)) = Q(P(x))$ 可得

$$(x^2 + ax + b)^2 + c(x^2 + ax + b) + d = (x^2 + cx + d)^2 + a(x^2 + cx + d) + b$$

上式可以简化为

$$2(c-a)x^3 + lx^2 + mx + n = 0$$

其中 l,m,n 是与 a,b,c,d 相关的表达式. 如果 $c \neq a$, 上述三次方程有一个实根, 矛盾. 所以 $c=a$. 如果 $b=d$, 那么对所有 x, $P(x)=Q(x)$, 从而 $P(Q(x))=Q(P(x))$ 是恒等式, 有无穷多个根. 因此 $b \neq d$.

37. (A. Khrabrov-Saint Petersburg Mathematical Olympiad 2001)　设 $f(x)$, $g(x)$ 是整系数二次多项式, 满足对任意实数 x, $f(x)>0$, $g(x)>0$. 如果对任意实数 x, $\dfrac{f(x)}{g(x)} \geqslant \sqrt{2}$, 证明对任意实数 x, $\dfrac{f(x)}{g(x)} > \sqrt{2}$.

证明　设 $f(x)=a_1 x^2 + b_1 x + c_1$, $g(x)=a_2 x^2 + b_2 x + c_2$. 定义函数 $h(x)=f(x)-\sqrt{2}\,g(x)$. 由题设, 我们有

$$h(x)=(a_1-\sqrt{2}\,a_2)x^2+(b_1-\sqrt{2}\,b_2)x+(c_1-\sqrt{2}\,c_2) \geqslant 0$$

因此, $h(x)$ 的判别式必定非正, 即

$$(b_1-\sqrt{2}\,b_2)^2-4(a_1-\sqrt{2}\,a_2)(c_1-\sqrt{2}\,c_2)=A+\sqrt{2}\,B \leqslant 0$$

其中 A,B 是整数.

因为 $\sqrt{2}$ 是无理数, 所以由 $A+\sqrt{2}\,B=0$, 可得 $A=B=0$ (注意到 A,B 是整数). 因此

$$A=b_1^2+2b_2^2-4a_1 c_1-8a_2 c_2=(b_1^2-4a_1 c_1)+2(b_2^2-4a_2 c_2)<0$$

因为 $f(x)>0$, $g(x)>0$, 从而其判别式非正, 即 $b_1^2-4a_1 c_1<0$, $b_2^2-4a_2 c_2<0$, 所以 $A+\sqrt{2}\,B \neq 0$, 从而 $A+\sqrt{2}\,B<0$. 这就导致 $h(x)>0$, 因此 $f(x)>\sqrt{2}\,g(x)$, 所以

$$\frac{f(x)}{g(x)}>\sqrt{2}$$

38. (A. Kanel-Belov-Moscow Mathematical Olympiad 2010)　三个三项式 x^2+ax+b, x^2+cx+d, x^2+ex+f 任意两个之和没有实数根, 问这三个多项式之和是否有实根?

解　没有实根. 设 $f(x)=x^2+ax+b$, $g(x)=x^2+cx+d$, $h(x)=x^2+ex+f$.

因为任何两个多项式的和没有实根, 所以这些多项式和的符号保持不变. 因为 x^2 的系数是 2, 所以我们有

$$f(x)+g(x)>0, \quad g(x)+h(x)>0, \quad f(x)+h(x)>0$$

因此 $f(x)+g(x)+h(x)>0$.

39. (P. Kozhlov-Russian Mathematical Olympiad 2010)　设多项式

$$(x^2+20ax+10b)(x^2+20bx+10a)$$

没有实根, 其中 a,b 是不同的实数. 证明 $20(b-a) \notin \mathbf{Z}$.

证明　不失一般性, 设 $b>a$. 我们来证明 $0<20(b-a)<1$. 若不然, 则 $20(b-a) \geqslant 1$. 因为 $x^2+20ax+10b$ 和 $x^2+20bx+10a$ 的判别式必定是负的, 因此, $10b^2<a \leqslant b-\dfrac{1}{20}$, 所以 $10b^2-b+\dfrac{1}{20} \leqslant 0$. 由于 $10b^2-b+\dfrac{1}{20}$ 的判别式是负的, 且 $10>$

0,所以 $10b^2 - b + \dfrac{1}{20} > 0$,矛盾.

40. (Saint Petersburg Mathematical Olympiad 2005) 在下面图 10.2 的图像中,有四个点在多项式
$$f(x) = x^3 + bx^2 + cx + a, g(x) = x^3 + ax^2 + bx + c$$
的图像上,是否存在实数 a,b,c 使得点 M,P,Q 在 $f(x)$ 的图像上,点 M,N 在多项式 $g(x)$ 的图像上?

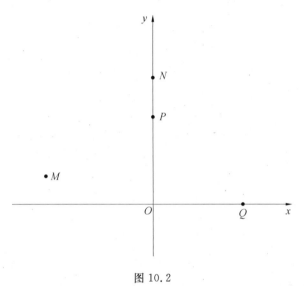

图 10.2

解 假设存在这样的实数 a,b,c 满足要求. 由于 $N = g(0) > f(0) = P > 0$,所以 $c > a > 0$.多项式 $f(x)$ 有一个正实根(即点 Q),因此它的系数不可能都是正的.因为 a,$c > 0$,所以 $b < 0$.最后,因为多项式 $f(x)$,$g(x)$ 的图像交于点 M,则存在一个实数 $m < 0$,使得 $f(m) = g(m)$.因此
$$bm^2 + cm + a = am^2 + bm + c$$
但 $bm^2 < 0 < am^2$,$cm < 0 < bm$,所以 $a < c$,矛盾.

41. 求所有整数 m 使得方程 $x^3 + (m+1)x^2 - (2m-1)x - (2m^2 + m + 4) = 0$ 有一个整数根.

解 注意到,方程的左边可以写成 $x(x^2 - 2m + 1) + m(x^2 - 2m + 1) + x^2 - 2m + 1 = 5$,则
$$(x + m + 1)(x^2 - 2m + 1) = 5$$
如果方程有整数根,那么
$$(x + m + 1, x^2 - 2m + 1) \in \{(1,5),(-1,-5),(5,1),(-5,-1)\}$$
有下列四种情况.

(i)$x+m+1=1,x^2-2m+1=5$,则 $x^2-2m+1+2(x+m+1)=7 \Leftrightarrow x^2+2x-4=0$,没有整数根.

(ii)$x+m+1=-1,x^2-2m+1=-5$,则 $x^2+2x+10=0$,没有实数根.

(iii)$x+m+1=5,x^2-2m+1=1$,则 $x^2+2x-8=0$,给出整数根 $x=2,-4$,相应的 $m=2,8$.

(iv)$x+m+1=-5,x^2-2m+1=-1$,则 $x^2+2x+14=0$,没有实数根.

42.（V. Brayman） 是否存在整数 $a,b,c,d(a \neq 0)$ 使得下列方程正整数根的个数与其次数相等

$$ax^3+bx^2+cx+d=0,bx^2+cx+d=0,cx+d=0$$

解 如果我们用 (a,bt,ct^2,dt^3) 替换 (a,b,c,d),那么每一个方程的根都用 t 来乘. 现在我们来寻找 a',b',c',d',使方程有有理根,然后乘以分母的最小公倍数. 假设 $a'=1$. 如果方程 $x^3+b'x^2+c'x+d'=0$ 有正有理根,这些根必定是整数,那么 $b'=-u-v-w$,$c'=uv+vw+wu,d'=-uvw$ 是整数. 因此多项式 $b'x^2+c'x+d'$ 的判别式必定是一个完全平方式,即 $D'=c'^2-4b'd'$ 是完全平方式. 取 $u=1,v=2$,则 $D'=w^2-12w+4=(w-6)^2-32$ 必定是一个平方式. 令 $w=12$,则 $b'=-15,c'=38,d'=-24$,所以我们有下列方程

$$x^3-15x^2+38x-24=0,-15x^2+38x-24=0,38x-24=0$$

它们的根是 $1,2,12,\dfrac{4}{3},\dfrac{6}{5},\dfrac{12}{19}$. 如果 $t=19 \cdot 5 \cdot 3$,那么 a,b,c,d 的值是

$$(a,b,c,d)=(1,-15^2 \cdot 19,38 \cdot 15^2 \cdot 19^2,-24 \cdot 15^3 \cdot 19^3)$$

43.（Saint Petersburg Mathematical Olympiad 2012） 如果 a,b,c 是不同的实数,证明方程组

$$\begin{cases} x^3-ax^2+b^3=0 \\ x^3-bx^2+c^3=0 \\ x^3-cx^2+a^3=0 \end{cases}$$

没有实根.

证明 很显然 $x \neq 0$.不失一般性,假设 $a>b$,则 $ax^2-b^3=x^3=bx^2-c^3$.因此 $b^3-c^3=x^2(a-b)$.

所以由 $b^3>c^3$,有 $b>c$.同理,有 $c^3-a^3=(b-c)x^2$,从而 $b>c>a>b$,矛盾.

44.（Saint Petersburg Mathematical Olympiad 2012） 设实数 a,b,c 使得三个方程

$$x^3-ax^2+b=0,x^3-bx^2+c=0,x^3-cx^2+a=0$$

任意两个有一个公共根. 证明 $a=b=c$.

证明 假设 r 是第一个和第二个方程的公共根,则 $(b-a)r^2=c-b$.类似地,对于第二个和第三个方程以及第一个和第三个方程的公共根 s,t(按此顺序),我们有 $(c-b)s^2=$

$a-c,(a-c)t^2=b-a.$

假设 $b\geqslant a$,由第一个等式,有 $c\geqslant b$.由第二个等式,有 $a\geqslant c$,所以 $a\geqslant b$,由此可知 $a=b=c$.如果 $a\geqslant b$,类似可证.

45.设多项式 x^3+ax^2+bx+c 有三个实根,如果 $a^2=2(b+1)$,证明 $|a-c|\leqslant 2$.

证明 设 r,s,t 是方程 x^3+ax^2+bx+c 的根.容易计算

$$r^2+s^2+t^2=a^2-2b=2$$

所以

$$\begin{aligned}
4-(a-c)^2&=2-2b+2ac-c^2\\
&=2(1-rs-st-tr+rst(r+s+t))-(rst)^2\\
&=2(1-rs)(1-rt)(1-ts)+(rst)^2
\end{aligned}$$

注意到,$2rs,2rt,2ts\leqslant r^2+s^2+t^2=2$,所以,$rs,rt,ts\leqslant 1$.由此可得 $4-(a-c)^2\geqslant 0\Leftrightarrow|a-c|\leqslant 2$.

46.(Belarusan Mathematical Olympiad 2011) 设 a,b,c 是非零整数,多项式

$$f(x)=ax^2+bx+c,g(x)=x^3+bx^2+ax+c$$

有两个公共实根,求 a,b,c.

解 设

$$\begin{aligned}
h(x)&=g(x)-f(x)\\
&=x^3+(b-a)x^2+(a-b)x\\
&=x(x-r)(x-s)
\end{aligned}$$

因为 $c\neq 0,0$ 不是 f 的根,因此 r,s 是 $f(x),g(x)$ 的公共根.对 $f(x),g(x)$ 应用 Vieta 公式,有

$$b-a=-(r+s)=\frac{b}{a},rs=a-b=\frac{c}{a}$$

所以 $-\dfrac{b}{a}=\dfrac{c}{a}\Rightarrow b=-c$.此外,$b-a=\dfrac{b}{a}$,所以 $b=\dfrac{a^2}{a-1}=a+1+\dfrac{1}{a-1}$.

因为 b 是一个整数,可见 $a\in\{0,2\}$,所以 $a=2,b=4,c=-4$.得到的多项式是

$$f(x)=2x^2+4x-4,g(x)=x^3+4x^2+2x-4$$

这些多项式实际上有公共根 $x=-1\pm\sqrt{3}$,它们确是问题的解.

47.设实数 $a\neq 0$,多项式 $P(x)=ax^4+bx^3+cx^2-2bx+4a$ 有两个实根 x_1,x_2,并且 $x_1x_2=1$.求证:$2b^2+ac=5a^2$.

证明 设 $ax^4+bx^3+cx^2-2bx+4a=(x-x_1)(x-x_2)(ax^2+mx+n)$,则有

$$\begin{aligned}
P(x)&=ax^4+bx^3+cx^2-2bx+4a\\
&=ax^4+(m-ap)x^3+(a-mp+n)x^2+(m-pn)x+n
\end{aligned}$$

其中 $p=x_1+x_2$.比较两边的系数,我们有

$$n = 4a, m - pn = -2b, a - mp + n = c, m - ap = b$$

则 $m - 4ap = -2b, 5a - mp = c$. 所以 $b = ap, m = 2b$. 因此 $5a^2 = map + ac = 2b^2 + ac$.

48. (Moldova Mathematical Olympiad 2008)　多项式 $P(x) = x^4 - 4x^3 + 4x^2 + ax + b$ 有两个正根 x_1, x_2, 并且 $x_1 + x_2 = 2x_1x_2$. 求 $a + b$ 的最大值.

解　假设 $x_1x_2 = c > 0$, 则 $x_1 + x_2 = 2c$. 另外, 因为 $x_1 + x_2 \geqslant 2\sqrt{x_1x_2} \Rightarrow 2c \geqslant 2\sqrt{c} \Rightarrow c \geqslant 1$. 因此多项式 $P(x)$ 可以写成

$$P(x) = x^4 - 4x^3 + 4x^2 + ax + b = (x^2 + a_1x + a_2)(x^2 - 2cx + c)$$

比较两边的系数, 有

$$-4 = a_1 - 2c, 4 = c + a_2 - 2ca_1$$

解得

$$a_1 = 2c - 4, a_2 = 4c^2 - 9c + 4$$

所以

$$a + b = c(a_1 - a_2) = -4c^3 + 11c^2 - 8c = f(c)$$

当 $c \geqslant 1$ 时, 我们来求 $f(c)$ 的最大值. 设 $c = \dfrac{11}{12} + d$ (这是 Cardano 的老办法), 则

$$\begin{aligned} g(d) &= f\left(\frac{11}{12} + d\right) \\ &= -4\left(\frac{11}{12} + d\right)^3 + 11\left(\frac{11}{12} + d\right)^2 - 8\left(\frac{11}{12} + d\right) \\ &= -4d^3 + \frac{25}{12}d - \frac{253}{216} \end{aligned}$$

所以, 只需要求 $-4d^3 + \dfrac{25}{12}d = 4d\left(\dfrac{25}{48} - d^2\right)$ 的最大值即可.

定义 $y = d\left(\dfrac{25}{48} - d^2\right)$, 则 $2y^2 = 2d^2\left(\dfrac{25}{48} - d^2\right)^2$. 由 AM $-$ GM 不等式, 有

$$2y^2 \leqslant \left[\frac{2d^2 + \dfrac{25}{48} - d^2 + \dfrac{25}{48} - d^2}{3}\right]^3 = \frac{25^3}{72^3}$$

等式成立的条件是 $2d^2 = \dfrac{25}{48} - d^2 \Rightarrow d^2 = \dfrac{25}{144} \Rightarrow d = \dfrac{5}{12}$. 所以, $c = \dfrac{16}{12} = \dfrac{4}{3}$. 因此, $f(c)$ 的最大值是 $f\left(\dfrac{4}{3}\right) = -\dfrac{16}{27}$.

注意　我们也可以用微积分求出 $f(c)$ 的最大值. 我们有

$$f'(c) = -2(6c^2 - 11c + 4) = -2(2c - 1)(3c - 4)$$

因此, $c = \dfrac{4}{3}$ 是函数的相对最大值点. 因为 $\lim\limits_{x \to +\infty} f(x) = -\infty$, 得到当 $c \geqslant 1$ 时, $f(c)$ 的最大

值出现在点 $c = \dfrac{4}{3}$,所以

$$\max\{a+b\} = f\left(\frac{4}{3}\right) = -\frac{16}{27}$$

49. 如果多项式 $P(x) = x^4 + ax^3 + bx^2 + cx + 1, Q(x) = x^4 + cx^3 + bx^2 + ax + 1$ 有两个公共根,求解方程 $P(x) = 0$ 和 $Q(x) = 0$.

解　注意到 $P(x) - Q(x) = (a-c)x(x^2-1)$,所以公共根必定在 $-1, 0, 1$ 之中. 因为 $Q(0) = P(0) = 1$,所以公共根是 $x = 1, -1$. 所以 $P(-1) = P(1) = 0, Q(-1) = Q(1) = 0$. 由此可得 $b = -2, a + c = 0$,所以

$$P(x) = x^4 + ax^3 - 2x^2 - ax + 1 = (x^2 - 1)(x^2 + ax - 1)$$
$$Q(x) = x^4 - ax^3 - 2x^2 + ax + 1 = (x^2 - 1)(x^2 - ax - 1)$$

解得,$P(x)$ 的根是 $1, -1, \dfrac{-a \pm \sqrt{4 + a^2}}{2}$;$Q(x)$ 的根是 $1, -1, \dfrac{a \pm \sqrt{4 + a^2}}{2}$.

50. 求次数至多为 $n-3$ 的多项式 $Q(x)$,使得多项式 $P(x) = x^n + nx^{n-1} + \dfrac{n(n-1)}{2} x^{n-2} + Q(x)$ 的根都是实数.

解　设 $r_1, \cdots, r_n$ 是多项式的根. 由 Vieta 公式,我们有

$$\sum r_i = -n, \quad \sum r_i r_j = \frac{n(n-1)}{2}$$

由 AM $-$ GM 不等式,有

$$\sum r_i^2 \geqslant r_1 r_2 + r_2 r_3 + \cdots + r_n r_1$$
$$\sum r_i^2 \geqslant r_1 r_3 + r_2 r_4 + \cdots + r_n r_2$$
$$\vdots$$
$$\sum r_i^2 \geqslant r_1 r_n + r_2 r_1 + \cdots + r_n r_{n-1}$$

所以 $(n-1)\sum r_i^2 \geqslant 2\sum r_i r_j = n(n-1)$. 注意到 $\sum r_i^2 = \left(\sum r_i\right)^2 - 2\sum r_i r_j = n$,因此出现了相等的情况,从而 $r_1, \cdots, r_n$ 是彼此相等的,即 $r_1 = r_2 = \cdots = r_n = \quad 1$,所以

$$P(x) = (x+1)^n, \quad Q(x) = \sum_{k=0}^{n-3} \binom{n}{k} x^k$$

51. 一个整系数多项式,如果其首项系数为 1,其他系数(包括常数项)的集合与其重根的集合重合,即如果有 m 个系数等于 a,那么 a 就是多项式的 m 重根,这样的多项式称为经济多项式. 求出在下列情况下所有的 n 次经济多项式:

(a) $n = 2$;

(b) $n = 3$;

(c) $n = 4$.

解　如果 $P(x)$ 是经济多项式,那么 $xP(x)$ 也是经济多项式,因为 $xP(x)$ 还有一个零系数和一个零根. 反之,如果 $xP(x)$ 是经济多项式,那么 $P(x)$ 也是经济多项式. 还要注意到 $P(x)=x$ 是唯一的一个线性经济多项式. 因此,寻找不超过 4 次,且根和系数不为零的经济多项式就足够了(高级问题 44 解决了所有次数的更一般的问题).

如果 $r_1,\cdots,r_n$ 是 $P(x)$ 的非零根,那么常系数是 $(-1)^n r_1\cdots r_n$,它必是根之一. 因此, $P(x)$ 除了至多一个根外,其余根都是 ± 1. 所以,除常系数外, $P(x)$ 的所有系数都是 ± 1, 这些系数的乘积是 $(-1)^n$.

如果 $n=2$,那么我们要求一个二次多项式 $P(x)=x^2+x+b$,它的根是 $1,b$. 因此

$$P(1)=2+b=P(b)=b^2+2b=0 \Rightarrow b=-2$$

这样得到多项式 $P(x)=x^2+x-2$.

如果 $n=3$,那么我们要求三次多项式 $P(x)=x^3 \pm x^2 \mp x+c$,其根为 $-1,1,c$. 无论哪种情况,令 $x=1$,得到

$$1+c=0 \Rightarrow c=-1$$

所以三个根中 -1 是重根,1 是单根,因此 $P(x)=(x+1)^2(x-1)=x^3+x^2-x-1$,这是一个经济多项式.

如果 $n=4$,那么我们有四种情况

$$P(x)=x^4+x^3+x^2+x+d$$
$$P(x)=x^4-x^3-x^2+x+d$$
$$P(x)=x^4-x^3+x^2-x+d$$
$$P(x)=x^4+x^3-x^2-x+d$$

在所有四种情况中,1 必是一个根. 在后三种情况中,给出 $d=0$,这是不允许的. 因此,我们只能有第一种情况. 这给出 $d=-4$,从而

$$P(x)=x^4+x^3+x^2+x-4$$

但 -4 不是多项式 $P(x)$ 的单根或者重根. 因此,在 $n=4$ 时,没有经济多项式.

再加上以 0 为根的多项式,我们看到有两个二次经济多项式, x^2 和 x^2+x-2;三个三次经济多项式 x^3,x^3+x^2-2x 和 x^3+x^2-x-1 以及三个四次经济多项式 $x^4,x^4+x^3-2x^2$ 和 $x^4+x^3-x^2-x$.

52. (Ukrainian Mathematical Olympiad 2016)　设多项式

$$P(x)=x^{2\,016}+2\,016x^{2\,015}+a_{2\,014}x^{2\,014}+a_{2\,013}x^{2\,013}+\cdots+1$$

可以表示为 $P(x)=(x-x_1)\cdots(x-x_{2\,016})$,实数 $x_1,\cdots,x_{2\,016}$ 中至少有 2 015 个是负数(可以相同). 求多项式 $P(x)$ 的所有系数.

解　不失一般性,假设 $x_1,\cdots,x_{2\,015}<0$. 因为 $x_1\cdots x_{2\,016}=1$,所以 $x_{2\,016}<0$. 由 Vieta 公式,我们有

$$x_1+\cdots+x_{2\,016}=-2\,016$$

所以

$$|x_1| + |x_2| + \cdots + |x_{2\,016}| = 2\,016, \quad |x_1| \cdot |x_2| \cdots |x_{2\,016}| = 1$$

由 AM $-$ GM 不等式,我们有

$$1 = \frac{|x_1| + |x_2| + \cdots + |x_{2\,016}|}{2\,016}$$

$$\geqslant \sqrt[2\,016]{|x_1| \cdot |x_2| \cdots |x_{2\,016}|}$$

$$= 1$$

因此,出现相等的情况,即

$$|x_1| = |x_2| = \cdots = |x_{2\,016}| = 1$$

从而

$$x_1 = \cdots = x_{2\,016} = -1$$

所以

$$P(x) = (x+1)^{2\,016}$$

53. (Belarusan Mathematical Olympiad 2009) 设 $P(x)$, $Q(x)$ 是非常数整系数多项式,多项式 $R(x) = P(x)Q(x) - 2\,009$ 至少有 25 个不同的整数根. 证明 $\deg P(x) > 2$, $\deg Q(x) > 2$.

证明 设 $r_1, \cdots, r_{25}$ 是多项式 $R(x)$ 的整数根,则 $P(r_i)Q(r_i) = 2\,009$. 注意到 $2\,009 = 7^2 \cdot 41$. 这个数字正好有 12 个不同的整数因数,则至少有三个数,不妨说是 r_1, r_2, r_3,使得 $P(r_1) = P(r_2) = P(r_3)$. 因此多项式 $P(x)$ 的次数至少为 3. 对于多项式 $Q(x)$,同样的结论也成立.

54. 设 $P(x)$ 是实系数多项式,且 $P(x)^3 = x^9 + a_8 x^8 + a_7 x^7 + \cdots + 15x + 1$. 已知多项式 $P(x)^3$ 的系数之和是 216. 求多项式 $P(x)$ 所有根的平方之和.

解 容易看出 $P(x)$ 是一个三次多项式. 因此,设 $P(x) = ax^3 + bx^2 + cx + d$,则 x^9 和 x^0 的系数分别为 a^3 和 d^3,从而

$$a^3 = d^3 = 1 \Rightarrow a = d = 1$$

所以

$$P(x) = x^3 + bx^2 + cx + 1$$

在 $P(x)^3$ 中 x 的系数是 $3c$,所以 $3c = 15 \Rightarrow c = 5$,因此 $P(x) = x^3 + bx^2 + 5x + 1$. 注意到 $P(x)^3$ 的系数之和是 $P(1)^3 = 216 \Rightarrow P(1) = 6$. 从而 $b = -1$. 因此 $P(x) = x^3 - x^2 + 5x + 1$.

设 r, s, t 是多项式 $P(x)$ 的根. 由 Vieta 公式,有 $r + s + t = -1$, $rs + st + tr = 5$. 这样一来,多项式 $P(x)$ 根的平方和是 $r^2 + s^2 + t^2 = (r+s+t)^2 - 2(rs + st + tr) = -9$.

55. (N. Aghakhanov-Russian Mathematical Olympiad 2004) 设 $P(x) = x^d + \cdots + a_0$ 是整系数多项式,且有 d 个不同的整数根. 证明如果任何两个根是互素的,则

$\gcd(a_0, a_1) = 1$.

证明 假设存在一个素数 p,使得 $p \mid a_0, p \mid a_1$,则存在整数 a, b,满足 $a_0 = pa, a_1 = pb$. 令 $r_1, \cdots, r_d$ 是多项式 $P(x)$ 的根. 由 Vieta 公式,我们有

$$r_1 \cdots r_d = (-1)^d a_0 = (-1)^d pa$$

$$r_2 \cdots r_d + \cdots + r_1 \cdots r_{d-1} = r_1 \cdots r_d \left(\frac{1}{r_1} + \cdots + \frac{1}{r_d} \right) = (-1)^{d-1} a_1 = (-1)^{d-1} pb$$

因为 $p \mid r_1 \cdots r_d$,所以 $r_1, \cdots, r_d$ 中至少有一个能被 p 整除,不妨说是 r_1. 因为 p 能整除上述表达式,所以 $r_2 \cdots r_d$ 必能被 p 整除,从而 $r_2, \cdots, r_d$ 当中至少有一个能被 p 整除. 这样一来,至少有两个根能被 p 整除,这与任何两个根互素矛盾,所以 $\gcd(a_0, a_1) = 1$.

56. 设 $x_1, \cdots, x_{48}$ 是多项式 $P(x) = 18x^{48} + 3x + 2\,006$ 的根. 求表达式 $\sum_{i=1}^{48} \frac{x_i}{1+x_i}$ 的值.

解 容易看出 -1 不是 $P(x)$ 的根. 因此 $x_i \neq -1$. 设 $y_i = \frac{x_i}{1+x_i} \Rightarrow x_i = \frac{y_i}{1-y_i}$,所以 y_i 是方程 $P\left(\frac{y}{1-y}\right) = 0$ 的解. 因此 y_i 是多项式 $S(y) = (1-y)^{48} P\left(\frac{y}{1-y}\right)$ 的根. 我们计算可得

$$S(y) = 18y^{48} + 3y(1-y)^{47} + 2\,006(1-y)^{48}$$
$$= 2\,021 y^{48} - 96\,147 y^{47} + \cdots$$

所以,由 Vieta 公式,有

$$\sum_{i=1}^{48} y_i = \sum_{i=1}^{48} \frac{x_i}{1+x_i} = \frac{96\,147}{2\,021}$$

57. (Canadian Mathematical Olympiad 2010) 设 $P(x), Q(x)$ 是整系数多项式. 令 $a_n = n! + n$. 证明:如果对每一个整数 n,$\frac{P(a_n)}{Q(a_n)}$ 是整数,那么对每一个整数 n,$\frac{P(n)}{Q(n)} (Q(n) \neq 0)$ 是整数.

证明 用 $P(x)$ 除以 $Q(x)$,则存在两个有理系数多项式 $A(x), R(x)$,满足
$$P(x) = Q(x)A(x) + R(x), \deg R(x) < \deg Q(x)$$
即
$$\frac{P(x)}{Q(x)} = A(x) + \frac{R(x)}{Q(x)}, \deg R(x) < \deg Q(x)$$

令 b 是满足 $B(x) = bA(x)$ 的最小正整数,其中 $B(x)$ 是整系数多项式. 假设 $R(x)$ 不是零多项式,则
$$\frac{bP(x)}{Q(x)} = B(x) + \frac{bR(x)}{Q(x)}, \deg R(x) < \deg Q(x)$$

因为 $\deg R(x) < \deg Q(x)$,如果 n 充分大,我们有 $0 < \frac{bR(a_n)}{Q(a_n)} < 1$. 但也有

$$\frac{bR(a_n)}{Q(a_n)}=\frac{bP(a_n)}{Q(a_n)}-B(a_n)\in \mathbf{Z}$$

矛盾. 所以, $R(x)=0$. 从而 $\frac{bP(x)}{Q(x)}=B(x)$. 设 n 是一个整数, 则存在无限多个 k 满足 $n\equiv a_k(\bmod b)$(只要取任何 $k\geqslant b$ 的 $k\equiv n(\bmod b)$). 则 $B(n)\equiv B(a_k)(\bmod b)$, 这就给出了 $B(n)\equiv 0(\bmod b)$, 所以 $\frac{P(n)}{Q(n)}$ 是一个整数.

58. (Canadian Mathematical Olympiad 2016) 求所有整系数多项式 $P(x)$ 使得对无限多个整数 n, $P(P(n)+n)$ 是素数.

解 我们来证明 $P(x)=p$, 其中 p 是一个素数, 或者 $P(x)=-2x+b$, 其中 b 是一个奇数. 因为 $P(P(n)+n)\equiv 0(\bmod P(n))$, 所以 $P(P(n)+n)$ 能被 $P(n)$ 整除. 由于 $P(P(n)+n)$ 对无限多个整数 n 是素数, 则 $P(n)=\pm 1$, 或者 $P(P(n)+n)=\pm P(n)$ 是一个素数. 第一种情况给出了 $P(x)=\pm 1$, 这不是一个解. 所以, 必有对无限多个整数 n, $P(P(n)+n)=\pm P(n)$ 成立. 所以, 如果我们考虑多项式 $Q(x)=P(P(x)+x)\pm P(x)$, 那么 $Q(x)$ 有无限多个根, 这就说明 $P(P(x)+x)=\pm P(x)$. 设 $k=\deg P(x)$, 考虑到次数, 我们有 $k^2=k$, 即 $k=0$ 或者 $k=1$. 如果 $k=0$, 那么 $P(x)=p$, 其中 p 是素数. 如果 $k=1$, 那么 $P(x)=ax+b(a\neq 0)$. 我们有两种情况:

(i) $P(P(x)+x)=P(x)$, 即 $P((ax+b)+x)=ax+b$, 亦即 $a(a+1)x+ab+b=ax+b$. 比较系数, 我们得到 $a(a+1)=a,ab+b=b$, 这是不可能的.

(ii) $P(P(x)+x)=-P(x)$, 即 $P((ax+b)+x)=-ax-b$, 亦即 $a(a+1)x+ab+b=-ax-b$. 比较系数, 我们得到 $a(a+1)=-a,ab+b=-b$, 解得 $a=-2,b$ 任意. 所以 $P(x)=-2x+b$. 因为对无限多整数 n, $P(n)$ 是一个素数, 所以 b 必定是奇数.

总之, 我们有 $P(x)=p$, 其中 p 是一个素数或者 $P(x)=-2x+b$, 其中 b 是一个奇数.

59. (Kürschák Competition 2004) 求与 2 004 不同的最小正整数 n, 满足存在整系数多项式 $f(x)$, 使得方程 $f(x)=2\,004$ 至少有一个整数解, 方程 $f(x)=n$ 至少有 2 004 个不同的整数解.

解 假设 $g(x)$ 是满足题设条件的多项式, 则存在一个整数 a 满足 $g(a)=2\,004$. 定义多项式 $g_1(x)=g(x+a)$. 显然 $g_1(0)=g(a)=2\,004$, 这就是说 $g_1(x)$ 的常数项是 2 004, 方程 $g_1(x)=n$ 有不同的整数根 $a_1,\cdots,a_{2\,004}$, 其中没有 0(因为 $g_1(0)=2\,004$). 由此可见

$$g_1(x)-n=(x-a_1)(x-a_2)\cdots(x-a_{2\,004})g_2(x)$$

其中 $g_2(x)$ 是整系数多项式, 且 $g_2(0)=c\in \mathbf{Z}$.

令 $x=0$, 得

$$|2\,004-n|=|a_1|\cdot|a_2|\cdots|a_{2\,004}|\cdot|c|$$

因为 $c \neq 0$，所以

$$|2\,004 - n| \geqslant |a_1| \cdot |a_2| \cdots |a_{2\,004}|$$
$$\geqslant |1| \cdot |-1| \cdot |2| \cdot |-2| \cdots |1\,002| \cdot |-1\,002|$$

由此我们可以看到 $0 < n < 2\,004$ 是不可能的，所以上面的不等式给出了 $n \geqslant (1\,002!)^2 + 2\,004$.

对于 $n = (1\,002!)^2 + 2\,004$，我们给出一个例子. 设

$$g(x) = -(x-1)(x+1)(x-2)(x+2) \cdot \cdots \cdot$$
$$(x-1\,002)(x+1\,002) + (1\,002!)^2 + 2\,004$$

我们有 $g(0) = 2\,004$，以及当 $1 \leqslant k \leqslant 1\,002$ 时，$g(\pm k) = (1\,002!)^2 + 2\,004$. 总之，$n = (1\,002!)^2 + 2\,004$.

11   高级问题的解答

1. 多项式 $a_k x^k + a_{k+1} x^{k+1} + \cdots + a_{n-k-1} x^{n-k-1} + a_{n-k} x^{n-k}$ 称为是回文结构的. 如果对于 $k \leqslant i < \frac{n}{2}$, 有 $0 < a_k, a_i = a_{n-i}, a_i \leqslant a_{i+1}$. 证明任意两个回文结构的多项式的乘积是回文结构的.

证明 设 $P_{i,n-i}(x) = x^i + x^{i+1} + \cdots + x^{n-i} \left(0 \leqslant i \leqslant \frac{n}{2}\right)$, 因此, 每一个回文多项式都是 $P_{i,n-i}(x)$ 的线性组合. 事实上

$$a_k x^k + a_{k+1} x^{k+1} + \cdots + a_{n-k-1} x^{n-k-1} + a_{n-k} x^{n-k} = \sum_{k \leqslant i \leqslant \frac{n}{2}} c_i P_{i,n-i}(x)$$

其中 $c_k = a_k > 0$, 当 $k + 1 \leqslant i \leqslant \frac{n}{2}$ 时, $c_i = a_i - a_{i-1} \geqslant 0$. 另外, 每一个形式为 $\sum_{k \leqslant i \leqslant \frac{n}{2}} c_i P_{i,n-i}(c_i \geqslant 0, c_k > 0)$ 的多项式是回文结构的. 因此, 我们必须证明如形式 $\sum_{k \leqslant i \leqslant \frac{n}{2}} c_i P_{i,n-i}$ 的多项式集在乘法下是封闭的. 注意到

$$\sum_{k \leqslant i \leqslant \frac{n}{2}} c_i P_{i,n-i}(x) \sum_{k \leqslant j \leqslant \frac{m}{2}} d_j P_{j,m-j}(x) = \sum_{k \leqslant i \leqslant \frac{n}{2}} \sum_{k \leqslant j \leqslant \frac{m}{2}} c_i d_j P_{i,n-i}(x) P_{j,m-j}(x)$$

如果 $n - i + j \leqslant m - j + i$, 那么

$$P_{i,n-i}(x) P_{j,m-j}(x) = (x^i + x^{i+1} + \cdots + x^{n-i})(x^j + x^{i+1} + \cdots + x^{n-j})$$

$$= \sum_{k=i}^{n-i} x^k (x^j + x^{j+1} + \cdots + x^{n+m-j})$$

$$- \sum_{k=i+j}^{n-i+j} P_{k,n+m-k}(x)$$

则乘积 $P_{i,n-i}(x) P_{j,m-j}(x)$ 可以写成多项式 $P_{k,n+m-k}(x) \left(0 \leqslant k \leqslant \frac{m+n}{2}\right)$ 的和. 因此, 集合在乘法下是封闭的.

2. (Mathematics and Youth Journal 2002)   设 n 是正偶数. 求次数为 n 的多项式 $P_n(x)$ 的个数, 使其满足:

(i) $P_n(x)$ 的所有系数属于集合 $\{-1, 0, 1\}$, 且 $P_n(x) \neq 0$.

(ii) 系数属于集合 $\{-1, 0, 1\}$ 的多项式 $Q(x)$, 满足 $P_n(x) = (x^2 - 1) Q(x)$.

解 设 $M = \{-1, 0, 1\}$, $Q(x) = b_0 x^{n-2} + \cdots + b_{n-2}$, $n = 2m$, 其中 m 是某个正整数.

则

$$P_n(x) = (x^2-1)Q(x)$$
$$= b_0 x^n + b_1 x^{n-1} + (b_2-b_0)x^{n-2} + \cdots + (b_{n-2}-b_{n-4})x^2 - b_{n-3}x - b_{n-2}$$

我们来求 $(b_0, b_1, \cdots, b_{n-2})$ 使得当 $0 \leqslant i \leqslant n-2$ 时，$b_i \in M$；当 $0 \leqslant i \leqslant n-4$ 时，$b_{i+2} - b_i \in M$. 注意到 $b_{n-2} = -P(0) \neq 0$. 我们知道，当 $1 \leqslant i \leqslant n-2$ 时，$b_{i+2} - b_i \in \{0, \pm 1\}$. 如果 $b_i = 1$，那么 $b_{i+2} \in \{0, 1\}$，如果 $b_i = -1$，那么 $b_{i+2} \in \{0, -1\}$，如果 $b_i = 0$，那么 $b_{i+2} \in \{0, \pm 1\}$.

设有 k 元组 $(b_1, b_3, \cdots, b_{2k-1})$ 满足当 $1 \leqslant i \leqslant k$ 时，$b_{2i-1} \in M$；当 $i = 1, 3, \cdots, 2k-3$ 时，$b_{i+2} - b_i \in M$. 这样的 k 元组的个数记为 y_k，$k-1$ 元组 $(b_1, b_3, \cdots, b_{2k-3})$ 的个数记为 y_{k-1}，我们总可以将其扩展到由 y_k 来计数的 k 元组. 如果 $b_{2k-3} = \pm 1$，那么有两种可能的扩展方式（添加 0 或 b_{2k-3}）. 如果 $b_{2k-3} = 0$，那么有三种可能的扩展方式. 因此 $y_k - 2y_{k-1}$ 是以 0 结尾的 $k-1$ 元组的个数. 但是，如果 $k-1$ 元组以 0 结尾，那么我们可以移去尾部的 0，得到 $k-2$ 元组. 反之，任何 $k-2$ 元组，我们可以追加 0 得到以 0 结尾的 $k-1$ 元组，所以 $y_k = 2y_{k-1} + y_{k-2}$.

计算得 $y_1 = 3$，$y_2 = 7$，所以

$$y_k = \frac{(1+\sqrt{2})^{k+1} + (1-\sqrt{2})^{k+1}}{2}$$

y_{m-1} 就是多项式 $Q(x)$ 的奇数项系数的可能数. 类似地，$k+1$ 元组 $(b_0, b_2, \cdots, b_{2k})$ 满足当 $1 \leqslant i \leqslant k, b_0, b_{2k} \neq 0$ 时，$b_{2i} \in M$；当 $i = 0, 2, \cdots, 2k-2$ 时，$b_{i+2} - b_i \in M$. 这样的 $k+1$ 元组的个数记为 x_k.

那么，x_k 就是多项式 $Q(x)$ 的偶数项系数的可能数，我们要导出 x_k 类似的递推关系. 但是，并不需要这样做.

为了由 y_k 推导出 x_k，注意到 y_{k+1} 计数 $k+1$ 元组可能以 0 开头或结尾，我们已经看到 y_k 是以 0 结尾的 $k+1$ 元组的个数，把这些排除掉. 由对称性表明 y_k 也是以 0 开头的 $k+1$ 元组的个数，也是需要排除的. 然而，如果我们取 $y_{k+1} - 2y_k$，那么我们已经减去以 0 开头和结尾的 $k+1$ 元组两次. 基于同样的道理，这些多减的个数是 y_{k-1}，所以 $x_k = y_{k+1} - 2y_k + y_{k-1} = 2y_{k-1}$. 因此多项式 $Q(x)$ 可能的总个数是 $2y_{m-1}y_m$，即

$$\frac{(1+\sqrt{2})^{2m-1} + (1-\sqrt{2})^{2m-1} + 2(-1)^{m-1}}{2} = \frac{(1+\sqrt{2})^{n-1} + (1-\sqrt{2})^{n-1}}{2} + (-1)^{\frac{n}{2}-1}$$

3.（Vietnamese Mathematical Olympiad 2015） 设 α 是方程 $x^2 + x = 5$ 的正根，$c_0, c_1, \cdots, c_n$ 是非负整数，满足

$$c_0 + c_1\alpha + \cdots + c_n\alpha^n = 2\,015$$

(i) 证明 $c_0 + c_1 + \cdots + c_n \equiv 2 \pmod 3$.

(ii) 求 $c_0 + c_1 + \cdots + c_n$ 的最小值.

解　(i) 设 $P(x)=c_n x^n+\cdots+c_0-2\,015$,则 $P(\alpha)=0$.因此 $P(x)$ 可被 α 的极小多项式整除.如你所料,这个极小多项式就是 x^2+x-5(如果这个多项式已经因式分解,那么它必有两个线性因子,从而有两个有理根,这很容易用有理根定理排除).所以,我们有 $P(x)=(x^2+x-5)Q(x)$,其中 $Q(x)$ 是某个整系数多项式.令 $x=1$,则

$$P(1)=-3Q(1)$$

是 3 的倍数.因此 $c_0+c_1+\cdots+c_n\equiv 2\,015\equiv 2(\bmod 3)$.

(ii) 如果 $c_0+c_1+\cdots+c_n$ 是最小的,那么 $0\leqslant c_i\leqslant 4(i=0,1,\cdots,n)$.否则,用 $(c_0,\cdots,c_{i-1},c_i-5,c_{i+1}+1,c_{i+2}+1,c_{i+3},c_{i+4},\cdots,c_n)$ 来替换 $(c_0,c_1,\cdots,c_n)$,得到更小的和.

设 $Q(x)=a_{n-2}x^{n-2}+\cdots+a_0$,比较系数,我们得到

$$c_0-2\,015=-5a_0$$
$$c_1=-5a_1+a_0$$
$$c_2=-5a_2+a_1+a_0$$
$$c_3=-5a_3+a_2+a_1$$
$$\vdots$$

因为 $0\leqslant c_i\leqslant 4$,所以由第一式得到 $c_0=0,a_0=403$.由第二式得到 $c_1=3,a_1=80$.以此类推,因为 $c_{i+1}=-5a_{i+1}+a_i+a_{i-1}$,所以 $c_{i+1}=a_i+a_{i-1}(\bmod 5)$,$a_{i+1}=\left[\dfrac{a_i+a_{i-1}}{5}\right]$.

当 $n=11$ 时,容易计算得到

$$(c_0,\cdots,c_{11})=(0,3,3,1,1,1,3,4,0,0,3,1)$$
$$c_0+c_1+\cdots+c_{11}=20$$

4.(Czech-Polish-Slovak Match 2005)　求所有 $n\geqslant 3$ 的值,满足多项式 $P(x)=x^n-3x^{n-1}+2x^{n-2}+6$ 在 $\mathbf{Z}[x]$ 上是可约的.

解　当 $n=3$ 时,显然.当 $n=4$ 时,假设

$$x^4-3x^3+2x^2+6=(x^2+ax+b)(x^2+cx+d)$$

其中 $a,b,c,d\in\mathbf{Z}$.比较两边的系数,我们得到

$$a+c=-3,ac+b+d=2,bd=6$$

因此可知,a,c 奇偶性不同,所以 ac 是偶数,$b+d$ 是偶数.因为 $bd=6$,所以 b,d 必定都是偶数,而且 $4\mid bd$,矛盾.

当 $n\geqslant 5$ 时,假设 $P(x)=Q(x)R(x)$,其中 $Q(x),R(x)$ 都是整系数非常数多项式.设

$$Q(x)=\sum_{i=0}^{k}a_i x^i,R(x)=\sum_{i=k}^{n}b_{n-i}x^{n-i}$$

其中 $k\leqslant\left[\dfrac{n}{2}\right]<n-2$.比较两边系数,有

$$a_k=b_{n-k}=\pm 1,a_0 b_0=6,a_0 b_1+a_1 b_0=0,a_0 b_k+\cdots+a_k b_0=0$$

我们采用归纳法证明 $a_0 \mid a_1, \cdots, a_k$. 注意到,当 $l < k$ 时,有

$$0 = a_0(a_0 b_{l+1} + \cdots + a_{l+1} b_0) = a_0^2 b_{l+1} + a_0 a_1 b_l + \cdots + \underbrace{a_0 b_0 a_{l+1}}_{6}$$

则 $6a_{l+1} = -(a_0^2 b_{l+1} + a_0 a_1 b_l + \cdots + a_0 b_1 a_l)$,因为 $a_0 \mid a_1, \cdots, a_l$,所以 $a_0^2 \mid 6a_{l+1} = a_0 b_0 a_{l+1} \Rightarrow a_0 \mid b_0 a_{l+1}$.

如果 $\gcd(a_0, b_0) = 1$,那么 $a_0 \mid a_{l+1}$,证明完成.

因为 $a_0 \mid a_k = \pm 1$,所以 $a_0 = \pm 1$,从而 $b_0 = \pm 6$. 类似地,我们可以证明 $b_0 \mid b_1, \cdots, b_{n-3}$(如果必要的话,当 $l > n-k$ 时,设 $b_l = 0$). 由于 $b_{n-k} = \pm 1$,如果 $n-k > n-3$,那么最后一个关系成立. 这样,就有如下两种情况.

(i) 如果 $k = 2$,那么 x^{n-2} 的系数是 $\underbrace{a_0 b_{n-2}}_{\pm 1} + a_1 b_{n-3} + a_2 b_{n-4} = 2$. 由上叙述可知,$6 \mid a_1 b_{n-3} + a_2 b_{n-4}$,矛盾.

(ii) 如果 $k = 1$,多项式 $P(x)$ 必有一个整数根,它是 6 的除数. 如果 n 是偶数,那么多项式没有整数根. 令 n 是奇数,则 $x = -1$ 是多项式的根. 所以 n 是奇数.

5. (China Training Camps) 设 $n \geqslant 3$,p 是奇素数. 证明多项式 $f(x) = x^n + p^2 x^{n-1} + \cdots + p^2 x + p^2$ 不能表示为两个非常数整系数多项式的乘积.

证明 我们先来证明下列引理.

引理:设 $P(x) = c_d x^d + \cdots + c_0 (c_i \in \mathbf{Z}, i = 0, 1, \cdots, d)$,存在一个素数 p,满足 $p \nmid c_d$,$p \mid c_k (0 \leqslant k \leqslant d-1)$.

如果 $c_d x^d + \cdots + c_0 = (a_r x^r + \cdots + a_0)(b_s x^s + \cdots + b_0)(d = r+s, a_r, \cdots, a_0, b_s, \cdots, b_0 \in \mathbf{Z})$,那么有 $p \mid a_i, p \mid b_j (0 \leqslant i \leqslant r-1, 0 \leqslant j \leqslant s-1)$.

引理的证明:如果 $p \mid a_i, p \mid b_j (0 \leqslant i \leqslant r, 0 \leqslant j \leqslant s)$,那么 $p \mid a_r b_s = c_d$,矛盾. 设 $a_r, \cdots, a_0$ 中第一个不能被 p 整除的是 $a_k (0 \leqslant k \leqslant r)$,$b_s, \cdots, b_0$ 中第一个不能被 p 整除的是 $b_l (0 \leqslant l \leqslant s)$. 如果 $k + l < d = r + s$,那么 x^{k+l} 的系数是 $c_{k+l} = a_k b_l + \sum_{i+j=k+l, 0 \leqslant i < k} a_i b_j + \sum_{i+j=k+l, 0 \leqslant i < l} a_i b_j$.

因为 $p \mid a_i (i < k)$,$p \mid b_j (j < l)$,所以 $p \mid \sum_{i+j=k+l, 0 \leqslant i < k} a_i b_j$,$p \mid \sum_{i+j=k+l, 0 \leqslant i < l} a_i b_j$,又因为 $p \mid c_{k+l}$,所以 $p \mid a_k b_l$,与假设矛盾. 从而 $d = k + l = r + s \Rightarrow k = r, l = s$.

这样一来,我们有

$$a_r x^r + \cdots + a_0 = a_r x^r + p \cdot g_1(x)$$
$$b_s x^s + \cdots + b_0 = b_s x^s + p \cdot h_1(x)$$

其中 $g_1(x), h_1(x)$ 是整系数多项式,且 $\deg g_1(x) \leqslant r-1, \deg h_1(x) \leqslant s-1$. 这就完成了引理的证明.

回到原题,我们知道 $a_r = b_s = \pm 1$. 不失一般性,假设 $a_r = b_s = 1$. 此外,由引理有 a_0, b_0

都是 p 的倍数,从而 $a_0=b_0=\pm p$. 这就是说 $h_1(0)=g_1(0)=\pm 1$. 因此

$$(x^r+p\cdot g_1(x))(x^s+p\cdot h_1(x))=x^d+px^rh_1(x)+px^sg_1(x)+p^2g_1(x)h_1(x)$$

假设 $r<s$,则取 x^r 的系数模 p^2,我们发现 $p\mid h_1(0)$,矛盾. 如果 $r=s$,再次取 x^r 的系数模 p^2,我们发现 $p\mid h_1(0)+g_1(0)$,矛盾.

6. (Mongolian Mathematical Olympiad 2010) 设 $P(x)$ 是首一不可约的整系数多项式,满足 $|P(0)|=2\,010$. 证明多项式 $Q(x)=P(x^{2^{2\,010}})$ 是不可约的.

证明 我们先来证明下面的引理.

引理:设 $f(x)$ 是整系数首一多项式,则下列命题是等价的:

(i) 多项式 $f(x^2)$ 在 $\mathbf{Q}[x]$ 上是可约的.

(ii) 多项式 $f(x)$ 在 $\mathbf{Q}[x]$ 上是可约的,或者存在多项式 $G(x),H(x)\in\mathbf{Z}[x]$,满足
$$\pm f(x)=G(x)^2-xH(x)^2$$

引理的证明:设 $\pm f(x)=G(x)^2-xH(x)^2$,则
$$\pm f(x^2)=G(x^2)^2-x^2H(x^2)^2=(G(x^2)-xH(x^2))(G(x^2)+xH(x^2))$$

所以多项式 $f(x^2)$ 是可约的. 现在假设 $f(x^2)$ 是可约的,则存在整系数多项式 $g(x)$,$h(x)$ 满足
$$f(x^2)=g(x)h(x)$$

我们进一步假设 $g(x)$ 是不可约的(否则用它的一个不可约因子代替 $g(x)$,把其他因子移到 $h(x)$).

设 $g(x)=G(x^2)+xL(x^2)$,$h(x)=H(x^2)+xT(x^2)$,则
$$f(x^2)=g(x)h(x)$$
$$=G(x^2)H(x^2)+x^2L(x^2)T(x^2)+xG(x^2)T(x^2)+xL(x^2)H(x^2)$$

所以
$$f(x^2)-G(x^2)H(x^2)-x^2L(x^2)T(x^2)=xG(x^2)T(x^2)+xL(x^2)H(x^2)$$

因为左边是偶次多项式,右边是奇次多项式,所以两边都必须为零,即
$$f(x)=G(x)H(x)+xL(x)T(x)$$
$$G(x)T(x)+L(x)H(x)=0$$

如果 $LT=0$,那么第一式简化为 $f(x)=G(x)H(x)$,这就说明 $f(x)$ 是可约的. 如果 $LT\neq 0$,因为 g 是不可约的,所以 $G(x)$ 和 $L(x)$ 是互素的. 由第二个等式可见 $T(x)$ 可以被 $L(x)$ 整除.

设 $T(x)=M(x)L(x)$,则 $H(x)=-M(x)G(x)$,从而
$$f(x)=M(x)(G(x)^2-xL(x)^2)$$

如果 M 是非常数,那么我们得到 f 是可约的,如果 M 是常数,那么既然 $f(x)$ 是首一的,则 $M=\pm 1$,我们就完成了证明.

因此我们得到下面的推论.

推论：设 $f(x)$ 是整系数首一不可约多项式，满足 $|f(0)|$ 不是一个平方数，则多项式 $f(x^2)$ 是不可约的.

推论的证明：注意到，由上面的引理，如果 $f(x^2)$ 是可约的，那么 $f(x)$ 是可约的或者 $\pm f(x) = G(x)^2 - xH(x)^2$.

因为 $f(x)$ 是不可约的，所以后者成立. 令 $x = 0$，我们有 $\pm f(0) = G(0)^2$，从而 $|f(0)|$ 必定是一个平方式，矛盾.

回到我们的问题，容易证明 $Q_1(x) = P(x^2)$ 是不可约的. 现在我们用以下递归关系 $Q_{n+1}(x) = Q_n(x^2)$ 来定义一系列多项式. 显然，$|Q_n(0)| = 2\,010$，因此利用引理和推论，得到 $Q_n(x)$ 是不可约的.

7. (Mircea Becheanu-Mathematical Reflections O134)　设 p 是素数，$n > 4$ 是整数. 证明如果 a 是不能被 p 整除的整数，那么多项式 $f(x) = ax^n - px^2 + px + p^2$ 在 $\mathbf{Z}[x]$ 上是不可约的.

证明　采用反证法. 若不然，则存在整系数非常数多项式 $B(x) = \sum_{i=0}^{m} b_i x^i$，$C(x) = \sum_{j=0}^{n-m} c_j x^j$（$1 \leqslant m \leqslant n-1$），满足 $f(x) = B(x)C(x)$. 因为 $b_0 c_0 = p^2$，不失一般性，设 b_0，$c_0 > 0$（因为我们可以同时改变 $B(x)$ 和 $C(x)$ 的符号而不改变问题），则 $b_0 = c_0 = p$，或者不失一般性 $b_0 = p^2$，$c_0 = 1$.

在第一种情况，有 $b_0 c_1 + b_1 c_0 = p \Rightarrow b_1 + c_1 = 1$，因此 b_1，c_1 不能同时是 p 的倍数. 由 $b_0 c_2 + b_1 c_1 + b_2 c_0 = -p$，可得 $p \mid b_1 c_1$. 不失一般性，假设 $p \mid b_1$. 当 $3 \leqslant j < n$ 时，比较 x^j 的系数，有 $b_0 c_j + b_1 c_{j-1} + \cdots + c_0 b_j = 0$. 因此

$$p \mid (b_1 c_{j-1} + b_2 c_{j-2} + \cdots + c_1 b_{j-1}) \quad (3 \leqslant j < n)$$

取 $j = 3$，则 $p \mid b_2 c_1 \Rightarrow p \mid b_2$. 由归纳法，如果 $p \mid b_1, b_2, \cdots, b_k$，取 $j = k+2$，得到 $p \mid b_{k+1} c_1 \Rightarrow p \mid b_{k+1}$. 取 $j = n-1$，得到 $p \mid b_0 \Rightarrow p \mid b_0, b_1, \cdots, b_{n-2}$（当 $m < n-1$ 时，$b_{m+1} = b_{m+2} = \cdots = b_{n-2} = 0$）. 因为 $a = b_m c_{n-m}$ 不能被 p 整除，所以 $m = n-1$，$C(x) = c_1 x + p$. 设 $-c_1 = q$，则 $b_{n-1} = -\dfrac{a}{q}$. 当 $3 \leqslant j \leqslant n-1$ 时，有 $0 = b_{j-1} c_1 + b_j c_0 = -q b_{j-1} + p b_j$. 由归纳法 $b_2 = -\dfrac{p^{n-3} a}{q^{n-2}}$.

由 $b_1 c_1 + b_2 c_0 = -p$，可得 $b_1 = \dfrac{(b_2+1)p}{q} = \dfrac{p^{n-2}a + pq^{n-2}}{q^{n-1}}$. 因为 $\gcd(p, q) = 1$（否则 a 可以被 p 整除），所以 $q^{n-1} \mid a$. 注意到 $f\left(\dfrac{p}{q}\right) = 0$，所以 $\dfrac{p}{q} = p^{n-2} \cdot \dfrac{a}{q^{n-1}} + q + 1 \in \mathbf{Z}$，从而 $q = 1$，这意味着 p 是原多项式的根. 我们有 $p^4 < |ap^n| = |p^2(p-2)| < p^3$，矛盾.

在第二种情况，因为 c_0 不是 p 的倍数，但 $p \mid (b_0 c_j + b_1 c_{j-1} + \cdots + c_0 b_j)$（$j = 0, 1, \cdots, n-1$）. 经过简单的归纳，我们有 $p \mid b_j c_0 \Rightarrow p \mid b_j$（$j = 0, 1, \cdots, n-1$）. 因为 $m \leqslant n-1$，所以 $p \mid a = b_m c_{n-m}$，矛盾.

8.（Erdös） 如果 $f(x)=(x-x_1)\cdots(x-x_n)$，其中 $x_i\in[-1,1]$，证明不存在 $a\in(-1,0)$，$b\in(0,1)$ 使得

$$|f(a)|\geqslant 1,\ |f(b)|\geqslant 1$$

证明 1 当 $n=2$ 时，设 $-1\leqslant x<y<z\leqslant1$，则 $(y-x)(z-y)\leqslant\left(\dfrac{y-x+z-y}{2}\right)^2=\left(\dfrac{x-z}{2}\right)^2\leqslant1$. 当 $x=-1,y=0,z=1$ 时，等号成立. 这就是说，不存在这样的 a,b. 要看到这一点，用 x,z 表示 f 和 $y=a$ 或 b 的两个根 x_1,x_2，表明 a,b 不能在 x_1,x_2 之间. 这样，我们必有 $a<x_1<x_2<b$. 利用这个不等式以及 $x=a,z=b,y=x_i$，就有 $(x_i-a)(b-x_i)<1$. 因此，将这两个不等式相乘得到 $|f(a)f(b)|<1$.

当 $n>2$ 时，假设 $-1\leqslant x_1\leqslant x_2\leqslant\cdots\leqslant x_n\leqslant1$. 如果存在 $a,b(x_1<a<b<x_n)$，那么

$$\begin{aligned}|f(a)|&=(a-x_1)\cdots(a-x_k)(x_{k+1}-a)\cdots(x_n-a)\\&=(a-x_1)(x_n-a)(a-x_2)\cdots(a-x_k)(x_{k+1}-a)\cdots(x_{n-1}-a)\\&\leqslant(a-x_2)\cdots(a-x_k)(x_{k+1}-a)\cdots(x_{n-1}-a)\\&=|(a-x_2)\cdots(a-x_{n-1})|\end{aligned}$$

类似可得 $|f(b)|\leqslant|(b-x_2)\cdots(b-x_{n-1})|$. 因此对序列 $x_2,\cdots,x_{n-1}$ 与同样的 a,b，这些关系依然成立. 这样，我们可以去掉某些 x_i，得到关系 $a<x_1$ 或者 $b>x_n$. 实际上，采用类似的方法，我们只需考虑下列情况

$$-1<a<x_1\leqslant x_2\leqslant\cdots\leqslant x_k\leqslant b\leqslant x_{k+1}\leqslant\cdots\leqslant x_n\leqslant1$$

所以

$$\begin{aligned}|f(b)|&=(b-x_1)\cdots(b-x_k)(x_{k+1}-b)\cdots(x_n-b)\\&\leqslant(b+1)^k(1-b)^{n-k}\\&=(1-b)^{n-2k}(1-b^2)^k\end{aligned}$$

如果 $2k\leqslant n$，那么上述表达式小于或等于1. 如果 $2k>n$，那么由 Minkowski（闵可夫斯基）不等式，有

$$\begin{aligned}2\leqslant&\sqrt[n]{|f(a)|}+\sqrt[n]{|f(b)|}\\=&\sqrt[n]{(x_1-a)\cdots(x_n-a)}+\sqrt[n]{(b-x_1)\cdots(b-x_k)(x_{k+1}-b)\cdots(x_n-b)}\\\leqslant&\sqrt[n]{(b-a)^k(2x_{k+1}-a-b)\cdots(2x_n-a-b)}\\<&\sqrt[n]{(b+1)^k(3-b)^{n-k}}\end{aligned}$$

所以

$$2^n\leqslant(b+1)^k(3-b)^{n-k}<2^{2k-n}((b+1)(3-b))^{n-k}\leqslant2^n$$

因为 $b<1$，所以 $(b+1)(3-b)\leqslant4$，矛盾.

证明 2 假设这样的 a,b 存在. 定义 $g(x)=\sum\limits_{i=1}^n|x-x_i|$. 因为 g 是凸的，所以

$$g(a) \leqslant |a| g(-1) + (1 - |a|) g(0), g(b) \leqslant b g(1) + (1 - b) g(0)$$

我们知道 $g(0) = \sum_{i=1}^{n} |-x_i| \leqslant n$. 此外, $g(a) = \sum_{i=1}^{n} |a - x_i| \geqslant n \sqrt[n]{\lceil f(a) \rceil} \geqslant n$, 类似可得 $g(b) \geqslant n$. 所以

$$g(-1) \geqslant n, g(1) \geqslant n$$

注意到

$$g(-1) + g(1) = \sum_{i=1}^{n} |1 - x_i| + \sum_{i=1}^{n} |1 + x_i| = 2n \quad (\text{因为 } x_i \in [-1, 1])$$

所以

$$g(-1) = g(1) = n$$
$$\Rightarrow g(a) = g(b) = n$$
$$\Rightarrow |a - x_k| = |b - x_k| = 1$$
$$\Rightarrow a - x_k = -1, b - x_k = 1$$
$$\Rightarrow b - a = 2$$

矛盾. 这就证明了对所有的 $a \in (-1, 0), b \in (0, 1)$, 有 $\min\{|f(a)|, |f(b)|\} < 1$.

9. (Oleksandr Rybak-Ukrainian Mathematical Olympiad 2008)　设 $n \geqslant 2$. 考察多项式 $P_0(x), P_1(x), \cdots, P_n(x)$, 满足 $\deg P_i(x) = n - i, P_n(x) \neq 0$. 当 $2 \leqslant i \leqslant n$ 时, 存在多项式 $Q_i(x)$, 满足 $P_i = P_{i-2} + P_{i-1} Q_i(x)$. 证明：如果 $P_0(x) R(x) + P_1(x) S(x) = 1$, 那么 $\deg R(x) \geqslant n - 2, \deg S(x) \geqslant n - 1$.

证明　由于 $\deg P_i(x) < \deg P_{i-2}(x), P_i = P_{i-2} + P_{i-1} Q_i(x)$, 所以

$$\deg P_{i-1}(x) Q_i(x) = n - i + 2$$

从而

$$\deg Q_i(x) = 1 \quad (i = 2, 3, \cdots, n)$$

现在我们采用归纳法来证明, 存在多项式 $R_i(x), S_i(x)$, 满足

$$\deg R_i(x) = i - 2, \deg S_i(x) = i - 1, P_i(x) = P_0(x) R_i(x) + P_1(x) S_i(x)$$

当 $i = 2$ 时显然成立. 设 $R_2(x) = 1, S_2(x) = Q_2(x)$. 因为 $P_{k+1} = P_{k-1} + P_k Q_{k+1}(x)$, 由归纳假设, 有

$$\begin{aligned} P_{k+1} &= P_{k-1} + P_k Q_{k+1}(x) \\ &= P_0(x) R_{k-1}(x) + P_1(x) S_{k-1}(x) + Q_{k+1}(x) (P_0(x) R_k(x) + P_1(x) S_k(x)) \\ &= P_0(x) (R_{k-1}(x) + R_k(x) Q_{k+1}(x)) + P_1(x) (S_{k-1}(x) + S_k(x) Q_{k+1}(x)) \\ &= P_0(x) R_{k+1}(x) + P_1(x) S_{k+1}(x) \end{aligned}$$

其中 $R_{k+1}(x) = R_{k-1}(x) + R_k(x) Q_{k+1}(x), S_{k+1}(x) = S_{k-1}(x) + S_k(x) Q_{k+1}(x)$.

这就完成了证明.

取 $i = n$, 则 $P_n = P_0 R_n + P_1 S_n$. 因为 $P_n \neq 0$, 我们可以定义 $R_{n0} = \dfrac{R_n}{P_n}, S_{n0} = \dfrac{S_n}{P_n}$, 则

$$P_0 R_{n0} + P_1 S_{n0} = 1, \deg R_{n0} = n-2, \deg S_{n0} = n-1$$

如果 R, S 满足 $P_0 R + P_1 S = 1$,那么

$$P_0 (R - R_{n0}) + P_1 (S - S_{n0}) = 0$$

设 $\bar{R} = R - R_{n0}, \bar{S} = S - S_{n0}$,则 $P_0 \bar{R} + P_1 \bar{S} = 0$. 由于 $P_0 \bar{R} R_{n0} + P_1 \bar{S} R_{n0} = 0$,而 $P_0 R_{n0} = 1 - P_1 S_{n0}$,所以

$$(1 - P_1 S_{n0}) \bar{R} + P_1 \bar{S} R_{n0} = 0$$

因此

$$\bar{R} = P_1 (S_{n0} \bar{R} - \bar{S} R_{n0})$$

由此可见 $P_1 \mid \bar{R}$. 如果 $\bar{R} \neq 0$,那么 $\deg \bar{R} \geqslant \deg P_1 = n-1$,从而 $\deg R = \deg \bar{R} \geqslant n-1$. 类似可得 $P_0 \mid \bar{S} \Rightarrow \deg S \geqslant \deg P_0 = n$. 这就完成了证明.

如果 $\bar{R} = 0$,那么 $\deg R = \deg R_{n0} = n-2$. 对 $\deg S$ 也有类似的结论.

10. (USATST TST 2014)　设 $P(x), Q(x)$ 是两个实系数多项式,$\deg P(x) = d$. 证明存在多项式 $A(x), B(x), C(x)$,满足:

(i) $\deg A(x), \deg B(x) \leqslant \dfrac{d}{2}$;

(ii) 它们之中至多有一个是零;

(iii) $\dfrac{A(x) + Q(x) B(x)}{P(x)} = C(x)$.

证明　我们先证明下列引理.

引理:设多项式 $P(x), Q(x) \neq 0$,正整数 $l < \min\{\deg P(x), \deg Q(x)\}$,则存在不全为零的多项式 $A(x), B(x), C(x)$ 满足 $\deg A(x) \leqslant l, \deg B(x) \leqslant \deg P(x) - l - 1, \deg C(x) \leqslant \deg Q(x) - l - 1$,使得

$$A(x) + B(x) Q(x) = C(x) P(x)$$

引理的证明:我们对 $\deg P(x) + \deg Q(x)$ 采用归纳法证明. 不失一般性,假设 $\deg P(x) \leqslant \deg Q(x)$. 设 $Q(x) = D(x) P(x) + R(x) (\deg R(x) < \deg P(x))$.

如果 $\deg R(x) \leqslant l$,设 $A = -R, B = 1, C = D$,则我们可以检测条件是满足的.

如果 $\deg R(x) > l$,令 $R(x) = Q(x) - D(x) p(x)$,那么由归纳假设,存在多项式 A', B', C'(不全为零),使得

$$A'(x) + B'(x) P(x) = C'(x) R(x)$$

$$\deg A'(x) \leqslant l, \deg B'(x) \leqslant \deg R(x) - l - 1, \deg C'(x) \leqslant \deg P(x) - l - 1$$

注意到,A', C' 不同时为零,否则将导致 $B' = 0$ 以及

$$A'(x) + B'(x) P(x) = C'(x) (Q(x) - D(x) P(x))$$

$$\Rightarrow A'(x) + P(x)(B'(x) + C'(x)D(x)) = C'(x)Q(x)$$

余下的就是检查次数满足的条件

$$\deg(B'(x) + C'(x)D(x)) = \max\{\deg B'(x), \deg C'(x) + \deg D(x)\}$$
$$\leqslant \max\{\deg Q(x) - l - 1, \deg Q(x) - l - 1 + \deg P(x) - l - 1\}$$
$$= \deg Q(x) - l - 1$$

取 $A = -A'$,$B = C'$,$C = B' + C'D$,即完成引理的证明!

由引理立即可得本题. 我们取 $l = \left[\dfrac{d}{2}\right]$,则由引理可知次数的条件满足 (i). 如果 A,B,C 中的任何两个为 0,那么很容易看出第三个也是 0,这是不可能的,(ii) 得到证明. 最后,(iii) 很容易由引理得证.

11. (Mircea Becheanu − Romanian TST 1981) 设 $p > 2$ 是素数,多项式 $P(x) = x^{p-1} + x^{p-2} + \cdots + x + 1$,证明:对任何正偶数 n,多项式 $-1 + \prod\limits_{k=0}^{n-1} P(x^{p^k})$ 能被 $x^2 + 1$ 整除.

证明 设 $Q(x) = -1 + \prod\limits_{k=0}^{n-1} P(x^{p^k})$,这只需证明 $Q(\pm i) = 0 (i^2 = -1)$. 我们有

$$P(x) = x^{p-1} + x^{p-2} + \cdots + x + 1 = \frac{x^p - 1}{x - 1}$$

所以

$$\prod_{k=0}^{n-1} P(x^{p^k}) = \prod_{k=0}^{n-1} \frac{(x^{p^k})^p - 1}{x^{p^k} - 1} = \prod_{k=0}^{n} \frac{(x^{p^{k+1}})^p - 1}{x^{p^k} - 1} = \frac{x^{p^n} - 1}{x - 1}$$

因此

$$Q(x) = -1 + \frac{x^{p^n} - 1}{x - 1} = \frac{x^{p^n} - x}{x - 1}$$

如果 $p > 2$ 是素数,那么 p 是奇数. 因为 n 是偶数,所以 $p^n \equiv 1 \pmod 4 \Rightarrow i^{p^n} = i$,所以 $Q(i) = \dfrac{i - i}{i - 1} = 0$. 同理可得 $Q(-i) = 0$. 所以 $Q(x)$ 能被 $x^2 + 1$ 整除.

备注 1 在解答中,p 不一定非是素数. 只要 p 是奇数就足够了. 我们可以证明下面更一般的情况.

设 $P(x) = a_{d-1}x^{d-1} + \cdots + a_0$,其中 d 是正奇数. 令

$$A = a_{d-1} - a_{d-3} + a_{d-5} - \cdots, B = a_{d-2} - a_{d-4} + a_{d-6} - \cdots$$

(i) 如果 $d \equiv 1 \pmod 4$,$B = 0$,那么对所有的偶数 n,多项式 $Q(x) = -A^n + \prod\limits_{k=0}^{n-1} P(x^{d^k})$ 能被 $x^2 + 1$ 整除.

(ii) 如果 $d \equiv 3 \pmod 4$,$A = 0$,那么对所有的偶数 n,多项式 $R(x) = -B^n + \prod\limits_{k=0}^{n-1} P(x^{d^k})$ 能被 $x^2 + 1$ 整除.

证明 (i) 因为 $d \equiv 1 (\bmod 4), B = 0$, 所以对所有正整数 k, 有 $d^k \equiv 1 (\bmod 4) \Rightarrow$ $i^{d^k} = i$, 所以对所有正整数 $k, P(i^{d^k}) = P(i) = -A + Bi = -A \Rightarrow Q(i) = -A^n + A^n = 0$. 同理可证 $Q(-i) = 0$.

(ii) 因为 $d \equiv 3 (\bmod 4), A = 0$, 则当 k 是偶数时, $d^k \equiv 1 (\bmod 4) \Rightarrow i^{d^k} = i$, 当 k 是奇数时

$$d^k \equiv 3 (\bmod 4) \Rightarrow i^{d^k} = -i$$

所以

$$P(i) = -A + Bi = Bi, P(-i) = -Bi$$

因此

$$\prod_{k=0}^{n-1} P(i^{d^k}) = (Bi)^{\frac{n}{2}} \cdot (-Bi)^{\frac{n}{2}} = (-B^2 i^2)^{\frac{n}{2}} = (B^2)^{\frac{n}{2}} = B^n$$

从而

$$R(i) = -B^n + \prod_{k=0}^{n-1} P(i^{d^k}) = -B^n + B^n = 0$$

同理可证 $R(-i) = 0$.

备注 2 2009 年 Turkish Mathematical Olympiad 也提出了类似的问题. 作为练习把它留给读者.

求所有素数 p, 满足存在奇整数 n 和整系数多项式 $Q(x)$, 使得多项式 $1 + pn^2 + \prod_{i=1}^{2p-2} Q(x^i)$ 至少有一个整数根.

12. (Aleksander Ivanov-Bulgarian Mathematical Olympiad 2014) 求所有自然数 n, 使得存在整系数多项式序列

$$f_1(x), f_2(x), \cdots, f_n(x), g(x)$$

满足

$$(x^{2013} + n) \mid g(x), (f_1(x)^2 - 1) \cdots (f_n(x)^2 - 1) = g(x)^2 - 1$$

解 注意到 $x^{2013} \equiv x (\bmod 3)$, 则存在整数 s, 使得 $3 \mid (s^{2013} + n)$, 则 $3 \mid g(s), 3 \mid f_i(s) (i = 1, 2, \cdots, n)$ (否则 $f_k(s)^2 - 1 \equiv 0 (\bmod 3)$, 矛盾). 因此 $(-1)^n \equiv -1 (\bmod 3)$, 从而 n 必定是奇数. 接下来, 对于所有的奇数 n 我们给出一个例子. 设 $g_1(x) = x^{2013} + n$, $g_{i+1}(x) = 4g_i(x)^3 - 3g_i(x)$, 则对所有 $i \geqslant 0$, 我们有 $g_1(x) \mid g_{i+1}(x)$. 此外, $g_{i+1}(x)^2 - 1 = (4g_i(x)^2 - 1)^2 (g_i(x)^2 - 1)$, 所以

$$g_{t+1}(x)^2 - 1 = (4g_1(x)^2 - 1)^2 \cdots (4g_t(x)^2 - 1)^2 (g_1(x)^2 - 1)$$
$$= (f_1(x)^2 - 1) \cdots (f_{2t+1}(x)^2 - 1)$$

其中 $f_i = 2g_i (i = 1, 2, \cdots, 2t), f_{2t+1} = g_1$.

备注 这个问题有两个变形, 是在 2013 年 Balkan Mathematical Olympiad 提出的.

变形 1 求所有自然数 n,使得存在整系数多项式序列
$$f_1(x), f_2(x), \cdots, f_n(x), g(x)$$
满足
$$1 + (f_1(x)^2 - 1) \cdots (f_n(x)^2 - 1) = (x^2 + 2\ 013)^2 g(x)^2$$
对这个问题,我们采用其他方法. 取 $x = \mathrm{i}\sqrt{2\ 013}$,则
$$1 + (f_1(\mathrm{i}\sqrt{2\ 013})^2 - 1) \cdots (f_n(\mathrm{i}\sqrt{2\ 013})^2 - 1) = 0$$
因此
$$\left| (f_1(\mathrm{i}\sqrt{2\ 013})^2 - 1) \cdots (f_n(\mathrm{i}\sqrt{2\ 013})^2 - 1) \right|^2 = 1$$
但很显然 $f_k(\mathrm{i}\sqrt{2\ 013}) = a \pm \mathrm{i}\sqrt{b}$,其中 a, b 是整数,且 $b \geqslant 0$. 如果我们设 $z = (a \pm \mathrm{i}\sqrt{b})^2 - 1$,那么 $|z|^2 = (a^2 - b - 1)^2 + 4a^2 b$ 是整数. 由于 n 个整数因子的乘积是 1,因此每个因子必须是 1,所以 $a^2 b = 0, a^2 - b - 1 = \pm 1$. 如果 $a = 0$,所以 $b + 1 = \mp 1 \Rightarrow b = 0$. 如果 $b = 0$,那么 $a^2 - 1 = \pm 1 \Rightarrow a = 0$,所以 $a = b = 0$,从而 $f_k(\mathrm{i}\sqrt{2\ 013}) = 0$. 这样第一个等式就变成了 $1 + (-1)^n = 0$,因此 n 必是奇数. 这个例子的构造方式与上面的例子是相同的.

变形 2 求所有自然数 n,使得存在整系数多项式序列
$$f_1(x), f_2(x), \cdots, f_n(x), g(x)$$
满足
$$1 + (f_1(x)^2 - 1) \cdots (f_n(x)^2 - 1) = (x + 2\ 013)^2 g(x)^2$$
取 $x = -2\ 013$,即可得到结论.

13. (Navid Safaei-Mathematical Reflections U448) 设 $p \geqslant 5$ 是素数. 证明多项式 $2x^p - p3^p x + p^2$ 在 $\mathbf{Z}[x]$ 上是不可约的.

证明 若不然,则存在整系数多项式 $f(x), g(x)$,使得 $2x^p - p3^p x + p^2 = f(x)g(x)$.

设 $\deg f(x) = d, \deg g(x) = e$. 因为并非 $x^p - p \cdot 3^p x + p^2$ 的所有系数都可以被 p 整除,同样对于多项式 $f(x), g(x)$ 也是成立的. 这就是说,$f(x), g(x)$ 可以表示为
$$f(x) = x^s f_1(x) + p f_2(x), g(x) = x^c g_1(x) + p g_2(x)$$
其中 s, c 分别是 $f(x), g(x)$ 中次数最小的单项式,使得其系数不能被 p 整除. 所以 $f_1(x), g_1(x)$ 中的常数项不能被 p 整除. 从而
$$f(x)g(x) = x^{c+s} f_1(x) g_1(x) + p(x^s f_1(x) g_2(x) + x^c g_1(x) f_2(x)) + p^2 f_2(x) g_2(x)$$
容易验证 $c + s = p$,所以 $c = e, s = d$. 因此
$$f(x) = a_d x^d + p f_2(x), g(x) = b_e x^e + p g_2(x)$$
这就是说
$$2x^p - p \cdot 3^p x + p^2 = a_d b_e x^p + p(a_d x^d g_2(x) + b_e x^e f_2(x)) + p^2 f_2(x) g_2(x)$$

因此,比较 x 的系数,就得到 $\min\{d,e\}\leqslant 1$. 从而 $f(x),g(x)$ 必是线性的. 在这种情况下,多项式 $2x^p-p3^px+p^2$ 必有一个有理根. 利用有理根定理,这个根必是 $\pm p,\pm p^2,\pm\dfrac{p}{2}$,$\pm\dfrac{p^2}{2}$ 的形式. 我们考虑下列四种情况:

情况 1　$2(\pm p)^p\mp p^23^p+p^2=0\Rightarrow\pm 2p^{p-2}\mp 3^p+1=0$,则由 Fermat 小定理可知,$2\mid p$,矛盾.

情况 2　$2(\pm p)^{2p}\mp p^33^p+p^2=0\Rightarrow\pm 2p^{2p-2}\mp p3^p+1=0$. 这显然不成立.

情况 3　$2\left(\pm\dfrac{p}{2}\right)^p\mp\dfrac{p^2}{2}\cdot 3^p+p^2=0\Rightarrow\pm\dfrac{p^{p-2}}{2^{p-1}}\mp\dfrac{3^p}{2}+1=0$,所以
$$\pm p^{p-2}=\pm 2^{p-2}3^p-2^{p-1}$$
由 Fermat 小定理知,p 能被 1 或 5 整除. 如果 $p=5$,那么 $-5^3=-2^3\cdot 3^5-2^4$,矛盾.

情况 4　$2\left(\pm\dfrac{p}{2}\right)^{2p}\mp\dfrac{p^3}{2}\cdot 3^p+p^2=0\Rightarrow\pm\dfrac{p^{2p-2}}{2^{2p-1}}\mp\dfrac{p3^p}{2}+1=0$,矛盾.

14.（George Stoica-AMM 11822）　设 $P(x),Q(x)$ 是复系数多项式,满足多项式 $P(Q(x))$ 的所有系数都是实数. 证明:如果多项式 $Q(x)$ 的首项系数和常数项都是实数,那么两个多项式 $P(x),Q(x)$ 的系数都是实数.

证明　假设 $P(x)=a_dx^d+\cdots+a_0,Q(x)=b_lx^l+\cdots+b_0(b_l,b_0\in\mathbf{R})$,则多项式 $P(Q(x))$ 中 x^{dl} 的系数是 $a_db_l^d\in\mathbf{R}\Rightarrow a_d\in\mathbf{R}$. 假设 k 是 b_k 最大的非实数下标,因为 $k\geqslant 1$,项 $x^{(d-1)l+k}$ 的系数是实数,且具有如下形式 $a_db_l^{d-1}b_k+M$,其中 $M=M(a_d,b_l,b_{l-1},\cdots,b_{k+1})$ 是一个实系数多项式. 因此,b_k 是实数. 从而 $Q(x)$ 的所有系数都是实数. 现在,我们来证明 $P(x)$ 的所有系数都是实数. 事实上,假设 k 是 a_k 最大的非实数下标,我们有 $a_kb_l^k+N(a_d,\cdots,a_{k+1},b_0,\cdots,b_l)$ 是实数,从而 a_k 是实数,证明完成.

15.（Kürschák Competition 2017）　设 $P(P(x))=Q(x)^2$. 证明存在多项式 $R(x)$,满足 $P(x)=R(x)^2$.

证明　显然 $\deg P(x)$ 是偶数. 设 $P(x)=f(x)^2g(x)$,其中
$$g(x)=\pm(x-x_1)\cdots(x-x_d)$$
$d\geqslant 2$ 是偶数,$x_1,\cdots,x_d$ 是不同的复数,则
$$P(P(x))=f(P(x))^2g(P(x))=Q(x)^2$$
因此可见 $g(P(x))=\pm(P(x)-x_1)\cdots(P(x)-x_d)$ 必是一个多项式的平方. 所以初始的符号必是 $+$. 很明显,多项式 $P(x)-x_i,P(x)-x_j(i\neq j)$ 没有公共根,否则存在复数 z,使得 $P(z)=x_i=x_j$. 因为它们的乘积是一个平方式,所以,每一个都是一个平方式. 特别地,$P(x)-x_1=R_1(x)^2,P(x)-x_2=R_2(x)^2$,其中 $R_1(x),R_2(x)$ 是多项式. 两个方程相减,有
$$x_2-x_1=R_1(x)^2-R_2(x)^2=(R_1(x)-R_2(x))(R_1(x)+R_2(x))$$

左边是一个非零常数，所以右边两个因子必须是常数，从而 $R_1(x), R_2(x)$ 和 P 都是常数，矛盾. 所以 $d=0, P(x)=f(x)^2$.

证明 2　很明显多项式 $P(x)$ 是偶次的，不妨说是 $2d$ 次. 如果 $P(x)$ 的首项系数是 a_{2d}，那么多项式 $P(P(x))$ 的首项系数是 a_{2d}^{2d+1}. 因为它是平方式，因此系数 $a_{2d}>0$. 下面我们来证明一个引理.

引理：设 $P(x)=a_{2d}x^{2d}+\cdots+a_0, a_{2d}>0$，则存在多项式 $R(x), S(x)$ $(\deg S(x)<d)$，满足

$$P(x)=R(x)^2+S(x)$$

引理的证明：设 $R(x)=b_d x^d+\cdots+b_0$，比较 x^{2d} 的系数，得到 $b_d^2=a_{2d}$. 我们可以假设 $b_d=\sqrt{a_{2d}}$. 当 $d\leqslant j\leqslant 2d$ 时，$P(x)$ 中 x^j 的系数与 $R(x)^2$ 中 x^j 的系数是相等的，采用这种方式来求出系数 b_i. 假设我们已经通过比较 $x^{2d}, \cdots, x^{d+i+1}$ 的系数求出了系数 $b_d, \cdots, b_{i+1}$. 现在，比较 x^{d+i} 的系数，有

$$a_{d+i}=\sum_{k=i}^{d} b_k b_{d+i-k} \Rightarrow b_i=\frac{a_{d+i}-\sum_{k=i+1}^{d-1} b_k b_{d+i-k}}{2b_d}$$

由此可见 b_i 是唯一确定的，证明就完成了.

设 $P(x)-R(x)^2=S(x)(\deg S(x)=k<d)$，则

$$Q(x)^2=P(P(x))=S(P(x))+R(P(x))^2$$

所以

$$S(P(x))=Q(x)^2-(R(P(x)))^2=(Q(x)-R(P(x)))(Q(x)+R(P(x)))$$

不失一般性，假设 $Q(x)$ 的首项系数是正的（否则，考虑 $-Q(x)$），则

$$\deg(Q(x)+R(P(x)))=\max\{\deg Q(x), \deg R(P(x))\}=\max\{2d^2, 2d^2\}=2d^2$$

所以方程右边的次数至少是 $2d^2$，左边的次数是 $2kd<2d^2$，除非 $Q(x)=R(P(x))$. 在这种情况下，无穷多个 x 的 $S(P(x))=0$，从而 $S(x)=0$. 所以 $S(x)\equiv 0, P(x)=R(x)^2$.

16.（M. Dadarlat and G. Eckstein-Romanian TST 1989）　求所有的整系数首一多项式 $P(x), Q(x)$，使得

$$Q(0)=0, P(Q(x))=(x-1)\cdots(x-15)$$

解　设 $\deg P(x)=p, \deg Q(x)=q$，则 $\deg P(Q(x))=pq=15$，这给出

$$(p,q)=\{(1,15),(15,1),(3,5),(5,3)\}$$

我们有四种情况.

(i) $q=1$. 则 $Q(x)=x, P(x)=(x-1)\cdots(x-15)$.

(ii) $p=1$. 则 $P(x)=x+C, Q(x)+C=(x-1)\cdots(x-15)$. 因此，$Q(x)=(x-1)\cdots(x-15)-C$. 因为 $Q(0)=0$，所以 $C=-15!$，于是

$$P(x)=x-15!, Q(x)=(x-1)\cdots(x-15)+15!$$

(iii) $p = 5$. 则 $P(x) = (x - x_1) \cdots (x - x_5) \Rightarrow P(Q(x)) = (Q(x) - x_1) \cdots (Q(x) - x_5) = (x - 1) \cdots (x - 15)$.

因为 $q = 3$，方程 $Q(x) = x_i (i = 1, 2, 3, 4, 5)$ 有三个解，不妨说是 $a_i, b_i, c_i \in \{1, 2, \cdots, 15\}$.

令 $Q(x) = x^3 - ax^2 + bx \ (a, b \in \mathbf{Z})$，则我们有

$$a_i + b_i + c_i = a, a_i b_i + b_i c_i + c_i a_i = b$$

则 $a = \frac{1}{5}(1 + 2 + \cdots + 15) = 24$. 要找的 b 值，并不容易，但注意到 $a_i^2 + b_i^2 + c_i^2 = a^2 - 2b$，所以

$$a^2 - 2b = \frac{1}{5}(1^2 + 2^2 + \cdots + 15^2) = 248$$

因此 $a_i^2 + b_i^2 + c_i^2 = 248$. 因为对某个 i, a_i, b_i, c_i 中之一是 1，所以

$$b_i^2 + c_i^2 = 247$$

对其取模 4，得到一个矛盾，$b_i^2 + c_i^2 \equiv 3 \pmod 4$.

(iv) $p = 3$. 设 $P(x) = (x - x_1)(x - x_2)(x - x_3)$，则

$$P(Q(x)) = (Q(x) - x_1)(Q(x) - x_2)(Q(x) - x_3) = (x - 1) \cdots (x - 15)$$

设 $Q(x) - x_i (i = 1, 2, 3)$ 的根是 $a_i, b_i, c_i, d_i, e_i \in \{1, 2, \cdots, 15\}$. 基于同样的道理，有

$$a_i^2 + b_i^2 + c_i^2 + d_i^2 + e_i^2 = \frac{1}{3}(1^2 + 2^2 + \cdots + 15^2) = \frac{1\ 240}{3}$$

这是不可能的，因为右边不是整数.

17. (Belarusan Mathematical Olympiad 2017) 如果 $k \geqslant 2, 65^k = \overline{a_n \cdots a_0}$，证明多项式 $P(x) = a_n x^n + \cdots + a_0$ 没有有理根.

证明 假设多项式有一个有理根. 因为它的系数都是正的，则根必定是负的，不妨设为

$$x = -\frac{p}{q} \quad (p, q > 0, \gcd(p, q) = 1)$$

由有理根定理，有 $p \mid a_0, q \mid a_n$. 因为 a_0, a_n 都是数字，则 p, q 必定也是数字. 注意到

$$65^k = a_n 10^n + \cdots + a_0, 0 = a_n \left(-\frac{p}{q}\right)^n + \cdots + a_0$$

所以

$$65^k = a_n \left[10^n - \left(-\frac{p}{q}\right)^n\right] + \cdots + a_1 \left[10 - \left(-\frac{p}{q}\right)\right]$$

从而

$$(10q + p)(A_n a_n + \cdots + A_1 a_1) = 65^k \cdot q^n$$

其中 $A_m = \dfrac{10^m - \left(-\dfrac{p}{q}\right)^m}{10 - \left(-\dfrac{p}{q}\right)} \cdot q^{m-1}$ 是整数. 则 $(10q + p) \mid 65^k q^n$，又 $\gcd(10q + p, q^n) = 1$，所

以 $(10q + p) \mid 65^k$. 因为 $5 \cdot 13 = 65$, 所以 $10q + p \in \{13, 25, 65\}$. 容易证明, 当 $k > 2$ 时, 65^k 以 625 结尾; 当 $k = 2$ 时, $65^2 = 4\,225$. 所以

$$a_2 \in \{2, 6\}, \overline{a_1 a_0} = 25 \Rightarrow p \mid a_0 = 5 \Rightarrow 10q + p \neq 13$$

因此 $10q + p \in \{25, 65\}$, 可见 $p = 5, q \in \{2, 6\}$. 此外, 因为 $(qx + p) \mid P(x)$, 所以

$$a_n x^n + \cdots + a_0 = (qx + p)(b_{n-1} x^{n-1} + \cdots + b_1 x + b_0)$$

其中 $b_{n-1}, \cdots, b_0$ 是整数. 比较两边的系数, 我们有

$$a_0 = pb_0, a_n = qb_{n-1}, a_m = pb_m + qb_{m-1} \quad (m = 1, 2, \cdots, n-1)$$

由此可得

$$b_m = \frac{a_m}{p} - \frac{a_{m-1}q}{p^2} + \frac{a_{m-2}q^2}{p^3} - \cdots + (-1)^m a_0 \frac{q^m}{p^{m+1}} \quad (m = 0, 1, \cdots, n-1)$$

所以, 只需证明 $a_m p^m - a_{m-1} q p^{m-1} + \cdots + (-1)^m a_0 q^m$ 能被 p^{m+1} 整除即可. 由于

$$q^n P\left(-\frac{p}{q}\right) = a_n(-p)^n + a_{n-1}(-p)^{n-1}q + \cdots + a_0 q^n = 0$$

所以

$$0 = a_n(-p)^n + a_{n-1}(-p)^{n-1}q + \cdots + a_0 q^n$$
$$= p^{m+1}A + \underbrace{(-1)^m q^{n-m}(a_m p^m - a_{m-1}qp^{m-1} + \cdots + (-1)^m a_0 q^m)}_{(*)}$$

当 A 是整数时, 因为式 $(*)$ 必能被 p^{m+1} 整除, 证明就完成了.

易见 $b_0 = 1, 2 = a_1 = pb_1 + qb_0 = 5b_1 + q$, 所以 $q = 2$ (因为 $q = 6$ 是不可能的), $b_1 = 0$. 此外, $a_2 = pb_2 + qb_1 = pb_2 = 5b_2$, 但 $a_2 \in \{2, 6\}$, 矛盾.

注意 我们也可以通过以下方法得出结论. 我们来证明 $-\frac{5}{2}, -\frac{5}{6}$ 不是 $P(x)$ 的根. 因为 $a_0 = 5, a_1 = 2$, 所以

$$6^n P\left(-\frac{5}{6}\right) = a_n(-5)^n + \cdots + a_2(-5)^2 6^{n-2} + 2(-5)6^{n-1} + 5 \cdot 6^n$$
$$\equiv 6^{n-1}(-10 + 30)$$
$$\equiv 20 \cdot 6^{n-1} \pmod{25}$$

由此可得 $P\left(-\frac{5}{6}\right) \neq 0$, 从而 $-\frac{5}{6}$ 不是根. 类似地

$$2^n P\left(-\frac{5}{2}\right) = a_n(-5)^n + \cdots + a_2(-5)^2 2^{n-2} + 2(-5)2^{n-1} + 5 \cdot 2^n$$
$$\equiv a_2(-5)^2 \cdot 2^{n-2} \pmod{125}$$

因为 a_2 是 2 或 6 (从而不是 5 的倍数), 所以 $P\left(-\frac{5}{2}\right) \neq 0$, 从而 $-\frac{5}{2}$ 不是根.

18. 求所有的整系数首一多项式 $P(x)$, 使得 $P(0) = 2\,017$, 对所有有理数 r, 方程 $P(x) = r$ 有一个有理根.

解　我们先证明下列引理.

引理:对于所有整系数的非线性首一多项式,存在一个整数 a,使得多项式 $P(x)+a$ 的所有实根都是无理数.

引理的证明:设 $P(x)=x^d+c_{d-1}x^{d-1}+\cdots+c_0$,选择一个整数 a,使得 $c_0+a=p$,其中 p 是一个充分大的素数.特别地,设 $C=|c_1|+\cdots+|c_{d-1}|$,选取 $p>C+1$.如果 $x=\dfrac{r}{s}(s>0,\gcd(r,s)=1)$ 是有理根,那么由有理根定理,有 $s\mid 1,r\mid p$.因此 $x=\pm 1,\pm p$.因为

$$|P(x)|=|x^d+c_{d-1}x^{d-1}+\cdots+p|\geqslant p-|x^d+c_{d-1}x^{d-1}+\cdots+c_1x|$$
$$\Rightarrow |P(\pm 1)|\geqslant p-(C+1)>0$$

所以 $x=\pm 1$ 不是根.下面来证明 $x=\pm p$ 也不是多项式的根.

注意到

$$|P(x)|=|x^d+c_{d-1}x^{d-1}+\cdots+p|\geqslant |x^d|-|c_{d-1}x^{d-1}+\cdots+p|$$

由于 $|x|\geqslant 1,d\geqslant 2$,所以

$$|c_{d-1}x^{d-1}+\cdots+p|\leqslant (|c_1|+\cdots+|c_{d-1}|)|x^{d-1}|+p^{d-1}=C|x|^{d-1}+p^{d-1}$$

因此 $|P(\pm p)|\geqslant p^d-(C+1)p^{d-1}>0$.引理得证.

令 $r=-a$,应用引理可知,如果 $P(x)$ 是非线性的,那么存在一个 r,使得 $P(x)=r$ 没有有理根.从而 $P(x)$ 必是线性的.在这种情况下,由于 $P(x)$ 是首一的,且 $P(0)=2\,017$,则必有 $P(x)=x+2\,017$,这显然满足题设条件.

19. 是否存在四个实系数多项式 $P_1(x),P_2(x),P_3(x),P_4(x)$,使得其中任何三个之和总有实根,但任何两个之和没有实根?

解　不可能.采用反证法.若不然,即存在四个多项式满足期望的性质.如果一个多项式没有实根,那么它处处是正的或负的.考虑一个以四个多项式为顶点的完全图.如果 $P_i(x)+P_j(x)>0$,那么将边 P_iP_j 涂成白色;如果 $P_i(x)+P_j(x)<0$,那么将边 P_iP_j 涂成黑色,则不可能有边颜色相同的三角形 $P_iP_jP_k$(否则 $P_i+P_j+P_k$ 处处为正或负).根据鸽笼原理,至少有三条边必定有相同的颜色,比如黑色.如果它们有一个共同的顶点,那么为了避免产生黑色三角形,其他三条边必须是白色的,则有一个白色三角形.矛盾!所以这三条黑边没有共同的顶点.不失一般性,假设边 P_1P_2,P_2P_3,P_3P_4 都是黑边.因为没有黑色三角形的边 P_1P_3 和 P_2P_4 是白色的,所以

$$P_1(x)+P_3(x)>0,P_2(x)+P_4(x)>0\Rightarrow P_1(x)+P_2(x)+P_3(x)+P_4(x)>0$$
$$(*)$$

因为 P_1P_2,P_3P_4 都是黑边,所以

$$P_1(x)+P_2(x)<0,P_3(x)+P_4(x)<0$$

把上面两个不等式相加,得到 $P_1(x)+P_2(x)+P_3(x)+P_4(x)<0$,这与式 $(*)$ 矛盾.

20. 求所有实系数多项式 $P(x)$, 使得如果对实数 x, y, z 有 $P(x) + P(y) + P(z) = 0$, 那么 $x + y + z = 0$.

解　假设 $P(x)$ 是偶次多项式, 不失一般性, 设多项式的首项系数为正 (否则乘以 -1). 假设对所有实数 $x, P(x) > 0$, 则有 $P(x) + P(y) + P(z) > 0$, 所有这些多项式都满足问题条件. 假设 $P(x)$ 有一个实根, 不妨说是 r . 设 $x = y = z = r$, 则 $P(x) + P(y) + P(z) = 3P(r) = 0$, 这就是说 $x + y + z = 3r = 0$, 所以多项式的唯一的可能根是 0. 记 $P(x) = x^k Q(x)$, 其中 $Q(x)$ 是满足 $Q(0) \neq 0$ 的多项式. 因此, $Q(x)$ 具有偶数次 k , 否则 $Q(x)$ 将有非零实根, 则 $P(x)$ 也有非零实根. 因为多项式的首项系数是正的, 所以 $Q(x) > 0$, 因此, 对所有实数 x, y, z , 有 $P(x) + P(y) + P(z) = x^k Q(x) + y^k Q(y) + z^k Q(z) \geqslant 0$, 当 $x = y = z = 0$ 时, 等号成立. 因此, 这样的多项式满足问题的条件.

现在假设 $P(x)$ 是奇数次多项式, 则 $P(x)$ 有一个实根, 取 $x = y = z$ 都等于这个根, 则这个根必定是 0, 即 $P(0) = 0$. 固定 x, y , 方程 $P(z) = -P(x) - P(y)$ 是 z 的奇数次方程, 因此存在一个实根 t , 使得 $P(t) + P(x) + P(y) = 0$. 因此, $t + x + y = 0, P(-x - y) = -P(x) - P(y)$.

令 $y = 0$, 则 $P(-x) = -P(x)$, 于是

$$-P(x + y) = P(-x - y) = -P(x) - P(y) \Rightarrow P(x + y) = P(x) + P(y)$$

用简单的归纳法可以证明, 设 $C = P(1)$, 这意味着对于所有正整数 $n, P(n) = Cn$. 由于 $P(x)$ 是一个多项式, 因此 $P(x) = Cx$, 显然所有这样的函数都满足问题的条件.

21. (Czech-Slovak Mathematical Olympiad 1998)　整系数多项式 $P(x)$, 其次数 $n \geqslant 5$, 有 n 个不同的整数根, 且 $P(0) = 0$. 试根据 $P(x)$ 的整数根求出 $P(P(x))$ 的整数根.

解　假设

$$P(x) = C(x - x_1) \cdots (x - x_n), x_1 = 0 < |x_2| \leqslant \cdots \leqslant |x_n|, C, x_1, \cdots, x_n \in \mathbf{Z}, C \neq 0$$

则

$$P(P(x)) = C(P(x) - x_1) \cdots (P(x) - x_n) = CP(x)(P(x) - x_2) \cdots (P(x) - x_n)$$

$$\Rightarrow P(x) \mid P(P(x))$$

所以 $P(x)$ 的整数根 $x_1, \cdots, x_n$ 都是 $P(P(x))$ 的根. 设 r 是 $P(P(x))$ 的根, 而不是 $P(x)$ 的根, 则

$$P(r) = x_i \quad (2 \leqslant i \leqslant n)$$

从而

$$0 < |P(r)| \leqslant |x_n|$$

无论如何, 因为 r 是一个整数, 它不等于任何 x_i , 所以

$$|r - x_i| \geqslant 1 \quad (2 \leqslant i \leqslant n)$$

此外, 因为两个和为 m 的正整数的乘积至少是 $m - 1$, 所以

$$|r| \cdot |r - x_n| \geqslant |x_n| - 1$$

也有

$$|r-x_2| \cdot |r-x_3| \cdot |r-x_4| \geqslant 2$$

因为这三个因子是不同整数的绝对值,所以它们不可能都是 ± 1. 将这两个不等式相乘,并利用不等式 $|r-x_i| \geqslant 1 (5 \leqslant i < n)$,$|C| \geqslant 1$,我们有

$$|x_n| \geqslant |P(r)| = |Cr(r-x_2) \cdots (r-x_{n-1})(r-x_n)| \geqslant 2(|x_n|-1) \Rightarrow |x_n| \leqslant 2$$

但是容易看出 $|x_n| \geqslant \left[\dfrac{n-1}{2}\right]$. 因此,必有 $n=5$,$P(x)$ 的根必定是 $0, \pm 1, \pm 2$. 但在这种情况下,我们必有 $|r| \geqslant 3$,很容易检查,上述不等式不可能成立等号,矛盾. 因此,多项式 $P(P(x))$ 的所有整数根都是多项式 $P(x)$ 的整数根.

22. (O. N. Kochikhin-Moscow Mathematical Olympiad 2016) 设 $P(x) = x^d + a_{d-1} x^{d-1} + \cdots + a_0$,多项式

$$\underbrace{P(P(\cdots P(x) \cdots))}_{m} = P^{(m)}(x) \quad (m \geqslant 2)$$

的所有实根都是正的. 证明多项式 $P(x)$ 的所有实根是正的.

证明 如果多项式 $P(x)$ 没有正根,那么对所有 $x > 0$,有 $P(x) > 0$. 从而对所有 $x > 0$,也有 $P^{(k)}(x) > 0$,因此 $P^{(m)}(x)$ 没有正实根. 所以 $P(x)$ 必有正根. 此外,如果 $P(0) = 0$,那么 $P^{(m)}(0) = 0$,矛盾. 现在我们来证明下面的一个引理.

引理:设 $P(x)$ 有正根和负根,则多项式 $P^{(k)}(x) (k \in \mathbf{Z}_+)$ 有正根和负根.

引理的证明:我们采用归纳法来证明. 当 $k=1$ 时是显然的. 假设命题对 $k \leqslant j$ 时为真. 设 x_1, x_2 分别是 $P(x)$ 的最小根和最大根,x_3, x_4 分别是 $P^{(j)}(x)$ 的最小根和最大根,则 $x_1 < 0, x_2 > 0, x_3 < 0, x_4 > 0$.

如果 d 是奇数,$P(x)$ 在 $(-\infty, x_1]$ 上可以获得从 $-\infty$ 到 0 的所有值,因此存在一个实数 $x_5 \in (-\infty, x_1)$,使得 $P(x_5) = x_3$. 如果 d 是偶数,$P(x)$ 在 $(-\infty, x_1]$ 上可以获得从 0 到 $+\infty$ 的所有值,因此存在一个实数 $x_5 \in (-\infty, x_1)$,使得 $P(x_5) = x_4$. 在这两种奇偶性的情况下,$P(x)$ 在 $[x_2, +\infty)$ 上可以获得从 0 到 $+\infty$ 的所有值,因此存在一个实数 $x_6 \in (x_2, +\infty)$,使得 $P(x_6) = x_4$. 由于

$$P^{(j+1)}(x_5) = P^{(j)}(P(x_5)) \in \{P^{(j)}(x_3), P^{(j)}(x_4)\}$$

则

$$P^{(j+1)}(x_5) = 0, x_5 < 0$$

从而 $P^{(j+1)}(x)$ 有一个负根. 此外

$$P^{(j+1)}(x_6) = P^{(j)}(P(x_6)) = P^{(j)}(x_4) = 0, x_6 > 0$$

所以 $P^{(j+1)}(x)$ 有一个正根.

由引理,如果 $P(x)$ 有负根,那么 $P^{(m)}(x)$ 也有负根,矛盾.

23. (Putnam 2014) 证明对所有正整数 n,多项式 $P(x) = \displaystyle\sum_{k=0}^{n} 2^{k(n-k)} x^k$ 的所有根都

是实数.

证明 当 $n=1,2$ 时，命题是显然成立的. 假设 $n \geqslant 3$，考虑序列 $\{a_j\}: a_j = -2^{-n+2j} (j=1,2,\cdots,n)$.

现在，我们通过计算 $P(a_0),\cdots,P(a_n)$ 的符号，得到结论：$P(a_j)$ 与 $(-1)^j$ 具有相同的符号. 因此在 a_j 与 a_{j+1} 之间有一个根，从而 $P(x)$ 就有 n 个根. 我们有

$$P(a_0) = \sum_{k=0}^{n} (-1)^k 2^{-k^2} > 0$$

因为每一个 k 为偶数的项都是正的，并且比随后的 k 为奇数的项大，所以 $P(a_0)$ 与 $(-1)^0$ 有相同的符号. 也有

$$P(a_n) = 2^{n^2} \sum_{k=0}^{n} (-1)^k 2^{-(n-k)^2} = (-1)^n 2^{n^2} P(a_0)$$

所以 $P(a_n)$ 与 $(-1)^n$ 有相同的符号.

当 $0 < j < n$ 时，将多项式的项进行如下分组

$$\cdots + 2^{(j-5)(n-j+5)} x^{j-5} + 2^{(j-4)(n-j+4)} x^{j-4}$$
$$+ 2^{(j-3)(n-j+3)} x^{j-3} + 2^{(j-2)(n-j+2)} x^{j-2}$$
$$+ 2^{(j-1)(n-j+1)} x^{j-1} + 2^{j(n-j)} x^{j} + 2^{(j+1)(n-j-1)} x^{j+1}$$
$$+ 2^{(j+2)(n-j-2)} x^{j+2} + 2^{(j+3)(n-j-3)} x^{j+3}$$
$$+ \cdots$$

根据 j 和 $n-j$ 的奇偶性，在每一端可能只剩下一个单项式. 当 $x=a_j$ 时，三项式是 0，三项式之前的二项式有符号 $(-1)^j$ 的右边的项绝对值大于左边的项的绝对值，因此二项式的整体符号为 $(-1)^j$. 类似地，在三项式之后的二项式中，左边的项的绝对值较大，二项式的整体符号再次为 $(-1)^j$. 如果在末端左边还有单项式，其符号也是 $(-1)^j$. 因此，$P(a_j)$ 与 $(-1)^j$ 具有相同的符号.

24. （Chinese TST 2017） 证明存在多项式 $P(x) = x^{58} + a_1 x^{57} + \cdots + a_{58}$ 恰有 29 个正根和 29 个负根，且 $\log_{2\,017} |a_i|$ 都是正整数.

证明 我们来证明更强的命题：对所有整数 $m,n \geqslant 0$，存在一个多项式 $Q_{m,n}(x)(Q_{m,n}(0)=1)$，其根为 $y_1 < y_2 < \cdots < y_m < 0 < z_1 < \cdots < z_n$，满足其系数的绝对值是 2017 的非负幂. 事实上，设

$$Q_{0,1}(x) = 2\,017x + 1, Q_{1,0}(x) = -2\,017x + 1$$

现在，假设我们已经构建了

$$Q_{m,n}(x) = C \prod_{i=1}^{m} (x - y_i) \cdot \prod_{j=1}^{n} (x - z_j)$$

我们必须构造多项式 $Q_{m,n+1}(x), Q_{m+1,n}(x)$. 考虑多项式 $x Q_{m,n}(x)$ 以及区间

$$\left[y_1 - 1, \frac{y_1 + y_2}{2} \right], \left[\frac{y_1 + y_2}{2}, \frac{y_2 + y_3}{2} \right], \cdots, \left[\frac{y_{m-1} + y_m}{2}, \frac{y_m}{2} \right]$$

$$\left[\frac{y_m}{2},\frac{z_1}{2}\right],\left[\frac{z_1}{2},\frac{z_1+z_2}{2}\right],\cdots,\left[\frac{z_{n-1}+z_n}{2},z_n+1\right]$$

多项式 $xQ_{m,n}(x)$ 在上述所有区间中都有根,且在根的邻域中 $|xQ_{m,n}(x)|$ 很小. 这样,存在 $\varepsilon > 0$,使得在所有根的附近有 $|xQ_{m,n}(x)| < \varepsilon \Rightarrow xQ_{m,n}(x) \in (-\varepsilon,\varepsilon)$. 设正整数 b_{m+n+1},满足 $2\,017^{-b_{m+n+1}} < \varepsilon$. 我们定义

$$Q_{m,n+1}(x) = 2\,017^{b_{m+n+1}} xQ_{m,n}(x) + 1$$

则 $Q_{m,n+1}(x)$ 在上述每一个区间中都有一个实根(因为存在 x_k 满足 $x_kQ_{m,n}(x_k) = -2\,017^{-b_{m+n+1}}$). 我们通过将 x 替换为 $-x$ 来构造对应的多项式,即 $Q_{m+1,n}(x)$. 既然我们需要一个首一多项式,那么对于本题来说

$$P(x) = x^{58}Q_{29,29}\left(\frac{1}{x}\right)$$

25. (Polish Mathematical Olympiad 1977)　多项式 w_n 由下列关系定义

$$w_1(x) = x^2 - 1, w_{n+1}(x) = w_n(x)^2 - 1 \quad (n = 1, 2, \cdots)$$

a 是实数,问:方程 $w_n(x) = a$ 有多少个不同的实根?

解　设 $r_n(a)$ 表示方程 $w_n(x) = a$ 的实数解的个数. 我们对 n 采用归纳法来证明

$$r_n(a) = \begin{cases} 0 & (a < -1) \\ n & (a = -1) \\ 2n & (-1 < a < 0) \\ n+1 & (a = 0) \\ 2 & (a > 0) \end{cases} \tag{1}$$

当 $n = 1$ 时,方程 $w_1(x) = a \Leftrightarrow x^2 = 1 + a$,当 $a < -1$ 时,它有 0 个解;当 $a = -1$ 时,它有 1 个解;当 $a > -1$ 时,它有 2 个解. 这样,公式(1)当 $n = 1$ 时成立. 假设公式(1)对自然数 n 成立,我们来证明它对自然数 $n+1$ 也成立. 我们有 $w_{n+1}(x) = w_n(x)^2 - 1$. 所以方程 $w_{n+1}(x) = a$ 等价于

$$w_n(x)^2 = 1 + a \tag{2}$$

当 $a < -1$ 时,方程(2)没有实数解,所以 $r_{n+1}(a) = 0$;当 $a = -1$ 时,方程(2)等价于 $w_n(x) = 0$. 根据归纳假设,最后的方程有 $r_{n+1}(0) = n+1$ 个不同的实数解. 这样 $r_n(a) = n+1$;当 $a > -1$ 时,方程(2)等价于

$$(w_n(x) - \sqrt{1+a})(w_n(x) + \sqrt{1+a}) = 0$$

方程

$$w_n(x) = \sqrt{1+a}, w_n(x) = -\sqrt{1+a} \tag{3}$$

没有公共根,因为两个方程相减得到 $0 = 2\sqrt{1+a}$,不成立,所以方程 $w_{n+1}(x) = a$ 解的个数就等于方程(3)中两个方程解的个数之和,即

$$r_{n+1}(a) = r_n(\sqrt{1+a}) + r_n(-\sqrt{1+a}) \tag{4}$$

如果 $-1 < a < 0$,那么 $0 < \sqrt{1+a} < 1, -1 < -\sqrt{1+a} < 0$. 所以由归纳假设,有

$$r_n(\sqrt{1+a}) = 2, r_n(-\sqrt{1+a}) = 2n$$

这样,由式(4)可见

$$r_{n+1}(a) = 2 + 2n = 2(n+1) \quad (-1 < a < 0)$$

如果 $a = 0$,那么

$$\sqrt{1+a} = 1, -\sqrt{1+a} = -1$$

所以由归纳假设,有

$$r_n(\sqrt{1+a}) = r_n(1) = 2, r_n(-\sqrt{1+a}) = r_n(-1) = n$$

这样,由式(4)可见

$$r_{n+1}(a) = 2 + n = (n+1) + 1 \quad (a = 0)$$

最后,如果 $a > 0$,那么 $\sqrt{1+a} > 1, -\sqrt{1+a} < -1$. 所以

$$r_n(\sqrt{1+a}) = 2, r_n(-\sqrt{1+a}) = 0$$

由式(4)可见

$$r_{n+1}(a) = 2 \quad (a > 0)$$

所以,我们证明了公式(1)对于 $n+1$ 是正确的,根据数学归纳法原理,公式(1)适用于每一自然数 n.

26. (Alexander Khrabrov-Tuymada 2005) 设 $f(x) = x^2 + ax + b$ 是整系数多项式,满足对任意实数 x 成立 $f(x) \geqslant -\dfrac{9}{10}$. 证明对任意实数 x 有 $f(x) \geqslant -\dfrac{1}{4}$.

证明 1 由于多项式 $f(x)$ 的系数是整数,因此多项式在整数点处取整数值. 因为对所有实数 $x, f(x) \geqslant -\dfrac{9}{10}$,所以我们有,对所有整数 $n, f(n) \geqslant 0$. 现在,多项式要么没有实根(从而,$f(x) > 0$,证明完成),要么两个实根的差小于 1. 否则,它们之间必须有一个整数点 k. 因此 $f(k) < 0$,矛盾! 因此,根差的平方是 $D = a^2 - 4b \leqslant 1$. 由于 $4f(x) = (2x+a)^2 - D \geqslant -D \geqslant -1 \Rightarrow f(x) \geqslant -\dfrac{1}{4}$.

证明 2 如上所述,我们得到 $f(x)$ 的最小值是 $\dfrac{-D}{4}$,它必须大于或等于 $-\dfrac{9}{10}$. 因为 D 是整数,所以 $D \leqslant 3$. 如果 $D \leqslant 1$,命题得证. 余下的就是检查 $D = 2,3$ 的情况. 注意到 $D \equiv a^2 \equiv 0,1 \pmod 4$,所以 $D \neq 2,3$,证明完成.

27. 设 p, q 是满足 $\dfrac{p^2}{8} < q < p^2$ 的自然数,a, b 是区间 $\left[\dfrac{q}{p}, p\right]$ 内的互素的整数,考虑多项式 $f(x) = x^2 - px + q$,且 $\dfrac{f(a)}{b}, \dfrac{f(b)}{a}$ 都是整数. 证明 $f(a) + f(b) = q$.

证明 我们有

$$\frac{f(a)}{b} + \frac{f(b)}{a} = \frac{b^3 - pb^2 + qb + a^3 - pa^2 + qa}{ab}$$

$$= \frac{(a+b)(a^2 - ab + b^2 - p(a+b) + q)}{ab} + 2p$$

因为 $\gcd(a,b) = 1 \Rightarrow \gcd(a+b,ab) = 1$,我们得到 $\dfrac{a^2 - ab + b^2 - p(a+b) + q}{ab}$ 是一个整数. 从而 $\dfrac{a^2 + b^2 - p(a+b) + q}{ab}$ 必是整数. 现在,我们来证明

$$-ab < a^2 + b^2 - p(a+b) + q < ab \quad (a, b \in \left[\frac{q}{p}, p\right])$$

事实上,为了证明左边的不等式,我们有

$$a^2 + b^2 - p(a+b) + q = \left(a - \frac{p-b}{2}\right)^2 - \left(\frac{p-b}{2}\right)^2 + b^2 - pb + q$$

$$\geqslant b^2 - pb + q - \frac{p^2}{4} + \frac{pb}{2} - \frac{b^2}{4}$$

$$= \frac{3b^2}{4} - \frac{pb}{2} - \frac{p^2}{4} + q$$

$$= \frac{3}{4}\left(b - \frac{p}{3}\right)^2 - \frac{p^2}{12} - \frac{p^2}{4} + q$$

$$> q - \frac{p^2}{8}$$

$$> 0$$

为了证明右边的不等式,设 $g(x) = x^2 - x(p+b) + b^2 - pb + q$. 我们来证明 $g(a) < 0$. 因为 g 在区间 $\left[\frac{q}{p}, p\right]$ 上的最大值是在端点处获得的,所以只需证明 $g\left(\frac{q}{p}\right) < 0$, $g(p) < 0$. 对第一个不等式,有

$$g\left(\frac{q}{p}\right) = \frac{q^2}{p^2} - \frac{q}{p}(p+b) + b^2 - pb + q$$

$$= \left(\frac{q}{p} - b\right)\frac{q}{p} + b(b-p)$$

$$< 0 \quad \left(b \in \left[\frac{q}{p}, p\right]\right)$$

对第二个,我们有

$$g(p) = (b-p)^2 - p^2 + q$$

$$\leqslant \left(\frac{q}{p} - p\right)^2 - p^2 + q$$

$$= \frac{q(q - p^2)}{p}$$

$$< 0$$

所以

$$|a^2 + b^2 - p(a+b) + q| < ab, ab \mid (a^2 + b^2 - p(a+b) + q)$$

因此

$$a^2 + b^2 - p(a+b) + q = 0$$

所以

$$f(a) + f(b) = a^2 + b^2 - p(a+b) + 2q = q$$

28. (Cristinel Mortici)　设 $f(x) = ax^2 + bx + c$，其中 c 是整数. 对无限多自然数 n, 有

$$f\left(n + \frac{1}{n}\right) > n^2 - n + 1, f\left(n + \frac{n-1}{n}\right) < n^2 + n - 1$$

求这个多项式 $f(x)$.

解　由题设我们有下列不等式

$$(a-1)n^2 + (b+1)n + 2a + c - 1 + \frac{b}{n} + \frac{a}{n^2} > 0$$

$$(a-1)n^2 + (2a+b-1)n - 2a + c + b + 2 - \frac{b+2}{n} + \frac{1}{n^2} < 0$$

上述两个不等式都除以 n^2, 有

$$(a-1) + \frac{b+1}{n} + \frac{2a+c-1}{n^2} + \frac{b}{n^3} + \frac{a}{n^4} > 0$$

$$(a-1) + \frac{2a+b-1}{n} + \frac{-2a+c+b+2}{n^2} - \frac{b+2}{n^3} + \frac{1}{n^4} < 0$$

如果 $a-1 < 0$, 那么对于充分大的 n, 第一个不等式不成立；如果 $a-1 > 0$, 那么对于充分大的 n, 第二个不等式不成立, 所以必有 $a = 1$. 原始不等式可简化为

$$(b+1)n + c + 1 + \frac{b}{n} + \frac{1}{n^2} > 0$$

$$(b+1)n + c + b - \frac{b+2}{n} + \frac{1}{n^2} < 0$$

上述两个不等式都除以 n, 并考虑 n 充分大, 我们得到, 如果 $b+1 < 0$, 那么第一个不等式不成立；如果 $b+1 > 0$, 那么第二个不等式不成立. 所以, 必有 $b = -1$. 因此, 我们就得到下列不等式

$$c + 1 - \frac{1}{n} + \frac{1}{n^2} > 0, c - 1 - \frac{1}{n} + \frac{1}{n^2} < 0$$

取 n 充分大, 我们得到 $-1 \leqslant c \leqslant 1$. 如果 $c = -1$, 那么 $-\frac{1}{n} + \frac{1}{n^2} > 0$ 对无限多个正整数 n 成立, 矛盾. 因为 c 是整数, 所以 $c = 0, 1$, 从而得到 $f(x) = x^2 - x$ 或者 $f(x) = x^2 - x + 1$, 这两个多项式都满足题设条件.

29.求所有实数对(a,b),满足下列性质:

如果对任意实数对(c,d),方程 $x^2+ax+1=c,x^2+bx+1=d$ 都有实根,那么方程 $x^2+(a+b)x+1=cd$ 也有实根.

解　从判别式的角度,我们把问题重新叙述如下.

求所有的实数对(a,b),使得对任意的实数c,d,有

$$4c\geqslant 4-a^2,4d\geqslant 4-b^2$$

我们有

$$(a+b)^2-4+4cd\geqslant 0 \qquad\qquad (1)$$

我们先来证明实数对(a,b)必须满足 $4-a^2\geqslant 0,4-b^2\geqslant 0$.

采用反证法.若不然,不失一般性,假设 $4-a^2<0$.设 $c=\dfrac{4-a^2}{4}$,代入不等式(1),设 d 为一个大的正实数,那么不等式(1)的左边是负的,矛盾.因此

$$4-a^2\geqslant 0,4-b^2\geqslant 0\Rightarrow a,b\in[-2,2]$$

现在,$c,d\geqslant 0$,不等式(1)的左边确实是c,d的一个递增函数.因此,如果不等式对最小值成立,那么它对所有的c,d也成立.所以,设 $c=\dfrac{4-a^2}{4},d=\dfrac{4-b^2}{4}$,代入不等式(1),有

$$(a+b)^2-4+4\cdot\frac{4-a^2}{4}\cdot\frac{4-b^2}{4}\geqslant 0\Leftrightarrow ab(8+ab)\geqslant 0$$

注意到

$$|ab|\leqslant\frac{a^2+b^2}{2}\leqslant 4\Rightarrow 8+ab>4+ab\geqslant 0$$

所以 $ab\geqslant 0$.由此可见 a,b 有相同的符号,从而我们得到$(a,b)\in[-2,0]\times[-2,0]$,或者$(a,b)\in[0,2]\times[0,2]$.

30.(German Mathematical Olympiad 2004)　设 x_0 是多项式 ax^2+bx+c 的非零实根,其中 a,b,c 是整数,b,c 中至少有一个非零.证明 $|x_0|\geqslant\dfrac{1}{|a|+|b|+|c|-1}$.

证明　如果 ax^2+bx+c 有一个非零实根 x_0,那么 a,b,c 中至少有两个非零,从而 $|a|+|b|+|c|\geqslant 2$.所以当 $|x_0|\geqslant 1$ 时,命题显然成立.所以我们假设 $|x_0|<1$.如果 $c=0$,那么 $a,b\neq 0,x_0=-\dfrac{b}{a}$,所以

$$|x_0|=\frac{|b|}{|a|}\geqslant\frac{1}{|a|}\geqslant\frac{1}{|a|+|b|-1}=\frac{1}{|a|+|b|+|c|-1}$$

如果 $c\neq 0$,因为 $|x_0|<1$,我们有

$$|c|=|ax_0^2+bx_0|\leqslant(|a|+|b|)|x_0|$$

$$\Rightarrow|x_0|\geqslant\frac{|c|}{|a|+|b|}\geqslant\frac{1}{|a|+|b|}\geqslant\frac{1}{|a|+|b|+|c|-1}$$

证明完成.

31. 求所有的 α, 使得方程组 $\dfrac{a^3}{b+c+\alpha}=\dfrac{b^3}{a+c+\alpha}=\dfrac{c^3}{b+a+\alpha}$ 有一个解 (a,b,c), 其中 a,b,c 是区间 $[-1,1]$ 内的不同实数.

解 设 $\alpha+a+b+c=s$, $\dfrac{a^3}{b+c+\alpha}=p$, 显然 $p\neq 0$. 因此

$$a^3=p(b+c+\alpha)=p(s-a)\Leftrightarrow a^3+pa-ps=0$$

类似地, a,b,c 满足同样的方程, 所以 a,b,c 是多项式 $x^3+px-ps$ 的三个不同的根. 因此 $a+b+c=0$. 从而 $s=\alpha$, $ab+bc+ca=p$, $abc=ps$. 因为 $p\neq 0$, 所以 $abc\neq 0$, $\alpha\neq 0$. 因此

$$\frac{1}{\alpha}=\frac{1}{s}=\frac{p}{ps}=\frac{ab+bc+ca}{abc}=\frac{1}{a}+\frac{1}{b}+\frac{1}{c}$$

假设 a,b,c 中有两个是正的. 不失一般性, 设 $b>a>0$, 则 $-1\leqslant c=-a-b<0\Rightarrow a+b\leqslant 1$. 因此

$$\frac{1}{\alpha}=\frac{1}{a}+\frac{1}{b}-\frac{1}{a+b}=\frac{1}{a}+\frac{a}{ab+b^2}\to\infty \quad (a\to 0)$$

为了求出它所假定的最小值, 我们注意到它是一个关于 b 的递减函数, 因此取它的最小值作为 b 的最大值, 即 $b=1-a$ (注意到 a,b 是不同的, 所以必有 $\dfrac{1}{2}<b<1$, 反之亦然). 因此上述表达式的最小值是下列表达式的最小值

$$\frac{1}{a}+\frac{1}{1-a}-1\geqslant\frac{4}{a+1-a}-1=3$$

当 $a=1-a\Rightarrow a=\dfrac{1}{2}$, $b=1-a=\dfrac{1}{2}$ 时, 等式成立. 因为 a,b,c 不全相等, 所以 $\dfrac{1}{\alpha}>3\Rightarrow\alpha<\dfrac{1}{3}$.

如果 a,b,c 中有两个是负的, 那么用 $-a,-b,-c$ 来替换 a,b,c, 有 $\dfrac{1}{\alpha}<-3\Rightarrow-\dfrac{1}{3}<\alpha<0$, 所以

$$\alpha\in\left(-\frac{1}{3},\frac{1}{3}\right)-\{0\}$$

32. (Czech-Slovak Mathematical Olympiad 2008) 求所有实数 a,b,c, 使其满足下列性质:

下列每一个方程都有三个不同的实根, 且不同实根的和是 5

$$x^3+(a+1)x^2+(b+3)x+(c+2)=0$$
$$x^3+(a+2)x^2+(b+1)x+(c+3)=0$$
$$x^3+(a+3)x^2+(b+2)x+(c+1)=0$$

解　假设实数 a,b,c 具有所需的性质.首先,我们注意到任何两个方程都必须有一个公共根,否则它们至少有六个不同的根.三个三次方程中两个方程的任何一个公共根都是二次方程的根,我们通过将方程两两相减得到三个方程如下

$$x^2 - 2x + 1 = 0 \qquad (x-1)^2 = 0 \quad (2-1)$$
$$2x^2 - x - 1 = 0 \quad \Leftrightarrow (2x+1)(x-1) = 0 \quad (3-1)$$
$$x^2 + x - 2 = 0 \qquad (x-1)(x+2) = 0 \quad (3-2)$$

我们看到原始方程组的前两个方程只有一个公共根 $x=1$,所以联合在一起它们有五个不同的根.因此,原方程组的第三个方程的每一根都必是前两个方程的一个根.所以,第三个方程的根必定是 $(3-1)$ 或 $(3-2)$ 的根.因此,第三个方程的三个根必定是 $1,-2,$ $-\dfrac{1}{2}$,所以第三个方程就是

$$(x-1)(x+2)\left(x+\frac{1}{2}\right) = 0 \Leftrightarrow x^3 + \frac{3}{2}x^2 - \frac{3}{2}x - 1 = 0$$

因此 $a = -\dfrac{3}{2}, b = -\dfrac{7}{2}, c = -2$,容易验证它们满足题设要求.

33.（Hong Kong Mathematical Olympiad 2015）　设 a,b,c 是不同的非零实数.如果方程

$$ax^3 + bx + c = 0, \quad bx^3 + cx + a = 0, \quad cx^3 + ax + b = 0$$

有一个公共根,证明这些方程至少有一个有三个实根(可以相同).

证明　设 r 是一个公共根.把三个方程相加,有 $(a+b+c)(r^3 + r + 1) = 0$.如果 $r^3 + r + 1 = 0$,那么 $ar^3 + ar + a = 0$.注意到 $ar^3 + br + c = 0$,两式相减,有 $(b-a)r + (c-a) = 0$.采用同样的方法,可得

$$(c-b)r + (a-b) = 0$$

因为 a,b,c 互不相同,所以

$$\frac{c-a}{b-a} = \frac{a-b}{c-b} \Rightarrow (a-b)^2 + (b-c)^2 + (c-a)^2 = 0 \Rightarrow a = b = c$$

矛盾.所以 $a+b+c = 0, r = 1$ 是公共根.有两种情况需要考虑.

(i) a,b,c 中有两个是正的,不妨说是 a,b.设 $P(x) = bx^3 + cx + a$,则 $P(0) = a > 0$.从而 $P(x)$ 至少有一个负实根.此外,由 $P(1) = 0$ 可知,$P(x)$ 有两个实根,从而它有三个实根.

(ii) a,b,c 中有两个是负的,不妨说是 a,b.设 $Q(x) = -(bx^3 + cx + a)$,采用同样的方法,得到我们所需的结论.

34.　设 $P(x) = ax^3 + (b-a)x^2 - (c+b)x + c$, $Q(x) = x^4 + (b-1)x^3 + (a-b)x^2 - (c+a)x + c$,其中 a,b,c 是非零实数,且 $b > 0$.$P(x)$ 有三个不同的实根 x_0, x_1, x_2,它也是多项式 $Q(x)$ 的根.

证明:$abc > 28$. 并求出 a,b,c 的所有可能的整数值.

证明 (i) 首先,注意到

$$P(x) = ax^3 + (b-a)x^2 - (c+b)x + c = (x-1)(ax^2 + bx - c)$$

我们有

$$x_0 = 1, x_1 + x_2 = -\frac{b}{a}, x_1 x_2 = -\frac{c}{a} \neq 0$$

另外

$$P(x) - Q(x) = x(x^3 + (b-a-1)x^2 + 2(a-b)x + b-a)$$
$$= x(x-1)(x^2 + (b-a)x + a-b)$$

所以 x_1, x_2 必定是后一个因式的根. 因此,$x_1 + x_2 = a-b, x_1 x_2 = a-b$. 这样一来

$$a - b = -\frac{b}{a} = -\frac{c}{a} \Rightarrow b = c = \frac{a^2}{a-1}$$

因为 $b > 0$,所以 $a > 1$. 设 $a - 1 = x > 0$,则由 AM－GM 不等式,有

$$abc = \frac{a^5}{(a-1)^2}$$
$$= \frac{(x+1)^5}{x^2}$$
$$= x^3 + \left(5x^2 + \frac{1}{x^2}\right) + \left(10x + \frac{5}{x}\right) + 10$$
$$> 0 + 2\sqrt{5x^2 \cdot \frac{1}{x^2}} + 2\sqrt{10x \cdot \frac{5}{x}} + 10$$
$$= 2\sqrt{5} + 2\sqrt{50} + 10 > 28$$

(ii) 注意到 $b = 1 + a + \frac{1}{a-1}$ 是整数,则 $a - 1 = \pm 1 \Rightarrow a \in \{0, 2\}$. 因为 $b > 0$,只可能是 $a = 2$. 因此

$$b = c = 4, P(x) = 2x^3 + 2x^2 - 8x + 4 = 2(x-1)(x^2 + 2x - 2)$$

35. (United Kingdom-Romanian Masters of Mathematics 2016) 设 $a_n = n^3 + bn^2 + cn + d$,其中 b, c, d 都是整数.

(i) 证明有一个序列仅有 $a_{2\,015}$ 和 $a_{2\,016}$ 是完全平方项.

(ii) 对于满足(i)的序列,确定 $a_{2\,015} \cdot a_{2\,016}$ 的可能值.

证明 使用充分的移位,我们可以假设 a_0, a_1 是平方数,即 $a_0 = p^2, a_1 = q^2$. 则直线 $y = (q-p)x + p$ 通过两点 $(0, p), (1, q)$. 因此它与曲线 $y^2 = x^3 + bx^2 + cx + d$ 有两个公共点. 从而下列方程必有两个实根

$$x^3 + (b - (q-p)^2)x^2 + (c - 2(q-p)p)x + d - p^2 = 0$$

由于它是三次多项式,因此必有三个实根. 这些根的和是 $(q-p)^2 - b$,所以第三个

根是 $(q-p)^2-b-1$,这是一个整数,因此这个点的 y 坐标也是一个整数.这意味着序列中还有另外的平方数,除非 $(q-p)^2-b-1\in\{0,1\}$.于是 $(q-p)^2\in\{b+1,b+2\}$.对两点 $(0,-p),(1,q)$,同理可得 $(q+p)^2\in\{b+1,b+2\}$.因为 $(q+p)^2,(q-p)^2$ 有相同的奇偶性,因此它们必定相等.从而 $pq=0$.因此,第(ii)部分的答案是 $a_{2\,015}\cdot a_{2\,016}$ 必须为零.在任何例子中,对于第(i)部分,p,q 中必有一个为零.因为我们总可以反转序列,可以假设 $p=0$,则 $a_n=n^3+(q^2-2)n^2+n$.如果 $q=1$,那么 $a_n=n(n^2-n+1)$.如果 a_n 是一个平方数,那么 n,n^2-n+1 必定是平方数.但是,如果 $n>1$,那么

$$(n-1)^2=n^2-2n+1<n^2-n+1<n^2$$

所以 n^2-n+1 不可能是平方数.如果 $n<0$,那么

$$(-n)^2<n^2-n+1<n^2-2n+1=(-n+1)^2$$

所以 n^2-n+1 也不可能是平方数.因此,只有当 $n=0,1$ 时,a_n 才是平方数.

备注　我们在这个问题中所使用的方法,可以应用于寻找椭圆方程 $y^2=x^3+bx^2+cx+d$ 的有理解.例如,为了求解方程 $y^2=x^3-9x+9$,点 $\left(\dfrac{9}{4},\pm\dfrac{3}{8}\right)$ 位于曲线上.从点 $\left(\dfrac{9}{4},-\dfrac{3}{8}\right)$ 出发,我们采用下列方法构造一个点的序列 (x_n,y_n).考虑直线 $y=\dfrac{3x_n^2-9}{2y_n}(x-x_n)+y_n$,这是曲线 $y^2=x^3-9x+9$ 在点 (x_n,y_n) 处的切线方程.因此方程 $x^3-9x+9-\left(\dfrac{3x_n^2-9}{2y_n}(x-x_n)+y_n\right)^2=0$ 在点 $x=x_n$ 处,必有一个重根.这样,我们就有另外一个根 x_{n+1},即

$$x_{n+1}+2x_n=\left(\frac{3x_n^2-9}{2y_n}\right)^2\Rightarrow x_{n+1}=\frac{x_n^4+18x_n^3-72x_n+81}{4(x_n^3-9x_n+9)}$$

采用归纳法,我们很容易证明,对所有的 $i,v_2(x_i)<0$,从而 $v_2(x_{n+1})<v_2(x_n)$.因此,方程有无穷多个有理解.

36.设 a,b,c,d 是正实数,多项式 $ax^4-ax^3+bx^2-cx+d$ 在区间 $\left(0,\dfrac{1}{2}\right)$ 内有四个根.证明:$21a+164c\geqslant 80b+320d$.

证明　设 $x_1,x_2,x_3,x_4\in\left(0,\dfrac{1}{2}\right)$ 是多项式的四个实数根.由 Vieta 公式,我们有

$$x_1+x_2+x_3+x_4=1$$

$$x_1x_2+x_2x_3+x_3x_4+x_4x_1+x_1x_3+x_2x_4=\frac{b}{a}$$

$$x_1x_2x_3+x_2x_3x_4+x_1x_3x_4+x_1x_2x_4=\frac{c}{a}$$

$$x_1x_2x_3x_4=\frac{d}{a}$$

将所证不等式的两边除以 $a > 0$,并利用上述关系,我们来证明

$$21 + 164(x_1x_2x_3 + x_2x_3x_4 + x_1x_3x_4 + x_1x_2x_4)$$

$$\geqslant 80(x_1x_2 + x_2x_3 + x_3x_4 + x_4x_1 + x_1x_3 + x_2x_4) + 320x_1x_2x_3x_4$$

$$\Leftrightarrow 81(1-2x_1)(1-2x_2)(1-2x_3)(1-2x_4)$$

$$\leqslant (1+2x_1)(1+2x_2)(1+2x_3)(1+2x_4)$$

由 AM $-$ GM 不等式,我们有

$$(1-2x_1)(1-2x_2)(1-2x_3) \leqslant \left(\frac{1-2x_1+1-2x_2+1-2x_3}{3}\right)^3 = \left(\frac{1+2x_4}{3}\right)^3$$

$$(1-2x_2)(1-2x_3)(1-2x_4) \leqslant \left(\frac{1-2x_2+1-2x_3+1-2x_4}{3}\right)^3 = \left(\frac{1+2x_1}{3}\right)^3$$

$$(1-2x_3)(1-2x_4)(1-2x_1) \leqslant \left(\frac{1-2x_3+1-2x_4+1-2x_1}{3}\right)^3 = \left(\frac{1+2x_2}{3}\right)^3$$

$$(1-2x_4)(1-2x_1)(1-2x_2) \leqslant \left(\frac{1-2x_4+1-2x_1+1-2x_2}{3}\right)^3 = \left(\frac{1+2x_3}{3}\right)^3$$

把这四个不等式相乘,即得所证不等式.

37. (Mathematics Magazine) 求满足

$$r_1r_5 = 1, r_1r_4 + r_2r_5 = 2, r_1r_3 + r_2r_4 + r_3r_5 = 3$$

$$r_1r_2 + r_2r_3 + r_3r_4 + r_4r_5 = 4, r_1^2 + r_2^2 + r_3^2 + r_4^2 + r_5^2 = 5$$

的所有有理数 r_1, r_2, r_3, r_4, r_5.

解 定义多项式 $P(x) = x^8 + 2x^7 + 3x^6 + 4x^5 + 5x^4 + 4x^3 + 3x^2 + 2x + 1$.

上面的多项式可以分解为

$$(r_1x^4 + r_2x^3 + r_3x^2 + r_4x + r_5)(r_5x^4 + r_4x^3 + r_3x^2 + r_2x + r_1)$$

注意到 $P(x) = (x^4 + x^3 + x^2 + x + 1)^2$. 多项式 $x^4 + x^3 + x^2 + x + 1$ 没有实根. 此外,它不能分解为两个有理系数二次多项式的乘积(为什么?). 所以 $x^4 + x^3 + x^2 + x + 1$ 在 $\mathbf{Q}[x]$ 上是不可约的,因此

$$r_1x^4 + r_2x^3 + r_3x^2 + r_4x + r_5 = r_1(x^4 + x^3 + x^2 + x + 1)$$

由此可见 $r_i = \pm 1 (i = 1, 2, 3, 4, 5)$.

38. (Alexandru Lupas) 设 $P(x) = ax^4 + bx^3 + cx^2 + \dfrac{4\sqrt{2}-b}{2}x + \dfrac{8-a-2c}{8}$. 当 $x \in [-1, 1]$ 时,有 $P(x) \geqslant 0$. 求 a, b, c 的值.

解法 1 注意到

$$P(0) = \frac{8-a-2c}{8} \geqslant 0, P\left(-\frac{\sqrt{2}}{2}\right) = \frac{a+2c-8}{8} \geqslant 0$$

$$\Rightarrow a + 2c = 8, P(0) = P\left(-\frac{\sqrt{2}}{2}\right) = 0$$

此外，由于 $P(x) \geqslant 0$，这两个根必定是重根. 所以 $P(x) = ax^2\left(x + \dfrac{\sqrt{2}}{2}\right)^2 = ax^4 + \sqrt{2}ax^3 + \dfrac{a}{2}x^2$.

比较 x, x^3 的系数，我们分别得到 $b = 4\sqrt{2}, a = 4$. 再由 $a + 2c = 8$ 得到 $c = 2$.

解法 2　注意到

$$P(0) = \frac{8 - a - 2c}{8} \geqslant 0, P\left(-\frac{\sqrt{2}}{2}\right) = \frac{a + 2c - 8}{8} \geqslant 0 \Rightarrow a + 2c = 8$$

所以

$$P(x) = ax^4 + bx^3 + \frac{8 - a}{2}x^2 + \frac{4\sqrt{2} - b}{2}x$$

设 $Q(x) = a_4 x^4 + a_3 x^3 + a_2 x^2 + a_1 x + a_0 \geqslant 0 (x \in [-1, 1])$，则分别有二次多项式 $f(x)$ 和一次多项式 $g(x)$，满足 $Q(x) = f(x)^2 + (1 - x^2) g(x)^2$.

通过简单的计算可以证明上述表示形式. 假设 $f(x) = mx^2 + px + q, g(x) = rx + s$，则有

$$P(x) = (mx^2 + px + q)^2 + (1 - x^2)(rx + s)^2$$

由 $P(0) = 0 \Rightarrow q^2 + s^2 = 0 \Rightarrow q = s = 0$，所以

$$P(x) = (mx^2 + px)^2 + (1 - x^2)(rx)^2 = x^2((mx + p)^2 + r^2(1 - x^2))$$

由 $P\left(-\dfrac{\sqrt{2}}{2}\right) = 0 \Rightarrow \left(-\dfrac{m}{\sqrt{2}} + p\right)^2 + \dfrac{1}{2}r^2 = 0 \Rightarrow r = 0, p = \dfrac{m}{\sqrt{2}}$. 所以

$$P(x) = m^2 x^2 \left(x + \frac{\sqrt{2}}{2}\right)^2$$

检查首项系数，得到 $m = 1$. 所以，$P(x) = x^2\left(x + \dfrac{\sqrt{2}}{2}\right)^2 \Rightarrow a = 4, c = 2$.

39. 多项式 $ax^4 + bx^3 + cx^2 + dx + e$ 的系数满足 $a, e > 0, ad^2 + b^2 e - 4ace < 0$. 证明这个多项式没有实根.

证明 1　把给定的多项式进行配方，并注意条件 $a, e > 0, ad^2 + b^2 e - 4ace < 0$，有

$$\left(\sqrt{a}x^2 + \frac{b}{2\sqrt{a}}x\right)^2 + \left(\sqrt{e} + \frac{d}{2\sqrt{e}}x\right)^2 + \left(c - \frac{b^2}{4a} - \frac{d^2}{4e}\right)x^2$$

$$= \left(\sqrt{a}x^2 + \frac{b}{2\sqrt{a}}x\right)^2 + \left(\sqrt{e} + \frac{d}{2\sqrt{e}}x\right)^2 + \frac{4ace - ad^2 - b^2 e}{4ae}x^2 > 0$$

所以 $ax^4 + bx^3 + cx^2 + dx + e > 0$，从而它没有实根.

证明 2　假设 $P(x) = ax^4 + bx^3 + cx^2 + dx + e$，则 $P(0) = e > 0$. 假设 $x \neq 0$，则

$$\frac{P(x)}{x^2} = ax^2 + bx + c + \frac{d}{x} + \frac{e}{x^2} = ax^2 + bx + c + dy + ey^2 \quad \left(y = \frac{1}{x}\right)$$

我们可以把上面的表达式看作是 x 的一个二次多项式. 其判别式是

$$f(y) = b^2 - 4a(c + dy + ey^2) = -4aey^2 - 4ady + b^2 - 4ac$$

我们来证明 $f(y) < 0$. 事实上，$f(y)$ 的判别式是

$$D = 16a^2d^2 + 16ae(b^2 - 4ac) = 16a(ad^2 + b^2e - 4ace) < 0$$

此外，y^2 的系数是 $-4ae < 0$，所以对所有 $y, f(y) < 0$. 因此，多项式的判别式是负的. 由于 x^2 的系数为正，所以，对所有的 $x, P(x) > 0$.

40. (Nikolai Nikolov-Bulgarian Mathematical Olympiad 2012) 设 $a \neq 0, 1$. Jim 和 Tom 玩下列游戏. 从 Jim 开始，交替进行，两人用一个 a^n 替换下面表达式中的一个 $*$，其中 $n \in \mathbf{Z}$. 如果得到的多项式没有实根，Jim 就赢了，否则，Tom 就赢了. 制胜的策略是什么？

$$* x^4 + * x^3 + * x^2 + * x + * = 0$$

解 Jim 取胜的策略是 $a > 0$ 或 $a = -1$；Tom 取胜的策略是 $a < 0$ 或 $a \neq -1$. 我们把这个问题分成三种情况.

(i)$a = -1$. 假设 $P(x) = a_4x^4 + a_3x^3 + a_2x^2 + a_1x + a_0$. 首先，Jim 替换 a_2 的值，然后 Tom 将 a_3 或 a_1 替换为相反符号的数字，之后，Jim 将 a_0 或 a_4 替换为相同符号的数字. 则用 $\frac{1}{x}$ 替换 x 或乘以 -1，我们可以假设得到多项式 $P(x) = x^4 + x^3 \pm x^2 - x + 1$. 因此

$$2P(x) \geqslant 2(x^4 + x^3 - x^2 - x + 1) = (x^2 + x - 1)^2 + (x^2 - 1)^2 + x^2 > 0$$

(ii)$a > 0$. 首先 Jim 用 a 的任何幂替换 a_3 的值，然后他尝试替换 a_1，如果没有填充或任何其他操作. 最后一个未填充系数是 a_4 或 a_0，则 Jim 将其替换为任意大数(如果 $a > 1$，那么为正 n，如果 $0 < a < 1$，那么为负 n). 那么对所有的 $x, P(x) > 0$ 确保没有任何实根. 如果最后一个未填充系数是 a_2，那么考虑函数

$$f(x) = a_4x^2 + a_3x + \frac{a_1}{x} + \frac{a_0}{x^2}$$

因为 $\lim_{x \to \infty} f(x) = \lim_{x \to 0} f(x) = +\infty$，我们得到函数 $f(x)$ 有下界. 取 a_2 充分大，则对所有 $x, P(x) > 0$.

(iii)$a < 0, a \neq -1$. 在这种情况下，在 x 到 $\frac{1}{x}$ 的变化过程中，我们可以假设 Jim 替换了 a_2, a_1, a_0 中的一个. 如果他替换了 a_0，那么 Tom 用不同的符号替换了 a_4. 这确保了多项式 $P(x)$ 至少有一个实根，Tom 获胜. 现在假设 Jim 替换了 a_2, a_1 之一. 则 Tom 替换了 a_0，Jim 立即用相同的符号替换了 a_4. 不失一般性，假定 $a_0, a_4 > 0$. 现在，它仍然有两个未替换的数字：a_1, a_2 或 a_3, a_1. 考虑函数 $g(x), h(x)$ 如下

$$g(x) = a_4x^3 + a_3x^2 + a_2x + \frac{a_0}{x}$$

$$h(x) = a_4 x + \frac{a_2}{x} + \frac{a_1}{x^2} + \frac{a_0}{x^3}$$

Tom 可以在第一种情况下选择 a_2,在第二种情况下选择 a_1,这样 $g(1) < g(-2)$,$h(1) < h(-2)$.此外,在这两种情况下

$$\lim_{x \to +\infty} f(x) = \lim_{x \to +\infty} g(x) = +\infty, \quad \lim_{x \to \pm\infty} f(x) = \lim_{x \to -\infty} g(x) = -\infty$$

另外还有

$$\lim_{x \to 0^+} f(x) = \lim_{x \to 0^+} g(x) = +\infty, \quad \lim_{x \to 0^-} f(x) = \lim_{x \to 0^-} g(x) = -\infty$$

因此,函数 $f(x)$,$g(x)$ 取遍所有的实数值.因此,至少存在一个实数 x,使得方程 $g(x) = -a_1$ 和 $h(x) = -a_3$ 都有解.因此,每一种情况 Tom 都是赢的.

解法 2　我们将问题分为三种情况讨论.

(i)$a > 0$.Jim 可以这样玩,在最后一步中,他选择 a_0,a_2,a_4 中的一个.由于多项式具有绝对最小值,因此 Jim 可以选择 a_0 的值,以使该多项式在各处都为正.同样,他可以用相同的方式为多项式 $x^4 P\left(\frac{1}{x}\right)$ 选择 a_4.在最后一步中,他必须设置 a_2 的值.如果我们设 $a_2 > \frac{a_3^2}{4a_4} + \frac{a_0^2}{4a_1} + 1$,那么

$$P(x) > a_4 x^4 + a_3 x^3 + \left(\frac{a_3^2}{4a_4} + \frac{a_0^2}{4a_1} + 1\right) x^2 + a_1 x + a_0$$
$$= x^2 + a_4 x^2 \left(x + \frac{a_3}{2a_4}\right)^2 + a_1 \left(x + \frac{a_0}{2a_1}\right)^2 > 0$$

(ii)$a = -1$.则所有的系数都是 ± 1.首先,Jim 可以选择 x^2 的系数.然后,他可以选择其他系数,使得 x^3,x 和 x^4,x^0 的系数具有相反的符号,并且分别相同,则我们得到下列多项式之一,该多项式没有实根

$$x^4 \pm x^3 - x^2 \mp x + 1, \quad x^4 \pm x^3 + x^2 \mp x + 1$$

(iii)$a < 0$,$a \neq -1$.如果 $P(0)$ 和 $\lim_{x \to \infty} P(x)$ 有不同的符号,那么多项式有实根,Tom 赢得比赛.因此,如果 Jim 从 a_0,a_4 开始,那么 Tom 可为其他的项设置不同的符号并赢得比赛.因此,Jim 可以从 a_3,a_2,a_1 开始.如果他从 a_3 或 a_1 开始(在多项式 $x^4 P\left(\frac{1}{x}\right)$ 中),假设 x^4 的系数为 1,x^0 的系数为 $a_0 > 0$,我们有多项式 $g(x) = x^4 + a_3 x^3 + a_0$.设 $m = \max\{g(1), g(-1)\}$.Tom 可以设置 x^2 的系数 $a_2 < -m$,则

$$h(x) = g(x) + a_2 x^2$$

所以

$$h(1) = g(1) + a_2 \leqslant m + a_2 < 0, \quad h(-1) = g(-1) + a_2 \leqslant m + a_2 < 0$$

无论 Jim 的最终操作如何,上述值之一都会增加,而另一个值会减少.因此,$P(1)$ 和 $P(-1)$ 之一保持负值,因此 Tom 获胜.如果 Jim 选择 x^2 的系数,那么假设 Tom 设置 $a_4 =$

1，且 Jim 设置 $a_0 > 0$. 现在，我们有

$$P(x) = x^4 + a_2 x^2 + a_0$$

设 $M = \max\left\{T(-1), T\left(\frac{1}{2}\right)\right\}$. 如果 $M < 0$，选择 $-M > a_3 > 0$，那么

$$R(x) = T(x) + a_3 x^3$$
$$\Rightarrow R(-1) = T(-1) - a_3 < T(-1) \leqslant M < 0$$
$$R\left(\frac{1}{2}\right) = T\left(\frac{1}{2}\right) + \frac{a_3}{8} < T\left(\frac{1}{2}\right) - \frac{M}{8} \leqslant \frac{7M}{8} < 0$$

无论 Jim 最终如何移动，上述值之一都会增加，而另一个值会减少，然后 $P(1)$ 和 $P\left(\frac{1}{2}\right)$ 之一保持负值，因此 Tom 获胜.

最后，设 $M \geqslant 0$. 又设 $a_3 > 4M$，则

$$R(-1) = T(-1) - a_3 \leqslant M - a_3 < 0, R\left(\frac{1}{2}\right) = T\left(\frac{1}{2}\right) + \frac{a_3}{8} \leqslant M + \frac{a_3}{8}$$

现在要赢，Jim 必须选择 x 的系数来确保

$$M - a_3 - a_1 > 0, M + \frac{a_3}{8} + \frac{a_1}{2} > 0 \Rightarrow M - a_3 > a_1 > -\frac{a_3}{4} - M \Rightarrow a_3 < \frac{8M}{3}$$

这与 a_3 的选择相反.

41. (A. Golovanov-Tuymada 2013) 证明对任意四次多项式 $A(x)$，存在二次多项式 $P(x), Q(x), S(x), R(x)$，满足 $A(x) = P(Q(x)) + R(S(x))$.

证明 1 设 $A(x) = a_4 x^4 + a_3 x^3 + a_2 x^2 + a_1 x + a_0, P(x) = S(x) = x^2$. 我们将证明可以将 $a_3 \neq 0$ 的任何四次多项式表示为 $(ax^2 + bx + c)^2 + dx^4 + ex^2 + f$.

事实上，固定任意非零的 $a(a^2 \neq a_4)$. 比较 x^3, x 的系数，我们有

$$2ab = a_3, 2bc = a_1 \Rightarrow b = \frac{a_3}{2a}, c = \frac{a_1}{2b} = \frac{a_1 a}{a_3}$$

通过比较 x^4, x^2, x^0 的系数，我们可以求出 d, e, f. 我们仍然需要解决 $a_3 = 0$ 的情况. 为此，考虑 $A(x+1)$，其 x^3 的系数为 $4a_4 \neq 0$. 通过上述证明，有多项式 $P(x), Q(x), R(x), S(x)$，使得

$$A(x+1) = P(Q(x)) + R(S(x))$$

所以

$$A(x) = P(Q(x-1)) + R(S(x-1))$$

证明 2 已知每一个四次多项式 $A(x)$ 都可以写成两个具有实系数的二次多项式的乘积. 现在，设 $A(x) = B(x)C(x)$，其中 $B(x)$ 和 $C(x)$ 是具有实系数的二次多项式. 通过在它们之间移动一个恒定的倍数，我们可以假设 B 和 C 的首项系数既不相同也不互为负.

由于 $A(x) = B(x)C(x) = \dfrac{(C(x) + B(x))^2 - (C(x) - B(x))^2}{4}$. 所以，可以设

$$P(x)=\frac{x^2}{4},R(x)=-\frac{x^2}{4},Q(x)=C(x)+B(x),S(x)=C(x)-B(x)$$

42. (Bulgarian Mathematical Olympiad 1995)　设 $P(x)=x^d+a_{d-1}x^{d-1}+\cdots+a_0(a_0\neq 0)$ 是整系数多项式. 假设 $P(x)$ 的根是系数 $a_i(i=0,1,2,\cdots,d-1)$. 求 $P(x)$.

解　由题设, 我们有 $P(x)=(x-a_0)\cdots(x-a_{d-1})$, 所以 $P(0)=a_0=(-1)^d a_0\cdots a_{d-1}$. 因为 $a_0\neq 0$, 所以

$$a_1\cdots a_{d-1}=(-1)^d$$

由于 a_i 是整数, 所以 $|a_i|=1(i=1,2,\cdots,d-1)$. 现在, 我们将问题分为两种情况讨论.

(i) $|a_i|=1(i=0,\cdots,d-1)$. 则 $P(x)$ 的所有根都是 ± 1, 因此

$$P(x)=(x-1)^a(x+1)^b\quad(a,b\geqslant 0,a,b\in\mathbf{Z},a+b=d)$$

则

$$P(x)=(x^a-ax^{a-1}+\cdots)(x^b+bx^{b-1}+\cdots)$$

x^{d-1} 的系数是 $a_{d-1}=b-a=\pm 1$, x^{d-2} 的系数是 $a_{d-2}=\dfrac{a^2-a}{2}+\dfrac{b^2-b}{2}-ab=\pm 1$, 所以

$$\frac{(a-b)^2-a-b}{2}=\pm 1$$

因此 $a+b=3$, 从而 $d=3$, 并且 $a=1,b=2$, 或者 $a=2,b=1$, 所以

$$P(x)=x^3+x^2-x-1\quad\text{或者}\quad P(x)=x^3-x^2-x+1$$

(ii) $|a_0|\geqslant 2$. 因为 $P(a_0)=0$, 则多项式 $P(x)=x^d\pm x^{d-1}\pm x^{d-2}\pm\cdots\pm x+a_0$ 有绝对值大于或等于 2 的根.

注意到 $P(a_0)=a_0^d\pm a_0^{d-1}\pm a_0^{d-2}\pm\cdots\pm a_0+a_0$. 由三角形不等式, 有

$$\begin{aligned}
0=&|P(a_0)|\\
=&|a_0^d\pm a_0^{d-1}\pm a_0^{d-2}\pm\cdots\pm a_0+a_0|\\
\geqslant&|a_0^d|-|a_0^{d-1}|-|a_0^{d-2}|-\cdots-|a_0|-|a_0|\\
=&\frac{|a_0|(|a_0|-2)(|a_0|^{d-1}-1)}{|a_0|-1}
\end{aligned}$$

因为 $|a_0|\geqslant 2$, 所以 $|a_0|=2$. 并出现三角形不等式的相等情况. 所以, a_0^d 和 a_0 具有相反的符号. 因此 d 是偶数, 且 $a_0=-2$. 因此, 三角形不等式相等的情况导致 $a_i=(-1)^{i+1}(i=1,2,\cdots,d-1)$. 如果 $d\geqslant 3$, 那么 $a_2=-1$, 从而 $P(-1)=-d+2=0$, 矛盾. 所以 $d=2$, 从而 $P(x)=x^2+x-2$.

43. (Feng Zhigang-Chinese Western Mathematical Olympiad 2009)　设 M 是从 $\mathbf{R}$ 中删除有限多个实数得到的 $\mathbf{R}$ 的子集. 证明对于任意给定的正整数 n, 存在一个 $\deg f(x)=n$ 的多项式 $f(x)$, 使得它的所有系数和 n 个实根都在 M 中.

证明　设 $S=\{|x|\in\mathbf{R}|,x\notin M\}$. 由定义可知这个集合是有限的. 令 $a=\max S$, 选择实数 $k>\max\{|a|,1\}$. 则 $-k\notin S\Rightarrow -k\in M$. 对任意正整数 n, 定义多项式 $f(x)=$

$k(x+k)^n$. 由 $k>1$ 可知，$\deg f(x)=n$，多项式 $f(x)$ 中项 x^m 的系数是 $k\cdot\begin{bmatrix}n\\m\end{bmatrix}\cdot k^{n-m}\geqslant k$. 所以 $f(x)$ 的所有系数都不在 S 中，因此在 M 中. 由于 $f(x)$ 的根 $-k$ 是 n 重根，它们在 M 中. 所以多项式 $f(x)=k(x+k)^n$ 满足题设条件.

44. （Ye. Malinnikova-Russian Mathematical Olympiad 1996） 是否存在一个非零实数的有限集 M，使得对于任何 $n\in\mathbf{N}$，存在一个至少 n 次的多项式，其系数在 M 中，所有根都属于 M?

解 不存在. 设 $M=\{a_1,\cdots,a_k\}$ 是任意一个非零实数集合
$$r=\min\{|a_1|,\cdots,|a_k|\},R=\max\{|a_1|,\cdots,|a_k|\}$$
则 $R\geqslant r>0$. 考虑多项式 $P(x)=b_nx^n+b_{n-1}x^{n-1}+\cdots+b_0$，其中系数 $b_0,b_1,\cdots,b_n$ 和根 $x_1,x_2,\cdots,x_n$ 都属于集合 M. 由 Vieta 公式，我们有

$$\sum_{i=1}^n x_i=-\frac{b_{n-1}}{b_n},\quad\sum_{1\leqslant i<j\leqslant n}x_ix_j=\frac{b_{n-2}}{b_n}$$
$$\Rightarrow\sum_{i=1}^n x_i^2=\left(\sum_{i=1}^n x_i\right)^2-2\sum_{1\leqslant i<j\leqslant n}x_ix_j=\left(\frac{b_{n-1}}{b_n}\right)^2-2\cdot\frac{b_{n-2}}{b_n}$$

所以

$$nr^2\leqslant\sum_{i=1}^n x_i^2\leqslant\frac{R^2}{r^2}+2\cdot\frac{R}{r}\Rightarrow n\leqslant\frac{R^2}{r^4}+2\cdot\frac{R}{r^3}=A$$

因此，对于 $n>A$，所要求的多项式不存在.

45. 是否存在 2 000 个不全为零的实数（可以相同），满足如果将其中任意 1 000 个作为 1 000 次首一多项式的根，那么它的系数（首项系数除外）是剩余 1 000 个数的一个排列？

解 不存在. 假设 2 000 个数字都不为零，我们至少有 1 000 个正数或 1 000 个负数，如果我们至少有 1 000 个负数，那么将它们作为根. 然后，根据 Vieta 公式，系数均为正数. 因此，我们有 1 000 个正数. 如果我们把它们作为系数，那么所有根都是负的. 所以，我们 1 000 个负数和正好有 1 000 个正数. 如果我们将这 1 000 个正数作为根，那么会产生矛盾，因为在多项式的系数中也必有 500 个正系数. 现在，假设 2 000 个数中有 $k>0$ 个零. 如果 $k<1\,000$，那么将它们设为零，然后根据 Vieta 公式将根的乘积设为零，因此存在另一个零系数（即常数项），矛盾. 所以，$k>1\,000$. 将其中的 1 000 个设为零，则我们得到多项式 $x^{1\,000}$，因此其他系数为零. 因此，所有 2 000 个数字均为零，这与问题的假设相矛盾.

46. （Russian Mathematical Olympiad） 设 $n\geqslant 3$ 是正整数，$x_1<x_2<\cdots<x_n$ 是 n 次多项式 $P(x)$ 的根. 进一步假设 $x_2-x_1<x_3-x_2<\cdots<x_n-x_{n-1}$. 证明 $|P(x)|$ 在区间 $[x_1,x_n]$ 上的两个最大根之间达到最大值（即在区间 $[x_{n-1},x_n]$ 上）.

证明 假设最大值在点 $a\in(x_i,x_{i+1})(i<n-1)$ 达到. 令 $t=a-x_i,b=x_n-t$，$b\in(x_{n-1},x_n)$. 将题设中的不等式相加，我们有

$$x_{k+m} - x_k < x_{l+m} - x_l \quad (1 \leqslant k < l \leqslant n-m)$$

由于

$$|P(x)| = C|x - x_1| \cdots |x - x_n|$$

所以,当 $i+1 \leqslant s \leqslant n-1$ 时,我们有

$$|b - x_s| = x_n - x_s - t > x_{i+n-s} - x_i - t = |x_{i+n-s} - a| \tag{1}$$

当 $1 \leqslant r \leqslant i-1$ 时,我们有

$$|b - x_r| = b - x_r > x_{n-1} - x_r > a - x_r = |a - x_r| \tag{2}$$

最后,选择 b 使得

$$|b - x_n| \cdot |b - x_i| = |a - x_i| \cdot |a - x_n| \tag{3}$$

把式(1),(2),(3) 相乘,得到 $|P(b)| > |P(a)|$,这与 a 的选择相矛盾.

47. (Polish Mathematical Olympiad 1998) 设 $g(k)$ 表示一个整数 k 的最大素因子,其中 $|k| \geqslant 2$, $g(-1) = g(0) = g(1) = 1$. 是否可以找到整系数非常数多项式 $W(x)$,使得集合 $\{g(W(x)) \mid x \in \mathbf{Z}\}$ 是有限的?

解 我们证明不存在具有给定属性的多项式. 为了证明起见,假设

$$W(x) = a_0 + a_1 x + \cdots + a_n x^n$$

是次数 $n \geqslant 1$,且具有整系数的多项式,其中数集 $g(W(x))$ (x 是整数) 是有限的. 所以,存在自然数 m 以及素数 $p_1, \cdots, p_m$ 具有下列性质:如果 x 是整数,且 $W(x) \neq 0$,那么 $W(x)$ 不能被素数 $p_1, \cdots, p_m$ 以外的任何一个素数整除. 考虑两种情况:

(i) 如果 $a_0 = 0$,那么对于每一个整数 $x \neq 0$, $W(x)$ 能被 x 整除. 令 $b = 1 + p_1 p_2 \cdots p_m$,我们来求一个自然数 k,满足 $W(kb) \neq 0$. 因为 $W(x)$ 有有限多个根,所以这样的自然数是存在的. 由 $kb \mid W(kb)$,可知 $b \mid W(kb)$. 因此这个多项式至少有一个不同于 $p_1, \cdots, p_m$ 的素因子. 这与假设相矛盾.

(ii) 如果 $a_0 \neq 0$,考虑数 $c = a_0 p_1 p_2 \cdots p_m$,我们求一个自然数 $k \geqslant 2$,满足 $W(kc) \neq a_0$. 这样的自然数是存在的,因为多项式 $W(x)$ 仅在有限个点上取值 a_0. 我们有等式

$$W(kc) = a_0 + kc[a_1 + a_2(kc) + \cdots + a_n(kc)^{n-1}] = a_0 + kcq$$

其中 q 表示方括号中的表达式,它是整数,且 $q \neq 0$ ($W(kc) \neq a_0$). 将 c 的值代入到这个等式中,我们得到 $W(kc) = a_0 w$,其中 $w = 1 + kqp_1 p_2 \cdots p_m$. 因为 $k \geqslant 2$, $q \neq 0 \Rightarrow w \neq -1, 0, 1$,所以 w 有一个不同于 $p_1, \cdots, p_m$ 的素因子. 所以在这种情况下也产生矛盾. 证明完成.

48. (Marian Tetiva) 设 $f(x)$ 是整系数非常数多项式,k 是正整数. 证明存在无限多的正整数 n 满足 $f(n)$ 可以写成形式 $d_1 d_2 \cdots d_{k+1}$,其中 $1 \leqslant d_1 < d_2 < \cdots < d_k < n$.

证明 不失一般性,假设 $f(x)$ 的首项系数为正. 注意到,存在某个整系数多项式 $g(x)$ 满足 $f(x + f(x)) = f(x)g(x)$.

设 $h(x) = x + f(x)$,则 $f(h(x)) = f(x)g(x)$. 然后,迭代这个恒等式,有

$$f(h^{(m)}(x)) = f(x)g(x)g(h(x)) \cdots g(h^{(m-1)}(x))$$

设 $\deg f(x) = s$,则上述多项式的次数分别是 $s, s^2 - s, s^3 - s^2, \cdots, s^m - s^{m-1}$. 如果 $s \geqslant 2$,那么

$$s \leqslant s^2 - s < s^3 - s^2 < \cdots < s^m - s^{m-1}$$

所以对充分大的 t,我们有

$$g(t) < g(h(t)) < \cdots < g(h^{(m-1)}(t))$$

取 $m = k + 1, n = h^{(k+1)}(t)$,设 $d_1 = g(t), d_2 = g(h(t)), \cdots, d_k = g(h^{(k)}(t)), d_{k+1} = g(h^{(k)}(t)) \cdot f(t)$,则证明完成.

如果 $s = 1$,那么 $f(x) = ax + b$. 选择 d_i,使得 $\gcd(d_i, a) = 1$. 根据中国剩余定理,方程 $am + 1 \equiv 0 \pmod{d_i}$ 有一个解. 设 $n = mb$,则 $f(n) = b(1 + am)$ 是 $d_1 d_2 \cdots d_k$ 的倍数,证明完成.

备注 $s \geqslant 2$ 的情况也可以从中国剩余定理中得出,与 $s = 1$ 的情况是一样的.

49. (Titu Andreescu-Mathematical Reflections U450) 设 $P(x)$ 是整系数非常数多项式. 证明对每一个正整数 n,存在两两互素的正整数 $k_1, k_2, \cdots, k_n$,满足 $k_1 k_2 \cdots k_n = |P(m)|$,其中 m 是某个正整数.

证明 由 Schur 定理,存在不同的素数 $p_1, p_2, \cdots, p_n$ 及正整数 $m_1, m_2, \cdots, m_n$,满足

$$P(m_1) \equiv 0 \pmod{p_1}$$
$$P(m_2) \equiv 0 \pmod{p_2}$$
$$\vdots$$
$$P(m_n) \equiv 0 \pmod{p_n}$$

由中国剩余定理,存在正整数 m,满足

$$m \equiv m_1 \pmod{p_1}$$
$$m \equiv m_2 \pmod{p_2}$$
$$\vdots$$
$$m \equiv m_n \pmod{p_n}$$

则有 $\forall i \in \{1, 2, \cdots, n\} : m \equiv m_i \pmod{p_i} \Rightarrow P(m) \equiv P(m_i) \equiv 0 \pmod{p_i}$.

因此 $p_1 p_2 \cdots p_n \mid P(m)$. 所以,我们有

$$|P(m)| = p_1^{\alpha_1} p_2^{\alpha_2} \cdots p_n^{\alpha_n} \cdot A \quad (\alpha_1, \alpha_2, \cdots, \alpha_n > 0, A \in \mathbf{N})$$

选取

$$k_1 = p_1^{\alpha_1}, k_2 = p_2^{\alpha_2}, \cdots, k_{n-1} = p_{n-1}^{\alpha_{n-1}}, k_n = p_n^{\alpha_n} \cdot A$$

则有 $\gcd(k_i, k_j) = 1 (i \neq j) \Rightarrow k_1 k_2 \cdots k_n = |P(m)|$.

50. (Crux Mathematicorum) 设 $P(x)$ 是整系数多项式,满足对所有正整数 n,有 $P(n) > n$. 对于所有正整数 m,在序列 $P(1), P(P(1)), \cdots$ 中存在能被 m 整除的一项. 证明 $P(x) = 1 + x$.

证明 $P(x)$ 的首项系数必定是正的. 如果 $\deg P(x) \geqslant 2$, 那么存在一个正整数 M 满足 $P(n) > 2n(n > M)$.

因为 $1 < P(1) < P(P(1)) < \cdots$, 所以存在一个正整数 k, 满足 $P^{(k)}(1) \geqslant M$. 设 $r = P^{(k)}(1)$, 取 $m = P^{(k+1)}(1) - P^{(k)}(1)$. 因为 $r > M$, 所以

$$P^{(k+1)}(1) = P(P^{(k)}(1)) > 2P^{(k)}(1) \Leftrightarrow m > r$$

所以

$$1 < P^{(i)}(1) \leqslant r < m \quad (1 \leqslant i \leqslant k)$$

因此

$$m \nmid P^{(i)}(1) \quad (1 \leqslant i \leqslant k)$$

此外

$$P^{(k+1)}(1) = m + r \equiv r(\bmod m)$$

由归纳法, 我们可以证明 $P^{(i)}(1) \equiv r(\bmod m)(i \geqslant 1 + k)$, 即

$$P^{(i+1)}(1) = P(P^{(i)}(1)) \equiv P(r) = P(P^{(k)}(1)) = P^{(k+1)}(1) = m + r \equiv r(\bmod m)$$

但是 m 不能整除序列中的任何项, 所以 $\deg P(x) = 1$. 假设 $P(x) = x + b(b \in \mathbf{Z})$, 因为 $P(1) > 1$, 所以

$$P(1) = 1 + b > 1 \Rightarrow b > 0 \Rightarrow b \geqslant 1$$

如果 $b \geqslant 2$, 那么 $P(1) \equiv 1(\bmod b)$. 因此, 采用归纳法, 我们得到 $P^{(i)}(1) \equiv 1(\bmod b)$ 这与题设矛盾. 如果 $P(x) = 2x + b$, 那么 $P(1) = 2 + b > 1 \Rightarrow b \geqslant 0$. 如果 $b = 0$, 那么

$$P^{(i)}(1) = 2^i$$

这不能满足题设条件. 如果 $b \geqslant 1$ 或者 $P(x) = ax + b(a \geqslant 3)$, 那么采用上述方法同样导致矛盾. 所以 $P(x) = 1 + x$.

51. (Vlad Matei) 求所有整系数多项式 $P(x)$, 使得对任何正整数 a, b, c, 满足

$$(a^2 + b^2 + c^2) \mid (P(a) + P(b) + P(c))$$

解 用 $-a$ 替换 a, 我们有 $(a^2 + b^2 + c^2) \mid (P(-a) + P(b) + P(c))$, 则

$$(a^2 + b^2 + c^2) \mid (P(a) - P(-a))$$

取 b 充分大, 我们有, 对所有 x, $P(x) = P(-x)$. 因此, 存在整系数多项式 $Q(x)$, 满足 $P(x) = Q(x^2)$, 则

$$(a^2 + b^2 + c^2) \mid (Q(a^2) + Q(b^2) + Q(c^2))$$

我们来求和 $a^2 + b^2 + c^2$ 具有相同值的整数. 注意到

$$(a^2 + b^2)^2 + c^2 = (a^2 - b^2)^2 + (2ab)^2 + c^2$$

所以容易发现

$$Q((a^2 + b^2)^2) = Q((a^2 - b^2)^2) + Q((2ab)^2)$$

由此可见

$$Q((a^2 + b^2)^2) - Q((a^2 - b^2)^2) = Q((2ab)^2)$$

由于 $(a^2+b^2)^2=(a^2-b^2)^2+(2ab)^2$, 所以对无限多正整数 z,t, 有

$$Q(z+t)=Q(z)+Q(t)$$

从而, 对任何实数 z,t, 有 $Q(z+t)=Q(z)+Q(t)$. 所以存在整数 C, 有

$$Q(x)=Cx, P(x)=Cx^2$$

52. 设 $P(x)$ 是整系数多项式, 满足对任意正整数 r,s, $(r^{2^{2017}}-s^{2^{2017}}) \mid (P(r)-P(s))$. 证明存在整系数多项式 $Q(x)$, 使得 $P(x)=Q(x^{2^{2017}})$.

证明 1 我们来证明任意正整数 n 的一般情况(本题的结论是 $n=2017$ 的情况). 我们对 n 采用归纳法来证明.

$n=0$ 的情况是显然的. 假定命题对所有小于或等于 n 的正整数都成立. 我们证明命题对 $n+1$ 也成立. 注意到

$$(r^{2^n}-s^{2^n}) \mid (r^{2^{n+1}}-s^{2^{n+1}}), (r^{2^{n+1}}-s^{2^{n+1}}) \mid (P(r)-P(s))$$

因此, 根据归纳假设, 对于某些具有整数系数的多项式 $R(x)$, $P(x)=R(x^{2^n})$. 设 $a=r^{2^n}$, $b=-s^{2^n}$, 因为

$$(a-b) \mid (R(a)-R(b))$$

所以

$$(r^{2^n}+s^{2^n}) \mid (R(r^{2^n})-R(-s^{2^n})), (r^{2^n}+s^{2^n}) \mid (P(r)-P(s))=R(r^{2^n})-R(s^{2^n})$$

因此

$$(r^{2^n}+s^{2^n}) \mid (R(s^{2^n})-R(-s^{2^n}))$$

取 r 充分大, 我们有对所有 s, $R(s^{2^n})=R(-s^{2^n})$. 所以, 对无限多的 x, 从而对所有 x, 就有 $R(x)=R(-x)$. 因此存在多项式 $Q(x)$ 使得

$$R(x)=Q(x^2) \Rightarrow P(x)=Q(x^{2^{n+1}})$$

证毕.

证明 2 更一般地, 我们将证明对任意正整数 r,s, 如果 $(r^N-s^N) \mid (P(r)-P(s))$, 那么存在整系数多项式 $Q(x)$, 使得 $P(x)=Q(x^N)$. 我们先来证明一条引理.

引理: 假设 $F(x), G(x)$ 是整系数多项式, $G(x)$ 是首一的, 对所有正整数 n, $G(n) \mid F(n)$, 则 $G(x) \mid F(x)$.

引理的证明: 设 $F(x)=Q(x)G(x)+R(x)$, 其中 $Q(x), R(x)$ 是整系数多项式, 且 $\deg R < \deg G$, 则对所有正整数 n, $G(n) \mid R(n)$. 因为 $\deg R < \deg G$, 所以, 对充分大的 n, 有 $|R(n)| < |G(n)|$. 因此, 对充分大的 n, 有 $R(n)=0$. 从而 $R(x)=0 \Rightarrow G(x) \mid F(x)$.

将引理用到该问题, 我们有, 对所有的 s, $x^N-s^N \mid P(x)-P(s)$. 设 $P(x)=\sum_{i=0}^{N-1} x^i Q_i(x^N)$, 其中 $Q_i(x)$ 是整系数多项式.

因为 $(x^N-s^N) \mid (Q_i(x^N)-Q_i(s^N))$, 所以 $P(x)$ 除以 x^N-s^N 的余数是 $\sum_{i=0}^{N-1} x^i Q_i(s^N)$.

由于 $(x^N-s^N)\mid(P(x)-P(s))$,所以这个余数必定是 $P(s)$.因此 $Q_i(s)=0(i=1,2,$ $\cdots,N-1)$.由于 s 是任意正整数,所以 $Q_i(x)=0(i=1,2,\cdots,N-1)$,从而 $P(x)=$ $Q_0(x^N)$.

53.(Polish Mathematical Olympiad 2009)　整数序列由下列条件定义

$$f_0=0,f_1=1,f_n=f_{n-1}+f_{n-2},n=2,3,\cdots$$

求所有整系数多项式 W 使其具有下列性质:

对于每一个自然数 n,都存在一个整数 k,满足 $W(k)=f_n$.

解　我们来证明 $W(x)=\varepsilon x+c,\varepsilon\in\{-1,1\},c\in\mathbf{Z}$.注意到如下性质

(i)序列 $f_1,f_2,f_3,\cdots$ 都是正的;

(ii)序列 $f_2,f_3,f_4,\cdots$ 严格增加;

(iii)$f_{n-1}\geqslant\dfrac{1}{2}f_n(n\geqslant2)$;

(iv)$f_{n+1}<3f_{n-1}(n\geqslant4)$.

性质(i)是显然的.对于性质(ii),因为当 $n\geqslant3$ 时,有 $f_{n-2}>0$,所以 $f_n=f_{n-1}+f_{n-2}$ $>f_{n-1}$.性质(iii)和(iv)可由性质(ii)推出,因为

$$2f_{n-1}=f_{n-1}+f_{n-1}\geqslant f_{n-1}+f_{n-2}=f_n\quad(n\geqslant2)$$
$$f_{n+1}=f_n+f_{n-1}=2f_{n-1}+f_{n-2}<2f_{n-1}+f_{n-1}=3f_{n-1}\quad(n\geqslant4)$$

现在,令 $W(x)$ 为满足问题条件的多项式,则存在整数 a,b,使得

$$W(a)=f_0=0,W(b)=f_1=1$$

所以

$$(b-a)\mid(W(b)-W(a))=1\Rightarrow b-a=\pm1\Rightarrow b=a+\varepsilon,\varepsilon\in\{-1,1\}$$

在这种情况下,多项式 $P(x)$ 由下式给出

$$P(x)=W(a+\varepsilon x)$$

它满足 $P(0)=W(0)=0,P(1)=W(a+\varepsilon)=W(b)=1$.容易证明,在整点处,多项式 $W(x)$ 和 $P(x)$ 的值的集合是相等的.换句话说,对任意 $n=0,1,2,\cdots$,存在一个整数 k,使得 $P(k)=f_n$.令 d,e 是满足条件 $P(d)=f_3=2,P(e)=f_4=3$ 的整数,则

$$(d-1)\mid(P(d)-P(1))=1\Rightarrow d\in\{0,2\}$$

$d\neq0$(否则 $P(0)=0\neq2$),所以 $d=2$.类似地,$(e-2)\mid(P(e)-P(2))=1\Rightarrow e\in\{1,3\}$, 基于同样的道理,有 $e=3$,所以

$$P(k)=k\quad(k=0,1,2,3)$$

采用归纳法,我们将证明

$$P(f_n)=f_n\quad(n=0,1,2,\cdots)$$

我们已经知道,对于 $n\leqslant4$,最后一个等式成立.假设等式对于 $n=0,1,\cdots,m(m\geqslant4)$ 成立.我们来证明 $P(f_{m+1})=f_{m+1}$.根据问题的假设,存在一个整数 k,使得 $P(k)=f_{m+1}$.先假

设 $k < f_{m-1}$. 由于 $m-1 > 2$,根据性质(iii),我们有

$$f_m - k > f_m - f_{m-1} = f_{m-2} \geqslant \frac{1}{2} f_{m-1}$$

此外

$$(f_m - k) \mid (P(f_m) - P(k)) = f_m - f_{m+1} = -f_{m-1}$$

数 $f_m - k$ 是 f_{m-1} 的因子,且这个因子大于 f_{m-1} 的一半,这只可能是 $f_m - k = f_{m-1}$.

然而 $k = f_m - f_{m-1} = f_{m-2}$,这是不可能的,因为由归纳假设有 $P(f_{m-2}) = f_{m-2}$,而 $P(k) = f_{m+1}$.

因此,我们就证明了 $k \geqslant f_{m-1}$. 因为 $m \geqslant 4$,由性质(iv),我们有

$$(k - 0) \mid (P(k) - P(0)) = f_{m+1} < 3 f_{m-1}$$

因此,数 k 是 f_{m+1} 的因子,且大于 f_{m+1} 的 $\frac{1}{3}$. 这样一来,$k = f_{m+1}$,或者 $k = \frac{1}{3} f_{m+1}$. 第一种情况得出结论:$P(f_{m+1}) = f_{m+1}$,与归纳结论相同. 但是,第二种情况是不可能的,因为它将导致

$$k = 1$$

或

$$
\begin{aligned}
k - 1 = \left(\frac{1}{2} f_{m+1} - 1 \right) &\mid (P(k) - P(1)) \\
&= f_{m+1} - 1 \\
&= 2 \left(\frac{1}{2} f_{m+1} - 1 \right) + 1 \\
&= 2(k - 1) + 1
\end{aligned}
$$

因此 $(k-1) \mid 1$,即 $k \leqslant 2$.

于是,我们将有 $f_{m+1} = 2k \leqslant 4 < f_5$,这与 $m \geqslant 4$ 的假设相矛盾. 由归纳原理可知,结论成立.

现在,对于所有自然数 n,$P(f_n) = f_n$ 以及性质(ii),可以得出结论,对于无限多的整数 x 成立 $P(x) = x$.

由于 P 是一个多项式,所以对每个实数 x,等式都成立. 因为对于所有实数 x,$P(x) = W(a + \varepsilon x)$,因此我们得到 $W(x) = \varepsilon(x - a)$,其中 $\varepsilon \in \{-1, 1\}$,$a$ 是整数. 最后,只需注意每个多项式 $W(x) = \varepsilon(x - a)$ 都具有所需的属性.

54. (Korean Mathematical Olympiad 2008) 求所有整系数多项式 $P(x)$,使得存在无限多正整数 a, b,满足

$$\gcd(a, b) = 1, (a + b) \mid (P(a) + P(b))$$

解 设 $Q(x) = \dfrac{P(x) + P(-x)}{2}$,$R(x) = \dfrac{P(x) - P(-x)}{2}$. 显然,$Q(x)$ 是偶次多项

式,$R(x)$ 是奇次多项式. 特别,$P(x)=Q(x)+R(x)$. 由于对于某些非负整数 l 和整数 c,$R(x)$ 中的所有单项式的形式均为 cx^{2l+1},因此我们得出 $(a+b)\mid(R(a)+R(b))$. 问题简化为 $(a+b)\mid(Q(a)+Q(b))$ 的情况. 我们知道,对于某些非负整数 s 和整数 d,多项式 $Q(x)$ 的所有单项式的形式为 dx^{2s}. 此外,因为 $a^{2s}+b^{2s}\equiv 2b^{2s}\pmod{a+b}$. 首先,假设 $Q(x)=dx^{2n}$,则 $(a+b)\mid 2db^{2n}$. 因为 $\gcd(a+b,b)=\gcd(a,b)=1$,所以 $(a+b)\mid 2d$. 但 $2d$ 只有有限多个因子,所以可以假设 $a+b$ 只有有限多个值. 因为 a,b 是正整数,我们只有有限多个 a,b,矛盾.

假设 $P(x)=a_{2n}x^{2n}+P_1(x)$,其中 $P_1(x)$ 是偶次多项式,且 $\deg P_1(x)>2n$. 取 b 充分大,使得 $\gcd(b,a_{2n})=1$. 选取 a,使得

$$\mid a+b\mid=a_{2n}+\frac{P_1(b)}{b^{2n}}=\frac{a_{2n}b^{2n}+P_1(b)}{b^{2n}}=\frac{P(b)}{b^{2n}}$$

则

$$P(a)+P(b)\equiv 2P(b)=2b^{2n}\mid a+b\mid\equiv 0\pmod{a+b}$$

显然,有无限多正整数对 (a,b) 满足题目的要求. 所以,所求多项式的形式为

$$P(x)=a_{2n}x^{2n}+P_1(x)$$

其中 $P_1(x)$ 是偶次多项式,且 $\deg P_1(x)>2n$.

55. (Fedor Petrov-Saint Petersburg Mathematical Olympiad 2002)　设 $P(x)$ 是实系数多项式,使得对所有整数 $n,k\geqslant 0$,$\dfrac{P(n+1)\cdots P(n+k)}{P(1)\cdots P(k)}$ 是整数. 证明 $P(0)=0$.

证明　设 $k=1$,则对所有正整数 n,$\dfrac{P(n+1)}{P(n)}$ 是整数. 多项式 $\dfrac{P(x)}{P(1)}$ 对所有整数 x 都取整数值,因此通过 Lagrange 插值公式,可以看到它具有有理系数. 对于适当的整数 N,我们有具有整系数的多项式 $Q(x)=\dfrac{NP(x)}{P(1)}$ 来替换多项式 $P(x)$,该多项式也满足问题的假设,即 $\dfrac{Q(n+1)\cdots Q(n+k)}{Q(1)\cdots Q(k)}$ 是整数. 固定 k,并定义多项式 $R(x)=Q(x+1)\cdots Q(x+k)$,则

$$Q(n+1)\cdots Q(n+k)=R(n),Q(1)\cdots Q(k)=R(0)=M$$

于是,对于所有正整数 n,有 $\dfrac{R(n)}{M}$ 是一个整数. 注意到 $\dfrac{R(2\mid M\mid-1)}{M}$ 也是一个整数,且 $R(2\mid M\mid-1)\equiv R(-1)\equiv 0\pmod{m}$. 所以,$\dfrac{R(-1)}{M}=\dfrac{Q(0)\cdots Q(k-1)}{Q(1)\cdots Q(k)}=\dfrac{Q(0)}{Q(k)}$ 是整数. 因此,对所有 k,$Q(k)\mid Q(0)$ 以及 $Q(0)=0$,给出 $P(0)=0$.

56. 设 $P(x)=x^3+3x^2+6x+1\,975$. 在区间 $[1,3^{2\,017}]$ 内求整数 a,使得 $P(n)$ 能被 $3^{2\,017}$ 整除.

解　因为 $P(x)\equiv x^3+1\equiv x+1\pmod{3}$,其中第二个等号是根据 Fermat 小定理得到的,因此可见 $3\mid P(x)\Leftrightarrow x\equiv-1\pmod{3}$. 我们有

$$P(3x-1)=27x^3+9x+1\,971=9(3x^3+x+219)$$

所以

$$27 \mid P(x) \Leftrightarrow x \equiv -1 \pmod 9$$

注意到，$P(9x-1)=729x^3+27x+1\,971=27Q(x)$，$Q(x)=27x^3+x+73$. 考虑集合 $A=\{1,2,\cdots,3^n\}$，假设 $1 \leqslant a < b \leqslant 3^n$，使得 $Q(a) \equiv Q(b) \pmod{3^n}$. 注意到

$$Q(a)-Q(b)=(a-b)[27(a^2+ab+b^2)+1] \equiv 0 \pmod{3^n}$$

因为 $27(a^2+ab+b^2)+1$ 不能被 3 整除，所以 $a-b \equiv 0 \pmod{3^n}$，这是不可能的，因为 $a-b < 3^n$. 因此 $Q(1),\cdots,Q(3^n)$ 是模 3^n 的一个完全剩余系. 所以存在一个整数 c_n，使得 $Q(c_n) \equiv 0 \pmod{3^n}$. 令 $a_n=9c_n-1$，则 $P(a_n)=27Q(c_n)$. 令 $n=2\,014$，则 $3^{2\,017} \mid P(a_{2\,014})$. 对形式为 $[3^{2\,014}i+1,3^{2\,014}(1+i)](i \in \mathbf{Z}_+)$ 的任何区间，存在一个整数 x_i，使得 $3^{2\,014} \mid Q(x_i)$. 所以，$3^{2\,017} \mid P(y_i)(y_i=9x_i-1)$. 因此，在区间 $[1,3^{2\,017}]$ 中存在三个数字 y_i，使得 $3^{2\,017} \mid P(y_i)$.

57. 设 $Q(x)=(p-1)x^p-x-1$，其中 p 是一个奇素数. 证明存在无限多正整数 a，使得 $Q(a)$ 能被 p^p 整除.

证明　我们先来证明一个引理.

引理：设 $a,b \in \{1,2,\cdots,p^p\}$，则 $Q(a) \equiv Q(b) \pmod{p^p}$.

引理的证明：假设 $Q(a) \equiv Q(b) \pmod{p^p}$，我们有

$$(p-1)a^p-a-1 \equiv (p-1)b^p-b-1 \pmod{p^p}$$

所以

$$(p-1)(a^p-b^p)-(a-b) \equiv 0 \pmod{p^p}$$

因为 $a^p \equiv a \pmod p$，所以

$$0 \equiv (p-1)(\text{[]}a^p-b^p)-(a-b) \equiv -2(a-b) \pmod p$$

因此，$a \equiv b \pmod p$. 进一步地

$$0 \equiv (p-1)(a^p-b^p)-(a-b)$$
$$\equiv (a-b)[(p-1)(a^{p-1}+a^{p-2}b+\cdots+b^{p-1})-1] \pmod{p^p}$$

注意到

$$(p-1)(a^{p-1}+a^{p-2}b+\cdots+b^{p-1})-1 \equiv (p-1)pa^{p-1}-1 \not\equiv 0 \pmod p$$

因此 $a-b \equiv 0 \pmod{p^p}$，矛盾，因为 $a,b \in \{1,2,\cdots,p^p\}$. 引理得证.

我们有 $Q(1),Q(2),\cdots,Q(p^p)$ 的值形成模 p^p 的一个完全剩余系. 因此存在唯一的 $a \in \{1,2,\cdots,p^p\}$，使得 $Q(a) \equiv 0 \pmod{p^p}$. 形式为 $a+sp^p$ 的所有数（其中 s 是整数）都满足问题条件.

备注　另一个证明方法是考虑序列 $a_0=\dfrac{p-1}{2}$，$a_n=a_{n-1}+Q(a_{n-1})(n \geqslant 1)$. 然后，可以验证 $Q(a_n)$ 是否可被 p^n 整除. 现在，取 $n \geqslant p$ 即可解决我们的问题.

58. (Oleksiy Klurman-Ukrainian Mathematical Olympiad 2016)　设 $x_n = 2\,016^{P(n)} + Q(n)$,其中 $P(x),Q(x)$ 是整系数非常数多项式.证明存在无限多个素数 p,使得存在一个非平方因子的整数 m,满足 $p \mid x_m$.

证明　采用反证法.若不然,则在这个序列中,只有有限个素数因子.设 $p_1,\cdots,p_k$ 是除 $2,3,7$(因为 $2\,016 = 2^5 \cdot 3^2 \cdot 7$)之外的出现于序列中的素因子.令 $n_0 = p_1^{\alpha_1} \cdot p_2^{\alpha_2} \cdots p_t^{\alpha_t}(\alpha_i \geqslant x_1)$.考察序列

$$a_n = 1 + n \cdot n_0 \varphi(n_0)$$

则

$$Q(a_n) \equiv Q(1)(\bmod\ n_0),\ P(a_n) \equiv P(1)(\bmod\ \varphi(n_0))$$

因为

$$\gcd(n_0, 2\,016) = 1$$

所以

$$2\,016^{P(a_n)} \equiv 2\,016^{P(1)}(\bmod\ n_0) \Rightarrow x_{a_n} \equiv x_1(\bmod\ n_0)$$

由于 p_i 在 n_0 的重数 $\alpha_i \geqslant x_1$,而 $p_i \mid x_1$,所以 p_i 在 x_1 的重数 $< \alpha_i$.因此可见,p_i 在 x_{a_n} 的重数与 p_i 在 x_1 的重数是相等的.因为 x_{a_n} 中除素因子 $2,3,7$ 之外没有其他素因子,所以,我们得到 $x_{a_n} = 2\,016^{P(a_n)} + Q(a_n) = 2^a \cdot 3^b \cdot 7^c \cdot x_1$.因为,对于充分大的 n,有

$$x_1 \cdot (\max\{2^a, 3^b, 7^c\})^3 > x_1 \cdot 2^a \cdot 3^b \cdot 7^c = 2\,016^{P(a_n)} + Q(a_n) > 2\,016^n$$

则存在 $A \in \{2,3,7\}$,使得 $A^{\frac{n}{3} - C_0} \mid 2\,016^{P(a_n)}(C_0 = \log_{2\,016} \sqrt[3]{x_1})$.此外

$$A^{\frac{n}{3} - C_0} \mid 2\,016^{P(a_n)} + Q(a_n)$$

所以,$A^{\frac{n}{3} - C_0} \mid Q(a_n)$.但对充分大的 n,我们有 $A^{\frac{n}{3} - C_0} > Q(a_n)$,矛盾.

余下的需要证明,在 a_n 的序列中,存在无限多非平方的项,这一点我们在第二个证明的末尾加以阐述.

证明 2　注意到

$$\begin{aligned} x_n &= 2\,016^{P(n)} + Q(n) \\ &= 2\,016^{P(n)} - 2\,016^{P(1)} + Q(n) + 2\,016^{P(1)} \end{aligned}$$

设 $R(n) = Q(n) + 2\,016^{P(1)}$,因为 $R(0) > 0$,我们可以证明,序列 $y_n = R(n)$ 的素因子集确实是无限的.

设 $R(n) = c_d n^d + \cdots + c_0$,则 $R(c_0 n) = c_0(c_d c_0^{d-1} n^d + \cdots + 1)$.如果只有有限个素数因子,不妨说是 $p_1,\cdots,p_t$,设 $n = p_1 \cdots p_t$,在 $R(c_0 p_1 \cdots p_t)$ 中没有其他的素因子.现在,从序列 $y_n = R(n)$ 的素因子中选择素数 $p > \max\{R(0), 2016\}$.我们证明存在一个非平方的正整数 a,使得 x_a 可被 p 整除.

如果 $p \mid n$,则 $p \mid n \mid (R(n) - R(0))$.因为 $p \mid R(n)$,所以 $p \mid R(0)$.但 $p > R(0)$,矛盾.所以,$\gcd(n, p) = 1$.

现在，我们考察同余系统如下

$$x \equiv 1 (\bmod \ p-1)$$
$$x \equiv n (\bmod \ p)$$

这个系统有解 $a_k = 1 - (n-1)(p-1) + (k+c)p(p-1)$.

选择 c 使得 a_k 是正整数. 我们有 $R(a_k) \equiv R(n) \equiv 0 (\bmod \ p)$, $P(a_k) \equiv P(1) (\bmod \ p-1)$. 最后，由于 $a_k - 1 > 0$, $a_k - 1 \mid P(a_k) - P(1)$, 所以 $P(a_k) \geqslant P(1)$. 由于 $2016^{P(a_k)} \equiv 2016^{P(1)} (\bmod \ p)$, 因此, $x_{a_k} = 2016^{P(n)} - 2016^{P(1)} + R(a_k)$ 能被 p 整除. 下面，我们来证明序列 a_k 包含无限多非平方项.

引理：设 $x_n = a + nb$, $\gcd(a,b) = 1$, $a,b \in \mathbf{N}$, 则该序列包含无限多非平方项.

引理的证明：在集合 $\{x_1, \cdots, x_N\}$ 中 q^2 的重数至多是 $\left[\dfrac{N}{q^2}\right] + 1$. 设 $p_1 < \cdots < p_t \leqslant \sqrt{x_N}$, 即所有的素数都小于 $\sqrt{x_N}$, 则 p_i^2 在上述集合中的重数至多是

$$t + \frac{N}{p_1^2} + \cdots + \frac{N}{p_t^2} \leqslant \sqrt{x_N} + N\left(\frac{1}{2^2} + \frac{1}{2 \cdot 3} + \cdots + \frac{1}{t(t-1)}\right) < \sqrt{x_N} + \frac{3N}{4}$$

我们来证明，对于充分大的 N 有 $\sqrt{x_N} < \dfrac{N}{8}$.

事实上，这可简化为 $N^2 > 64(aN+b)$, 对于充分大的 N, 这是显然成立的. 因为左边的次数较高，所以平方项的个数最多是 $\dfrac{7N}{8}$. 引理证明完成.

备注　这个引理是 Dirichlet 关于算术级数素数定理的直接推论.

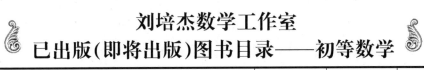

刘培杰数学工作室
已出版(即将出版)图书目录——初等数学

书 名	出版时间	定 价	编号
新编中学数学解题方法全书(高中版)上卷(第2版)	2018—08	58.00	951
新编中学数学解题方法全书(高中版)中卷(第2版)	2018—08	68.00	952
新编中学数学解题方法全书(高中版)下卷(一)(第2版)	2018—08	58.00	953
新编中学数学解题方法全书(高中版)下卷(二)(第2版)	2018—08	58.00	954
新编中学数学解题方法全书(高中版)下卷(三)(第2版)	2018—08	68.00	955
新编中学数学解题方法全书(初中版)上卷	2008—01	28.00	29
新编中学数学解题方法全书(初中版)中卷	2010—07	38.00	75
新编中学数学解题方法全书(高考复习卷)	2010—01	48.00	67
新编中学数学解题方法全书(高考真题卷)	2010—01	38.00	62
新编中学数学解题方法全书(高考精华卷)	2011—03	68.00	118
新编平面解析几何解题方法全书(专题讲座卷)	2010—01	18.00	61
新编中学数学解题方法全书(自主招生卷)	2013—08	88.00	261
数学奥林匹克与数学文化(第一辑)	2006—05	48.00	4
数学奥林匹克与数学文化(第二辑)(竞赛卷)	2008—01	48.00	19
数学奥林匹克与数学文化(第二辑)(文化卷)	2008—07	58.00	36'
数学奥林匹克与数学文化(第三辑)(竞赛卷)	2010—01	48.00	59
数学奥林匹克与数学文化(第四辑)(竞赛卷)	2011—08	58.00	87
数学奥林匹克与数学文化(第五辑)	2015—06	98.00	370
世界著名平面几何经典著作钩沉——几何作图专题卷(上)	2009—06	48.00	49
世界著名平面几何经典著作钩沉——几何作图专题卷(下)	2011—01	88.00	80
世界著名平面几何经典著作钩沉(民国平面几何老课本)	2011—03	38.00	113
世界著名平面几何经典著作钩沉(建国初期平面三角老课本)	2015—08	38.00	507
世界著名解析几何经典著作钩沉——平面解析几何卷	2014—01	38.00	264
世界著名数论经典著作钩沉(算术卷)	2012—01	28.00	125
世界著名数学经典著作钩沉——立体几何卷	2011—02	28.00	88
世界著名三角学经典著作钩沉(平面三角卷Ⅰ)	2010—06	28.00	69
世界著名三角学经典著作钩沉(平面三角卷Ⅱ)	2011—01	38.00	78
世界著名初等数论经典著作钩沉(理论和实用算术卷)	2011—07	38.00	126
发展你的空间想象力(第2版)	2019—11	68.00	1117
空间想象力进阶	2019—05	68.00	1062
走向国际数学奥林匹克的平面几何试题诠释.第1卷	2019—07	88.00	1043
走向国际数学奥林匹克的平面几何试题诠释.第2卷	2019—09	78.00	1044
走向国际数学奥林匹克的平面几何试题诠释.第3卷	2019—03	78.00	1045
走向国际数学奥林匹克的平面几何试题诠释.第4卷	2019—09	98.00	1046
平面几何证明方法全书	2007—08	35.00	1
平面几何证明方法全书习题解答(第2版)	2006—12	18.00	10
平面几何天天练上卷·基础篇(直线型)	2013—01	58.00	208
平面几何天天练中卷·基础篇(涉及圆)	2013—01	28.00	234
平面几何天天练下卷·提高篇	2013—01	58.00	237
平面几何专题研究	2013—07	98.00	258
几何学习题集	2020—10	48.00	1217
通过解题学习代数几何	2021—04	88.00	1301

书　名	出版时间	定　价	编号
最新世界各国数学奥林匹克中的平面几何试题	2007—09	38.00	14
数学竞赛平面几何典型题及新颖解	2010—07	48.00	74
初等数学复习及研究(平面几何)	2008—09	68.00	38
初等数学复习及研究(立体几何)	2010—06	38.00	71
初等数学复习及研究(平面几何)习题解答	2009—01	58.00	42
几何学教程(平面几何卷)	2011—03	68.00	90
几何学教程(立体几何卷)	2011—07	68.00	130
几何变换与几何证题	2010—06	88.00	70
计算方法与几何证题	2011—06	28.00	129
立体几何技巧与方法	2014—04	88.00	293
几何瑰宝——平面几何500名题暨1500条定理(上、下)	2021—07	168.00	1358
三角形的解法与应用	2012—07	18.00	183
近代的三角形几何学	2012—07	48.00	184
一般折线几何学	2015—08	48.00	503
三角形的五心	2009—06	28.00	51
三角形的六心及其应用	2015—10	68.00	542
三角形趣谈	2012—08	28.00	212
解三角形	2014—01	28.00	265
三角学专门教程	2014—09	28.00	387
图天下几何新题试卷.初中(第2版)	2017—11	58.00	855
圆锥曲线习题集(上册)	2013—06	68.00	255
圆锥曲线习题集(中册)	2015—01	78.00	434
圆锥曲线习题集(下册·第1卷)	2016—10	78.00	683
圆锥曲线习题集(下册·第2卷)	2018—01	98.00	853
圆锥曲线习题集(下册·第3卷)	2019—10	128.00	1113
圆锥曲线的思想方法	2021—08	48.00	1379
论九点圆	2015—05	88.00	645
近代欧氏几何学	2012—03	48.00	162
罗巴切夫斯基几何学及几何基础概要	2012—07	28.00	188
罗巴切夫斯基几何学初步	2015—06	28.00	474
用三角、解析几何、复数、向量计算解数学竞赛几何题	2015—03	48.00	455
美国中学几何教程	2015—04	88.00	458
三线坐标与三角形特征点	2015—04	98.00	460
坐标几何学基础.第1卷,笛卡儿坐标	2021—08	48.00	1398
坐标几何学基础.第2卷,三线坐标	2021—09	28.00	1399
平面解析几何方法与研究(第1卷)	2015—05	18.00	471
平面解析几何方法与研究(第2卷)	2015—06	18.00	472
平面解析几何方法与研究(第3卷)	2015—07	18.00	473
解析几何研究	2015—01	38.00	425
解析几何学教程.上	2016—01	38.00	574
解析几何学教程.下	2016—01	38.00	575
几何学基础	2016—01	58.00	581
初等几何研究	2015—02	58.00	444
十九和二十世纪欧氏几何学中的片段	2017—01	58.00	696
平面几何中考.高考.奥数一本通	2017—07	28.00	820
几何学简史	2017—08	28.00	833
四面体	2018—01	48.00	880
平面几何证明方法思路	2018—12	68.00	913

书　　名	出版时间	定价	编号
平面几何图形特性新析.上篇	2019—01	68.00	911
平面几何图形特性新析.下篇	2018—06	88.00	912
平面几何范例多解探究.上篇	2018—04	48.00	910
平面几何范例多解探究.下篇	2018—12	68.00	914
从分析解题过程学解题:竞赛中的几何问题研究	2018—07	68.00	946
从分析解题过程学解题:竞赛中的向量几何与不等式研究(全2册)	2019—06	138.00	1090
从分析解题过程学解题:竞赛中的不等式问题	2021—01	48.00	1249
二维、三维欧氏几何的对偶原理	2018—12	38.00	990
星形大观及闭折线论	2019—03	68.00	1020
立体几何的问题和方法	2019—11	58.00	1127
三角代换论	2021—05	58.00	1313
俄罗斯平面几何问题集	2009—08	88.00	55
俄罗斯立体几何问题集	2014—03	58.00	283
俄罗斯几何大师——沙雷金论数学及其他	2014—01	48.00	271
来自俄罗斯的5000道几何习题及解答	2011—03	58.00	89
俄罗斯初等数学问题集	2012—05	38.00	177
俄罗斯函数问题集	2011—03	38.00	103
俄罗斯组合分析问题集	2011—01	48.00	79
俄罗斯初等数学万题选——三角卷	2012—11	38.00	222
俄罗斯初等数学万题选——代数卷	2013—08	68.00	225
俄罗斯初等数学万题选——几何卷	2014—01	68.00	226
俄罗斯《量子》杂志数学征解问题100题选	2018—08	48.00	969
俄罗斯《量子》杂志数学征解问题又100题选	2018—08	48.00	970
俄罗斯《量子》杂志数学征解问题	2020—05	48.00	1138
463个俄罗斯几何老问题	2012—01	28.00	152
《量子》数学短文精粹	2018—09	38.00	972
用三角、解析几何等计算解来自俄罗斯的几何题	2019—11	88.00	1119

谈谈素数	2011—03	18.00	91
平方和	2011—03	18.00	92
整数论	2011—05	38.00	120
从整数谈起	2015—10	28.00	538
数与多项式	2016—01	38.00	558
谈谈不定方程	2011—05	28.00	119

解析不等式新论	2009—06	68.00	48
建立不等式的方法	2011—03	98.00	104
数学奥林匹克不等式研究(第2版)	2020—07	68.00	1181
不等式研究(第二辑)	2012—02	68.00	153
不等式的秘密(第一卷)(第2版)	2014—02	38.00	286
不等式的秘密(第二卷)	2014—01	38.00	268
初等不等式的证明方法	2010—06	38.00	123
初等不等式的证明方法(第二版)	2014—11	38.00	407
不等式·理论·方法(基础卷)	2015—07	38.00	496
不等式·理论·方法(经典不等式卷)	2015—07	38.00	497
不等式·理论·方法(特殊类型不等式卷)	2015—07	48.00	498
不等式探究	2016—03	38.00	582
不等式探秘	2017—01	88.00	689
四面体不等式	2017—01	68.00	715
数学奥林匹克中常见重要不等式	2017—09	38.00	845
三正弦不等式	2018—09	98.00	974
函数方程与不等式:解法与稳定性结果	2019—04	68.00	1058

刘培杰数学工作室
已出版(即将出版)图书目录——初等数学

书 名	出版时间	定 价	编号
同余理论	2012—05	38.00	163
[x]与{x}	2015—04	48.00	476
极值与最值.上卷	2015—06	28.00	486
极值与最值.中卷	2015—06	38.00	487
极值与最值.下卷	2015—06	28.00	488
整数的性质	2012—11	38.00	192
完全平方数及其应用	2015—08	78.00	506
多项式理论	2015—10	88.00	541
奇数、偶数、奇偶分析法	2018—01	98.00	876
不定方程及其应用.上	2018—12	58.00	992
不定方程及其应用.中	2019—01	78.00	993
不定方程及其应用.下	2019—02	98.00	994
历届美国中学生数学竞赛试题及解答(第一卷)1950—1954	2014—07	18.00	277
历届美国中学生数学竞赛试题及解答(第二卷)1955—1959	2014—04	18.00	278
历届美国中学生数学竞赛试题及解答(第三卷)1960—1964	2014—06	18.00	279
历届美国中学生数学竞赛试题及解答(第四卷)1965—1969	2014—04	28.00	280
历届美国中学生数学竞赛试题及解答(第五卷)1970—1972	2014—06	18.00	281
历届美国中学生数学竞赛试题及解答(第六卷)1973—1980	2017—07	18.00	768
历届美国中学生数学竞赛试题及解答(第七卷)1981—1986	2015—01	18.00	424
历届美国中学生数学竞赛试题及解答(第八卷)1987—1990	2017—05	18.00	769
历届中国数学奥林匹克试题集(第2版)	2017—03	38.00	757
历届加拿大数学奥林匹克试题集	2012—08	38.00	215
历届美国数学奥林匹克试题集:1972~2019	2020—04	88.00	1135
历届波兰数学竞赛试题集.第1卷,1949~1963	2015—03	18.00	453
历届波兰数学竞赛试题集.第2卷,1964~1976	2015—03	18.00	454
历届巴尔干数学奥林匹克试题集	2015—05	38.00	466
保加利亚数学奥林匹克	2014—10	38.00	393
圣彼得堡数学奥林匹克试题集	2015—01	38.00	429
匈牙利奥林匹克数学竞赛题解.第1卷	2016—05	28.00	593
匈牙利奥林匹克数学竞赛题解.第2卷	2016—05	28.00	594
历届美国数学邀请赛试题集(第2版)	2017—10	78.00	851
普林斯顿大学数学竞赛	2016—06	38.00	669
亚太地区数学奥林匹克竞赛题	2015—07	18.00	492
日本历届(初级)广中杯数学竞赛试题及解答.第1卷(2000~2007)	2016—05	28.00	641
日本历届(初级)广中杯数学竞赛试题及解答.第2卷(2008~2015)	2016—05	38.00	642
越南数学奥林匹克题选:1962—2009	2021—07	48.00	1370
360个数学竞赛问题	2016—08	58.00	677
奥数最佳实战题.上卷	2017—06	38.00	760
奥数最佳实战题.下卷	2017—05	58.00	761
哈尔滨市早期中学数学竞赛试题汇编	2016—07	28.00	672
全国高中数学联赛试题及解答:1981—2019(第4版)	2020—07	138.00	1176
2021年全国高中数学联合竞赛模拟题集	2021—04	30.00	1302
20世纪50年代全国部分城市数学竞赛试题汇编	2017—07	28.00	797
国内外数学竞赛题及精解:2018~2019	2020—08	45.00	1192
许康华竞赛优学精选集.第一辑	2018—08	68.00	949
天问叶班数学问题征解100题.Ⅰ,2016—2018	2019—05	88.00	1075
天问叶班数学问题征解100题.Ⅱ,2017—2019	2020—07	98.00	1177
美国初中数学竞赛:AMC8准备(共6卷)	2019—07	138.00	1089
美国高中数学竞赛:AMC10准备(共6卷)	2019—08	158.00	1105

刘培杰数学工作室
已出版(即将出版)图书目录——初等数学

书 名	出版时间	定 价	编号
王连笑教你怎样学数学:高考选择题解题策略与客观题实用训练	2014—01	48.00	262
王连笑教你怎样学数学:高考数学高层次讲座	2015—02	48.00	432
高考数学的理论与实践	2009—08	38.00	53
高考数学核心题型解题方法与技巧	2010—01	28.00	86
高考思维新平台	2014—03	38.00	259
高考数学压轴题解题诀窍(上)(第2版)	2018—01	58.00	874
高考数学压轴题解题诀窍(下)(第2版)	2018—01	48.00	875
北京市五区文科数学三年高考模拟题详解:2013~2015	2015—08	48.00	500
北京市五区理科数学三年高考模拟题详解:2013~2015	2015—09	68.00	505
向量法巧解数学高考题	2009—08	28.00	54
高考数学解题金典(第2版)	2017—01	78.00	716
高考物理解题金典(第2版)	2019—05	68.00	717
高考化学解题金典(第2版)	2019—05	58.00	718
数学高考参考	2016—01	78.00	589
新课程标准高考数学解答题各种题型解法指导	2020—08	78.00	1196
全国及各省市高考数学试题审题要津与解法研究	2015—02	48.00	450
高中数学章节起始课的教学研究与案例设计	2019—05	28.00	1064
新课标高考数学——五年试题分章详解(2007~2011)(上、下)	2011—10	78.00	140,141
全国中考数学压轴题审题要津与解法研究	2013—04	78.00	248
新编全国及各省市中考数学压轴题审题要津与解法研究	2014—05	58.00	342
全国及各省市5年中考数学压轴题审题要津与解法研究(2015版)	2015—04	58.00	462
中考数学专题总复习	2007—04	28.00	6
中考数学较难题常考题型解题方法与技巧	2016—09	48.00	681
中考数学难题常考题型解题方法与技巧	2016—09	48.00	682
中考数学中档题常考题型解题方法与技巧	2017—08	68.00	835
中考数学选择填空压轴好题妙解365	2017—05	38.00	759
中考数学:三类重点考题的解法例析与习题	2020—04	48.00	1140
中小学数学的历史文化	2019—11	48.00	1124
初中平面几何百题多思创新解	2020—01	58.00	1125
初中数学中考备考	2020—01	58.00	1126
高考数学之九章演义	2019—08	68.00	1044
化学可以这样学:高中化学知识方法智慧感悟疑难辨析	2019—07	58.00	1103
如何成为学习高手	2019—09	58.00	1107
高考数学:经典真题分类解析	2020—04	78.00	1134
高考数学解答题破解策略	2020—11	58.00	1221
从分析解题过程学解题:高考压轴题与竞赛题之关系探究	2020—08	88.00	1179
教学新思考:单元整体视角下的初中数学教学设计	2021—03	58.00	1278
思维再拓展:2020年经典几何题的多解探究与思考	即将出版		1279
中考数学小压轴汇编初讲	2017—07	48.00	788
中考数学大压轴专题微言	2017—09	48.00	846
怎么解中考平面几何探索题	2019—06	48.00	1093
北京中考数学压轴题解题方法突破(第6版)	2020—11	58.00	1120
助你高考成功的数学解题智慧:知识是智慧的基础	2016—01	58.00	596
助你高考成功的数学解题智慧:错误是智慧的试金石	2016—04	58.00	643
助你高考成功的数学解题智慧:方法是智慧的推手	2016—04	68.00	657
高考数学奇思妙解	2016—04	38.00	610
高考数学解题策略	2016—05	48.00	670
数学解题泄天机(第2版)	2017—10	48.00	850

书　名	出版时间	定　价	编号
高考物理压轴题全解	2017—04	48.00	746
高中物理经典问题25讲	2017—05	28.00	764
高中物理教学讲义	2018—01	48.00	871
中学物理基础问题解析	2020—08	48.00	1183
2016年高考文科数学真题研究	2017—04	58.00	754
2016年高考理科数学真题研究	2017—04	78.00	755
2017年高考理科数学真题研究	2018—01	58.00	867
2017年高考文科数学真题研究	2018—01	48.00	868
初中数学、高中数学脱节知识补缺教材	2017—06	48.00	766
高考数学小题抢分必练	2017—10	48.00	834
高考数学核心素养解读	2017—09	38.00	839
高考数学客观题解题方法和技巧	2017—10	38.00	847
十年高考数学精品试题审题要津与解法研究.上卷	2018—01	68.00	872
十年高考数学精品试题审题要津与解法研究.下卷	2018—01	58.00	873
中国历届高考数学试题及解答.1949—1979	2018—01	38.00	877
历届中国高考数学试题及解答.第二卷,1980—1989	2018—10	28.00	975
历届中国高考数学试题及解答.第三卷,1990—1999	2018—10	48.00	976
数学文化与高考研究	2018—03	48.00	882
跟我学解高中数学题	2018—07	58.00	926
中学数学研究的方法及案例	2018—05	58.00	869
高考数学抢分技能	2018—07	68.00	934
高一新生常用数学方法和重要数学思想提升教材	2018—06	38.00	921
2018年高考数学真题研究	2019—01	68.00	1000
2019年高考数学真题研究	2020—05	88.00	1137
高考数学全国六道解答题常考题型解题诀窍:理科(全2册)	2019—07	78.00	1101
高考数学全国卷16道选择、填空题常考题型解题诀窍.理科	2018—09	88.00	971
高考数学全国卷16道选择、填空题常考题型解题诀窍.文科	2020—01	88.00	1123
新课程标准高中数学各种题型解法大全.必修一分册	2021—06	58.00	1315
高中数学一题多解	2019—06	58.00	1087
历届中国高考数学试题及解答:1917—1999	2021—08	98.00	1371
突破高原:高中数学解题思维探究	2021—08	48.00	1375

新编640个世界著名数学智力趣题	2014—01	88.00	242
500个最新世界著名数学智力趣题	2008—06	48.00	3
400个最新世界著名数学最值问题	2008—09	48.00	36
500个世界著名数学征解问题	2009—06	48.00	52
400个中国最佳初等数学征解老问题	2010—01	48.00	60
500个俄罗斯数学经典老题	2011—01	28.00	81
1000个国外中学物理好题	2012—04	48.00	174
300个日本高考数学题	2012—05	38.00	142
700个早期日本高考数学试题	2017—02	88.00	752
500个前苏联早期高考数学试题及解答	2012—05	28.00	185
546个早期俄罗斯大学生数学竞赛题	2014—03	38.00	285
548个来自美苏的数学好问题	2014—11	28.00	396
20所苏联著名大学早期入学试题	2015—02	18.00	452
161道德国工科大学生必做的微分方程习题	2015—05	28.00	469
500个德国工科大学生必做的高数习题	2015—06	28.00	478
360个数学竞赛问题	2016—08	58.00	677
200个趣味数学故事	2018—02	48.00	857
470个数学奥林匹克中的最值问题	2018—10	88.00	985
德国讲义日本考题.微积分卷	2015—04	48.00	456
德国讲义日本考题.微分方程卷	2015—04	38.00	457
二十世纪中叶中、英、美、日、法、俄高考数学试题精选	2017—06	38.00	783

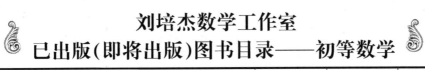

刘培杰数学工作室
已出版（即将出版）图书目录——初等数学

书　名	出版时间	定　价	编号
中国初等数学研究　2009 卷(第 1 辑)	2009—05	20.00	45
中国初等数学研究　2010 卷(第 2 辑)	2010—05	30.00	68
中国初等数学研究　2011 卷(第 3 辑)	2011—07	60.00	127
中国初等数学研究　2012 卷(第 4 辑)	2012—07	48.00	190
中国初等数学研究　2014 卷(第 5 辑)	2014—02	48.00	288
中国初等数学研究　2015 卷(第 6 辑)	2015—06	68.00	493
中国初等数学研究　2016 卷(第 7 辑)	2016—04	68.00	609
中国初等数学研究　2017 卷(第 8 辑)	2017—01	98.00	712
初等数学研究在中国. 第 1 辑	2019—03	158.00	1024
初等数学研究在中国. 第 2 辑	2019—10	158.00	1116
初等数学研究在中国. 第 3 辑	2021—05	158.00	1306
几何变换(Ⅰ)	2014—07	28.00	353
几何变换(Ⅱ)	2015—06	28.00	354
几何变换(Ⅲ)	2015—01	38.00	355
几何变换(Ⅳ)	2015—12	38.00	356
初等数论难题集(第一卷)	2009—05	68.00	44
初等数论难题集(第二卷)(上、下)	2011—02	128.00	82,83
数论概貌	2011—03	18.00	93
代数数论(第二版)	2013—08	58.00	94
代数多项式	2014—06	38.00	289
初等数论的知识与问题	2011—02	28.00	95
超越数论基础	2011—03	28.00	96
数论初等教程	2011—03	28.00	97
数论基础	2011—03	18.00	98
数论基础与维诺格拉多夫	2014—03	18.00	292
解析数论基础	2012—08	28.00	216
解析数论基础(第二版)	2014—01	48.00	287
解析数论问题集(第二版)(原版引进)	2014—05	88.00	343
解析数论问题集(第二版)(中译本)	2016—04	88.00	607
解析数论基础(潘承洞,潘承彪著)	2016—07	98.00	673
解析数论导引	2016—07	58.00	674
数论入门	2011—03	38.00	99
代数数论入门	2015—03	38.00	448
数论开篇	2012—07	28.00	194
解析数论引论	2011—03	48.00	100
Barban Davenport Halberstam 均值和	2009—01	40.00	33
基础数论	2011—03	28.00	101
初等数论 100 例	2011—05	18.00	122
初等数论经典例题	2012—07	18.00	204
最新世界各国数学奥林匹克中的初等数论试题(上、下)	2012—01	138.00	144,145
初等数论(Ⅰ)	2012—01	18.00	156
初等数论(Ⅱ)	2012—01	18.00	157
初等数论(Ⅲ)	2012—01	28.00	158

刘培杰数学工作室
已出版(即将出版)图书目录——初等数学

书　名	出版时间	定　价	编号
平面几何与数论中未解决的新老问题	2013—01	68.00	229
代数数论简史	2014—11	28.00	408
代数数论	2015—09	88.00	532
代数、数论及分析习题集	2016—11	98.00	695
数论导引提要及习题解答	2016—01	48.00	559
素数定理的初等证明.第2版	2016—09	48.00	686
数论中的模函数与狄利克雷级数(第二版)	2017—11	78.00	837
数论:数学导引	2018—01	68.00	849
范氏大代数	2019—02	98.00	1016
解析数学讲义.第一卷,导来式及微分、积分、级数	2019—04	88.00	1021
解析数学讲义.第二卷,关于几何的应用	2019—04	68.00	1022
解析数学讲义.第三卷,解析函数论	2019—04	78.00	1023
分析·组合·数论纵横谈	2019—04	58.00	1039
Hall代数:民国时期的中学数学课本:英文	2019—08	88.00	1106
数学精神巡礼	2019—01	58.00	731
数学眼光透视(第2版)	2017—06	78.00	732
数学思想领悟(第2版)	2018—01	68.00	733
数学方法溯源(第2版)	2018—08	68.00	734
数学解题引论	2017—05	58.00	735
数学史话览胜(第2版)	2017—01	48.00	736
数学应用展观(第2版)	2017—08	68.00	737
数学建模尝试	2018—04	48.00	738
数学竞赛采风	2018—01	68.00	739
数学测评探营	2019—05	58.00	740
数学技能操握	2018—03	48.00	741
数学欣赏拾趣	2018—02	48.00	742
从毕达哥拉斯到怀尔斯	2007—10	48.00	9
从迪利克雷到维斯卡尔迪	2008—01	48.00	21
从哥德巴赫到陈景润	2008—05	98.00	35
从庞加莱到佩雷尔曼	2011—08	138.00	136
博弈论精粹	2008—03	58.00	30
博弈论精粹.第二版(精装)	2015—01	88.00	461
数学 我爱你	2008—01	28.00	20
精神的圣徒 别样的人生——60位中国数学家成长的历程	2008—09	48.00	39
数学史概论	2009—06	78.00	50
数学史概论(精装)	2013—03	158.00	272
数学史选讲	2016—01	48.00	544
斐波那契数列	2010—02	28.00	65
数学拼盘和斐波那契魔方	2010—07	38.00	72
斐波那契数列欣赏(第2版)	2018—08	58.00	948
Fibonacci数列中的明珠	2018—06	58.00	928
数学的创造	2011—02	48.00	85
数学美与创造力	2016—01	48.00	595
数海拾贝	2016—01	48.00	590
数学中的美(第2版)	2019—04	68.00	1057
数论中的美学	2014—12	38.00	351

书　　名	出版时间	定　价	编号
数学王者　科学巨人——高斯	2015—01	28.00	428
振兴祖国数学的圆梦之旅:中国初等数学研究史话	2015—06	98.00	490
二十世纪中国数学史料研究	2015—10	48.00	536
数字谜、数阵图与棋盘覆盖	2016—01	58.00	298
时间的形状	2016—01	38.00	556
数学发现的艺术:数学探索中的合情推理	2016—07	58.00	671
活跃在数学中的参数	2016—07	48.00	675
数海趣史	2021—05	98.00	1314
数学解题——靠数学思想给力(上)	2011—07	38.00	131
数学解题——靠数学思想给力(中)	2011—07	48.00	132
数学解题——靠数学思想给力(下)	2011—07	38.00	133
我怎样解题	2013—01	48.00	227
数学解题中的物理方法	2011—06	28.00	114
数学解题的特殊方法	2011—06	48.00	115
中学数学计算技巧(第2版)	2020—10	48.00	1220
中学数学证明方法	2012—01	58.00	117
数学趣题巧解	2012—03	28.00	128
高中数学教学通鉴	2015—05	58.00	479
和高中生漫谈:数学与哲学的故事	2014—08	28.00	369
算术问题集	2017—03	38.00	789
张教授讲数学	2018—07	38.00	933
陈永明实话实说数学教学	2020—04	68.00	1132
中学数学学科知识与教学能力	2020—06	58.00	1155
自主招生考试中的参数方程问题	2015—01	28.00	435
自主招生考试中的极坐标问题	2015—04	28.00	463
近年全国重点大学自主招生数学试题全解及研究.华约卷	2015—02	38.00	441
近年全国重点大学自主招生数学试题全解及研究.北约卷	2016—05	38.00	619
自主招生数学解证宝典	2015—09	48.00	535
格点和面积	2012—07	18.00	191
射影几何趣谈	2012—04	28.00	175
斯潘纳尔引理——从一道加拿大数学奥林匹克试题谈起	2014—01	28.00	228
李普希兹条件——从几道近年高考数学试题谈起	2012—10	18.00	221
拉格朗日中值定理——从一道北京高考试题的解法谈起	2015—10	18.00	197
闵科夫斯基定理——从一道清华大学自主招生试题谈起	2014—01	28.00	198
哈尔测度——从一道冬令营试题的背景谈起	2012—08	28.00	202
切比雪夫逼近问题——从一道中国台北数学奥林匹克试题谈起	2013—04	38.00	238
伯恩斯坦多项式与贝齐尔曲面——从一道全国高中数学联赛试题谈起	2013—03	38.00	236
卡塔兰猜想——从一道普特南竞赛试题谈起	2013—06	18.00	256
麦卡锡函数和阿克曼函数——从一道前南斯拉夫数学奥林匹克试题谈起	2012—08	18.00	201
贝蒂定理与拉姆贝克莫斯尔定理——从一个拣石子游戏谈起	2012—08	18.00	217
皮亚诺曲线和豪斯道夫分球定理——从无限集谈起	2012—08	18.00	211
平面凸图形与凸多面体	2012—10	28.00	218
斯坦因豪斯问题——从一道二十五省市自治区中学数学竞赛试题谈起	2012—07	18.00	196

刘培杰数学工作室
已出版(即将出版)图书目录——初等数学

书　名	出版时间	定　价	编号
纽结理论中的亚历山大多项式与琼斯多项式——从一道北京市高一数学竞赛试题谈起	2012—07	28.00	195
原则与策略——从波利亚"解题表"谈起	2013—04	38.00	244
转化与化归——从三大尺规作图不能问题谈起	2012—08	28.00	214
代数几何中的贝祖定理(第一版)——从一道 IMO 试题的解法谈起	2013—08	18.00	193
成功连贯理论与约当块理论——从一道比利时数学竞赛试题谈起	2012—04	18.00	180
素数判定与大数分解	2014—08	18.00	199
置换多项式及其应用	2012—10	18.00	220
椭圆函数与模函数——从一道美国加州大学洛杉矶分校(UCLA)博士资格考题谈起	2012—10	28.00	219
差分方程的拉格朗日方法——从一道 2011 年全国高考理科试题的解法谈起	2012—08	28.00	200
力学在几何中的一些应用	2013—01	38.00	240
从根式解到伽罗华理论	2020—01	48.00	1121
康托洛维奇不等式——从一道全国高中联赛试题谈起	2013—03	28.00	337
西格尔引理——从一道第 18 届 IMO 试题的解法谈起	即将出版		
罗斯定理——从一道前苏联数学竞赛试题谈起	即将出版		
拉克斯定理和阿廷定理——从一道 IMO 试题的解法谈起	2014—01	58.00	246
毕卡大定理——从一道美国大学数学竞赛试题谈起	2014—07	18.00	350
贝齐尔曲线——从一道全国高中联赛试题谈起	即将出版		
拉格朗日乘子定理——从一道 2005 年全国高中联赛试题的高等数学解法谈起	2015—05	28.00	480
雅可比定理——从一道日本数学奥林匹克试题谈起	2013—04	48.00	249
李天岩—约克定理——从一道波兰数学竞赛试题谈起	2014—06	28.00	349
整系数多项式因式分解的一般方法——从克朗耐克算法谈起	即将出版		
布劳维不动点定理——从一道前苏联数学奥林匹克试题谈起	2014—01	38.00	273
伯恩赛德定理——从一道英国数学奥林匹克试题谈起	即将出版		
布查特—莫斯特定理——从一道上海市初中竞赛试题谈起	即将出版		
数论中的同余数问题——从一道普林南竞赛试题谈起	即将出版		
范·德蒙行列式——从一道美国数学奥林匹克试题谈起	即将出版		
中国剩余定理:总数法构建中国历史年表	2015—01	28.00	430
牛顿程序与方程求根——从一道全国高考试题解法谈起	即将出版		
库默尔定理——从一道 IMO 预选试题谈起	即将出版		
卢丁定理——从一道冬令营试题的解法谈起	即将出版		
沃斯滕霍姆定理——从一道 IMO 预选试题谈起	即将出版		
卡尔松不等式——从一道莫斯科数学奥林匹克试题谈起	即将出版		
信息论中的香农熵——从一道近年高考压轴题谈起	即将出版		
约当不等式——从一道希望杯竞赛试题谈起	即将出版		
拉比诺维奇定理	即将出版		
刘维尔定理——从一道《美国数学月刊》征ална问题的解法谈起	即将出版		
卡塔兰恒等式与级数求和——从一道 IMO 试题的解法谈起	即将出版		
勒让德猜想与素数分布——从一道爱尔兰竞赛试题谈起	即将出版		
天平称重与信息论——从一道基辅市数学奥林匹克试题谈起	即将出版		
哈密尔顿—凯莱定理:从一道高中数学联赛试题的解法谈起	2014—09	18.00	376
艾思特曼定理——从一道 CMO 试题的解法谈起	即将出版		

刘培杰数学工作室
已出版(即将出版)图书目录——初等数学

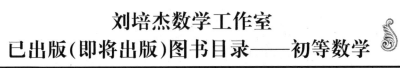

书　名	出版时间	定　价	编号
阿贝尔恒等式与经典不等式及应用	2018—06	98.00	923
迪利克雷除数问题	2018—07	48.00	930
幻方、幻立方与拉丁方	2019—08	48.00	1092
帕斯卡三角形	2014—03	18.00	294
蒲丰投针问题——从2009年清华大学的一道自主招生试题谈起	2014—01	38.00	295
斯图姆定理——从一道"华约"自主招生试题的解法谈起	2014—01	18.00	296
许瓦兹引理——从一道加利福尼亚大学伯克利分校数学系博士生试题谈起	2014—08	18.00	297
拉姆塞定理——从王诗宬院士的一个问题谈起	2016—04	48.00	299
坐标法	2013—12	28.00	332
数论三角形	2014—04	38.00	341
毕克定理	2014—07	18.00	352
数林掠影	2014—09	48.00	389
我们周围的概率	2014—10	38.00	390
凸函数最值定理:从一道华约自主招生题的解法谈起	2014—10	28.00	391
易学与数学奥林匹克	2014—10	38.00	392
生物数学趣谈	2015—01	18.00	409
反演	2015—01	28.00	420
因式分解与圆锥曲线	2015—01	18.00	426
轨迹	2015—01	28.00	427
面积原理:从常庚哲命的一道CMO试题的积分解法谈起	2015—01	48.00	431
形形色色的不动点定理:从一道28届IMO试题谈起	2015—01	38.00	439
柯西函数方程:从一道上海交大自主招生的试题谈起	2015—02	28.00	440
三角恒等式	2015—02	28.00	442
无理性判定:从一道2014年"北约"自主招生试题谈起	2015—01	38.00	443
数学归纳法	2015—03	18.00	451
极端原理与解题	2015—04	28.00	464
法雷级数	2014—08	18.00	367
摆线族	2015—01	38.00	438
函数方程及其解法	2015—05	38.00	470
含参数的方程和不等式	2012—09	28.00	213
希尔伯特第十问题	2016—01	38.00	543
无穷小量的求和	2016—01	28.00	545
切比雪夫多项式:从一道清华大学金秋营试题谈起	2016—01	38.00	583
泽肯多夫定理	2016—03	38.00	599
代数等式证题法	2016—01	28.00	600
三角等式证题法	2016—01	28.00	601
吴大任教授藏书中的一个因式分解公式:从一道美国数学邀请赛试题的解法谈起	2016—06	28.00	656
易卦——类万物的数学模型	2017—08	68.00	838
"不可思议"的数与数系可持续发展	2018—01	38.00	878
最短线	2018—01	38.00	879
幻方和魔方(第一卷)	2012—05	68.00	173
尘封的经典——初等数学经典文献选读(第一卷)	2012—07	48.00	205
尘封的经典——初等数学经典文献选读(第二卷)	2012—07	38.00	206
初级方程式论	2011—03	28.00	106
初等数学研究(Ⅰ)	2008—09	68.00	37
初等数学研究(Ⅱ)(上、下)	2009—05	118.00	46,47

刘培杰数学工作室
已出版(即将出版)图书目录——初等数学

书 名	出版时间	定 价	编号
趣味初等方程妙题集锦	2014—09	48.00	388
趣味初等数论选美与欣赏	2015—02	48.00	445
耕读笔记(上卷):一位农民数学爱好者的初数探索	2015—04	28.00	459
耕读笔记(中卷):一位农民数学爱好者的初数探索	2015—05	28.00	483
耕读笔记(下卷):一位农民数学爱好者的初数探索	2015—05	28.00	484
几何不等式研究与欣赏.上卷	2016—01	88.00	547
几何不等式研究与欣赏.下卷	2016—01	48.00	552
初等数列研究与欣赏·上	2016—01	48.00	570
初等数列研究与欣赏·下	2016—01	48.00	571
趣味初等函数研究与欣赏.上	2016—09	48.00	684
趣味初等函数研究与欣赏.下	2018—09	48.00	685
三角不等式研究与欣赏	2020—10	68.00	1197
火柴游戏	2016—05	38.00	612
智力解谜.第1卷	2017—07	38.00	613
智力解谜.第2卷	2017—07	38.00	614
故事智力	2016—07	48.00	615
名人们喜欢的智力问题	2020—01	48.00	616
数学大师的发现、创造与失误	2018—01	48.00	617
异曲同工	2018—09	48.00	618
数学的味道	2018—01	58.00	798
数学千字文	2018—10	68.00	977
数贝偶拾——高考数学题研究	2014—04	28.00	274
数贝偶拾——初等数学研究	2014—04	38.00	275
数贝偶拾——奥数题研究	2014—04	48.00	276
钱昌本教你快乐学数学(上)	2011—12	48.00	155
钱昌本教你快乐学数学(下)	2012—03	58.00	171
集合、函数与方程	2014—01	28.00	300
数列与不等式	2014—01	38.00	301
三角与平面向量	2014—01	28.00	302
平面解析几何	2014—01	38.00	303
立体几何与组合	2014—01	28.00	304
极限与导数、数学归纳法	2014—01	38.00	305
趣味数学	2014—03	28.00	306
教材教法	2014—04	68.00	307
自主招生	2014—05	58.00	308
高考压轴题(上)	2015—01	48.00	309
高考压轴题(下)	2014—10	68.00	310
从费马到怀尔斯——费马大定理的历史	2013—10	198.00	I
从庞加莱到佩雷尔曼——庞加莱猜想的历史	2013—10	298.00	II
从切比雪夫到爱尔特希(上)——素数定理的初等证明	2013—07	48.00	III
从切比雪夫到爱尔特希(下)——素数定理100年	2012—12	98.00	III
从高斯到盖尔方特——二次域的高斯猜想	2013—10	198.00	IV
从库默尔到朗兰兹——朗兰兹猜想的历史	2014—01	98.00	V
从比勃巴赫到德布朗斯——比勃巴赫猜想的历史	2014—02	298.00	VI
从麦比乌斯到陈省身——麦比乌斯变换与麦比乌斯带	2014—02	298.00	VII
从布尔到豪斯道夫——布尔方程与格论漫谈	2013—10	198.00	VIII
从开普勒到阿诺德——三体问题的历史	2014—05	298.00	IX
从华林到华罗庚——华林问题的历史	2013—10	298.00	X

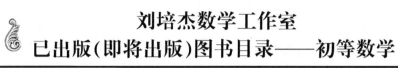

刘培杰数学工作室
已出版(即将出版)图书目录——初等数学

书　名	出版时间	定价	编号
美国高中数学竞赛五十讲.第1卷(英文)	2014－08	28.00	357
美国高中数学竞赛五十讲.第2卷(英文)	2014－08	28.00	358
美国高中数学竞赛五十讲.第3卷(英文)	2014－09	28.00	359
美国高中数学竞赛五十讲.第4卷(英文)	2014－09	28.00	360
美国高中数学竞赛五十讲.第5卷(英文)	2014－10	28.00	361
美国高中数学竞赛五十讲.第6卷(英文)	2014－11	28.00	362
美国高中数学竞赛五十讲.第7卷(英文)	2014－12	28.00	363
美国高中数学竞赛五十讲.第8卷(英文)	2015－01	28.00	364
美国高中数学竞赛五十讲.第9卷(英文)	2015－01	28.00	365
美国高中数学竞赛五十讲.第10卷(英文)	2015－02	38.00	366
三角函数(第2版)	2017－04	38.00	626
不等式	2014－01	38.00	312
数列	2014－01	38.00	313
方程(第2版)	2017－04	38.00	624
排列和组合	2014－01	28.00	315
极限与导数(第2版)	2016－04	38.00	635
向量(第2版)	2018－08	58.00	627
复数及其应用	2014－08	28.00	318
函数	2014－01	38.00	319
集合	2020－01	48.00	320
直线与平面	2014－01	28.00	321
立体几何(第2版)	2016－04	38.00	629
解三角形	即将出版		323
直线与圆(第2版)	2016－11	38.00	631
圆锥曲线(第2版)	2016－09	48.00	632
解题通法(一)	2014－07	38.00	326
解题通法(二)	2014－07	38.00	327
解题通法(三)	2014－05	38.00	328
概率与统计	2014－01	28.00	329
信息迁移与算法	即将出版		330
IMO 50年.第1卷(1959－1963)	2014－11	28.00	377
IMO 50年.第2卷(1964－1968)	2014－11	28.00	378
IMO 50年.第3卷(1969－1973)	2014－09	28.00	379
IMO 50年.第4卷(1974－1978)	2016－04	38.00	380
IMO 50年.第5卷(1979－1984)	2015－04	38.00	381
IMO 50年.第6卷(1985－1989)	2015－04	58.00	382
IMO 50年.第7卷(1990－1994)	2016－01	48.00	383
IMO 50年.第8卷(1995－1999)	2016－06	38.00	384
IMO 50年.第9卷(2000－2004)	2015－04	58.00	385
IMO 50年.第10卷(2005－2009)	2016－01	48.00	386
IMO 50年.第11卷(2010－2015)	2017－03	48.00	646

刘培杰数学工作室
已出版(即将出版)图书目录——初等数学

书 名	出版时间	定 价	编号
数学反思(2006—2007)	2020—09	88.00	915
数学反思(2008—2009)	2019—01	68.00	917
数学反思(2010—2011)	2018—05	58.00	916
数学反思(2012—2013)	2019—01	58.00	918
数学反思(2014—2015)	2019—03	78.00	919
数学反思(2016—2017)	2021—03	58.00	1286
历届美国大学生数学竞赛试题集.第一卷(1938—1949)	2015—01	28.00	397
历届美国大学生数学竞赛试题集.第二卷(1950—1959)	2015—01	28.00	398
历届美国大学生数学竞赛试题集.第三卷(1960—1969)	2015—01	28.00	399
历届美国大学生数学竞赛试题集.第四卷(1970—1979)	2015—01	18.00	400
历届美国大学生数学竞赛试题集.第五卷(1980—1989)	2015—01	28.00	401
历届美国大学生数学竞赛试题集.第六卷(1990—1999)	2015—01	28.00	402
历届美国大学生数学竞赛试题集.第七卷(2000—2009)	2015—08	18.00	403
历届美国大学生数学竞赛试题集.第八卷(2010—2012)	2015—01	18.00	404
新课标高考数学创新题解题诀窍:总论	2014—09	28.00	372
新课标高考数学创新题解题诀窍:必修1～5分册	2014—08	38.00	373
新课标高考数学创新题解题诀窍:选修2—1,2—2,1—1,1—2分册	2014—09	38.00	374
新课标高考数学创新题解题诀窍:选修2—3,4—4,4—5分册	2014—09	18.00	375
全国重点大学自主招生英文数学试题全攻略:词汇卷	2015—07	48.00	410
全国重点大学自主招生英文数学试题全攻略:概念卷	2015—01	28.00	411
全国重点大学自主招生英文数学试题全攻略:文章选读卷(上)	2016—09	38.00	412
全国重点大学自主招生英文数学试题全攻略:文章选读卷(下)	2017—01	58.00	413
全国重点大学自主招生英文数学试题全攻略:试题卷	2015—07	38.00	414
全国重点大学自主招生英文数学试题全攻略:名著欣赏卷	2017—03	48.00	415
劳埃德数学趣题大全.题目卷.1:英文	2016—01	18.00	516
劳埃德数学趣题大全.题目卷.2:英文	2016—01	18.00	517
劳埃德数学趣题大全.题目卷.3:英文	2016—01	18.00	518
劳埃德数学趣题大全.题目卷.4:英文	2016—01	18.00	519
劳埃德数学趣题大全.题目卷.5:英文	2016—01	18.00	520
劳埃德数学趣题大全.答案卷:英文	2016—01	18.00	521
李成章教练奥数笔记.第1卷	2016—01	48.00	522
李成章教练奥数笔记.第2卷	2016—01	48.00	523
李成章教练奥数笔记.第3卷	2016—01	38.00	524
李成章教练奥数笔记.第4卷	2016—01	38.00	525
李成章教练奥数笔记.第5卷	2016—01	38.00	526
李成章教练奥数笔记.第6卷	2016—01	38.00	527
李成章教练奥数笔记.第7卷	2016—01	38.00	528
李成章教练奥数笔记.第8卷	2016—01	48.00	529
李成章教练奥数笔记.第9卷	2016—01	28.00	530

刘培杰数学工作室
已出版(即将出版)图书目录——初等数学

书　名	出版时间	定　价	编号
第19~23届"希望杯"全国数学邀请赛试题审题要津详细评注(初一版)	2014—03	28.00	333
第19~23届"希望杯"全国数学邀请赛试题审题要津详细评注(初二、初三版)	2014—03	38.00	334
第19~23届"希望杯"全国数学邀请赛试题审题要津详细评注(高一版)	2014—03	28.00	335
第19~23届"希望杯"全国数学邀请赛试题审题要津详细评注(高二版)	2014—03	38.00	336
第19~25届"希望杯"全国数学邀请赛试题审题要津详细评注(初一版)	2015—01	38.00	416
第19~25届"希望杯"全国数学邀请赛试题审题要津详细评注(初二、初三版)	2015—01	58.00	417
第19~25届"希望杯"全国数学邀请赛试题审题要津详细评注(高一版)	2015—01	48.00	418
第19~25届"希望杯"全国数学邀请赛试题审题要津详细评注(高二版)	2015—01	48.00	419
物理奥林匹克竞赛大题典——力学卷	2014—11	48.00	405
物理奥林匹克竞赛大题典——热学卷	2014—04	28.00	339
物理奥林匹克竞赛大题典——电磁学卷	2015—07	48.00	406
物理奥林匹克竞赛大题典——光学与近代物理卷	2014—06	28.00	345
历届中国东南地区数学奥林匹克试题集(2004~2012)	2014—06	18.00	346
历届中国西部地区数学奥林匹克试题集(2001~2012)	2014—07	18.00	347
历届中国女子数学奥林匹克试题集(2002~2012)	2014—08	18.00	348
数学奥林匹克在中国	2014—06	98.00	344
数学奥林匹克问题集	2014—01	38.00	267
数学奥林匹克不等式散论	2010—06	38.00	124
数学奥林匹克不等式欣赏	2011—09	38.00	138
数学奥林匹克超级题库(初中卷上)	2010—01	58.00	66
数学奥林匹克不等式证明方法和技巧(上、下)	2011—08	158.00	134,135
他们学什么:原民主德国中学数学课本	2016—09	38.00	658
他们学什么:英国中学数学课本	2016—09	38.00	659
他们学什么:法国中学数学课本.1	2016—09	38.00	660
他们学什么:法国中学数学课本.2	2016—09	28.00	661
他们学什么:法国中学数学课本.3	2016—09	38.00	662
他们学什么:苏联中学数学课本	2016—09	28.00	679
高中数学题典——集合与简易逻辑·函数	2016—07	48.00	647
高中数学题典——导数	2016—07	48.00	648
高中数学题典——三角函数·平面向量	2016—07	48.00	649
高中数学题典——数列	2016—07	58.00	650
高中数学题典——不等式·推理与证明	2016—07	38.00	651
高中数学题典——立体几何	2016—07	48.00	652
高中数学题典——平面解析几何	2016—07	78.00	653
高中数学题典——计数原理·统计·概率·复数	2016—07	48.00	654
高中数学题典——算法·平面几何·初等数论·组合数学·其他	2016—07	68.00	655

刘培杰数学工作室
已出版(即将出版)图书目录——初等数学

书　　名	出版时间	定　价	编号
台湾地区奥林匹克数学竞赛试题.小学一年级	2017—03	38.00	722
台湾地区奥林匹克数学竞赛试题.小学二年级	2017—03	38.00	723
台湾地区奥林匹克数学竞赛试题.小学三年级	2017—03	38.00	724
台湾地区奥林匹克数学竞赛试题.小学四年级	2017—03	38.00	725
台湾地区奥林匹克数学竞赛试题.小学五年级	2017—03	38.00	726
台湾地区奥林匹克数学竞赛试题.小学六年级	2017—03	38.00	727
台湾地区奥林匹克数学竞赛试题.初中一年级	2017—03	38.00	728
台湾地区奥林匹克数学竞赛试题.初中二年级	2017—03	38.00	729
台湾地区奥林匹克数学竞赛试题.初中三年级	2017—03	28.00	730
不等式证题法	2017—04	28.00	747
平面几何培优教程	2019—08	88.00	748
奥数鼎级培优教程.高一分册	2018—09	88.00	749
奥数鼎级培优教程.高二分册.上	2018—04	68.00	750
奥数鼎级培优教程.高二分册.下	2018—04	68.00	751
高中数学竞赛冲刺宝典	2019—04	68.00	883
初中尖子生数学超级题典.实数	2017—07	58.00	792
初中尖子生数学超级题典.式、方程与不等式	2017—08	58.00	793
初中尖子生数学超级题典.圆、面积	2017—08	38.00	794
初中尖子生数学超级题典.函数、逻辑推理	2017—08	48.00	795
初中尖子生数学超级题典.角、线段、三角形与多边形	2017—07	58.00	796
数学王子——高斯	2018—01	48.00	858
坎坷奇星——阿贝尔	2018—01	48.00	859
闪烁奇星——伽罗瓦	2018—01	58.00	860
无穷统帅——康托尔	2018—01	48.00	861
科学公主——柯瓦列夫斯卡娅	2018—01	48.00	862
抽象代数之母——埃米·诺特	2018—01	48.00	863
电脑先驱——图灵	2018—01	58.00	864
昔日神童——维纳	2018—01	48.00	865
数坛怪侠——爱尔特希	2018—01	68.00	866
传奇数学家徐利治	2019—09	88.00	1110
当代世界中的数学.数学思想与数学基础	2019—01	38.00	892
当代世界中的数学.数学问题	2019—01	38.00	893
当代世界中的数学.应用数学与数学应用	2019—01	38.00	894
当代世界中的数学.数学王国的新疆域(一)	2019—01	38.00	895
当代世界中的数学.数学王国的新疆域(二)	2019—01	38.00	896
当代世界中的数学.数林撷英(一)	2019—01	38.00	897
当代世界中的数学.数林撷英(二)	2019—01	48.00	898
当代世界中的数学.数学之路	2019—01	38.00	899

刘培杰数学工作室
已出版(即将出版)图书目录——初等数学

书　　名	出版时间	定　价	编号
105 个代数问题:来自 AwesomeMath 夏季课程	2019-02	58.00	956
106 个几何问题:来自 AwesomeMath 夏季课程	2020-07	58.00	957
107 个几何问题:来自 AwesomeMath 全年课程	2020-07	58.00	958
108 个代数问题:来自 AwesomeMath 全年课程	2019-01	68.00	959
109 个不等式:来自 AwesomeMath 夏季课程	2019-04	58.00	960
国际数学奥林匹克中的 110 个几何问题	即将出版		961
111 个代数和数论问题	2019-05	58.00	962
112 个组合问题:来自 AwesomeMath 夏季课程	2019-05	58.00	963
113 个几何不等式:来自 AwesomeMath 夏季课程	2020-08	58.00	964
114 个指数和对数问题:来自 AwesomeMath 夏季课程	2019-09	48.00	965
115 个三角问题:来自 AwesomeMath 夏季课程	2019-09	58.00	966
116 个代数不等式:来自 AwesomeMath 全年课程	2019-04	58.00	967
紫色彗星国际数学竞赛试题	2019-02	58.00	999
数学竞赛中的数学:为数学爱好者、父母、教师和教练准备的丰富资源.第一部	2020-04	58.00	1141
数学竞赛中的数学:为数学爱好者、父母、教师和教练准备的丰富资源.第二部	2020-07	48.00	1142
和与积	2020-10	38.00	1219
数论:概念和问题	2020-12	68.00	1257
初等数学问题研究	2021-03	48.00	1270
澳大利亚中学数学竞赛试题及解答(初级卷)1978~1984	2019-02	28.00	1002
澳大利亚中学数学竞赛试题及解答(初级卷)1985~1991	2019-02	28.00	1003
澳大利亚中学数学竞赛试题及解答(初级卷)1992~1998	2019-02	28.00	1004
澳大利亚中学数学竞赛试题及解答(初级卷)1999~2005	2019-02	28.00	1005
澳大利亚中学数学竞赛试题及解答(中级卷)1978~1984	2019-03	28.00	1006
澳大利亚中学数学竞赛试题及解答(中级卷)1985~1991	2019-03	28.00	1007
澳大利亚中学数学竞赛试题及解答(中级卷)1992~1998	2019-03	28.00	1008
澳大利亚中学数学竞赛试题及解答(中级卷)1999~2005	2019-03	28.00	1009
澳大利亚中学数学竞赛试题及解答(高级卷)1978~1984	2019-05	28.00	1010
澳大利亚中学数学竞赛试题及解答(高级卷)1985~1991	2019-05	28.00	1011
澳大利亚中学数学竞赛试题及解答(高级卷)1992~1998	2019-05	28.00	1012
澳大利亚中学数学竞赛试题及解答(高级卷)1999~2005	2019-05	28.00	1013
天才中小学生智力测验题.第一卷	2019-03	38.00	1026
天才中小学生智力测验题.第二卷	2019-03	38.00	1027
天才中小学生智力测验题.第三卷	2019-03	38.00	1028
天才中小学生智力测验题.第四卷	2019-03	38.00	1029
天才中小学生智力测验题.第五卷	2019-03	38.00	1030
天才中小学生智力测验题.第六卷	2019-03	38.00	1031
天才中小学生智力测验题.第七卷	2019-03	38.00	1032
天才中小学生智力测验题.第八卷	2019-03	38.00	1033
天才中小学生智力测验题.第九卷	2019-03	38.00	1034
天才中小学生智力测验题.第十卷	2019-03	38.00	1035
天才中小学生智力测验题.第十一卷	2019-03	38.00	1036
天才中小学生智力测验题.第十二卷	2019-03	38.00	1037
天才中小学生智力测验题.第十三卷	2019-03	38.00	1038

刘培杰数学工作室
已出版(即将出版)图书目录——初等数学

书　名	出版时间	定　价	编号
重点大学自主招生数学备考全书:函数	2020—05	48.00	1047
重点大学自主招生数学备考全书:导数	2020—08	48.00	1048
重点大学自主招生数学备考全书:数列与不等式	2019—10	78.00	1049
重点大学自主招生数学备考全书:三角函数与平面向量	2020—08	68.00	1050
重点大学自主招生数学备考全书:平面解析几何	2020—07	58.00	1051
重点大学自主招生数学备考全书:立体几何与平面几何	2019—08	48.00	1052
重点大学自主招生数学备考全书:排列组合·概率统计·复数	2019—09	48.00	1053
重点大学自主招生数学备考全书:初等数论与组合数学	2019—08	48.00	1054
重点大学自主招生数学备考全书:重点大学自主招生真题.上	2019—04	68.00	1055
重点大学自主招生数学备考全书:重点大学自主招生真题.下	2019—04	58.00	1056
高中数学竞赛培训教程:平面几何问题的求解方法与策略.上	2018—05	68.00	906
高中数学竞赛培训教程:平面几何问题的求解方法与策略.下	2018—06	78.00	907
高中数学竞赛培训教程:整除与同余以及不定方程	2018—01	88.00	908
高中数学竞赛培训教程:组合计数与组合极值	2018—04	48.00	909
高中数学竞赛培训教程:初等代数	2019—04	78.00	1042
高中数学讲座:数学竞赛基础教程(第一册)	2019—06	48.00	1094
高中数学讲座:数学竞赛基础教程(第二册)	即将出版		1095
高中数学讲座:数学竞赛基础教程(第三册)	即将出版		1096
高中数学讲座:数学竞赛基础教程(第四册)	即将出版		1097
新编中学数学解题方法 1000 招丛书.实数(初中版)	即将出版		1291
新编中学数学解题方法 1000 招丛书.式(初中版)	即将出版		1292
新编中学数学解题方法 1000 招丛书.方程与不等式(初中版)	2021—04	58.00	1293
新编中学数学解题方法 1000 招丛书.函数(初中版)	即将出版		1294
新编中学数学解题方法 1000 招丛书.角(初中版)	即将出版		1295
新编中学数学解题方法 1000 招丛书.线段(初中版)	即将出版		1296
新编中学数学解题方法 1000 招丛书.三角形与多边形(初中版)	2021—04	48.00	1297
新编中学数学解题方法 1000 招丛书.圆(初中版)	即将出版		1298
新编中学数学解题方法 1000 招丛书.面积(初中版)	2021—07	28.00	1299

联系地址:哈尔滨市南岗区复华四道街 10 号　哈尔滨工业大学出版社刘培杰数学工作室
网　　址:http://lpj.hit.edu.cn/
邮　　编:150006
联系电话:0451—86281378　　13904613167
E-mail:lpj1378@163.com